KB178539

0세부터 6세까지

우리집 소아과

포르체

0세부터 6세까지

우리집 소아과

포르*체

프롤로그

아이들은 보통
그냥 두면 좋아집니다

소아과 교수님 중에 최응상 교수님이 계십니다. 중앙대병원 소아청소년과 교수로 30년간 재직하시고, 중앙대병원장도 역임하신 소아과 학계의 원로이십니다.

중앙대병원 재직 중에도 언제나 웃는 얼굴로 아이들에게 친절과 사랑을 베푸시고, 제자들을 대할 때도 온화하고 인자한 미소를 잃지 않으셔서 많은 사람의 존경과 사랑을 받던 분입니다. 최응상 교수님이 제자들에게 자주 하신 말씀이 몇 가지 있습니다.

"부모는 반(半) 의사가 되어야 합니다."

"아이들은 대부분 그냥 놔두면 알아서 잘 자랍니다."

많은 부분이 공감되어 언제나 가슴에 새기고 있는 말씀입니다. 특히 두 번째 말씀인 '아이들은 대부분 그냥 놔두면 알아서 잘 자란다'에는 매우 단순하지만 많은 것이 내포되어 있습니다.

사실 아이들은 때에 맞춰 열매를 맺고 꽃을 피우는 식물과 같은 존재들입니다. 즉 시간의 흐름에 따라 자연스럽게 자기만의 때에 맞추어 성장하고 변화합니다. 아이들은 생명력과 회복력이 충만하여 특별한 의료적 개입이 없어도 대부분 알아서 잘 낫고 잘 큰다는 의미이기도 합니다.

아이들을 진료하다 보면 실제로 아프거나 특별한 문제가 있는 경우보다는 부모 자신이 불안감을 해소하기 위해 전문의의 조언이 필요해서 병원을 찾는 경우가 더 많습니다. 그래서 소아과는 아이들의 진료를 전문으로 하는 동시에 보호자의 불안과 궁금증을 해소해주는 진료과이기도 한 특이성을 지닙니다.

"우리 아이가 또래 아이들에 비해 너무 작은 게 아닐까요?"

"우리 아이가 아직도 말을 잘 못하는데 혹시 언어장애가 있는 걸까요?"

이런 성장에 관련된 불안감부터 시작해서,

"해열제를 먹여도 열이 내릴 기미가 보이지를 않아요. 어떻게 해야 하죠?"

"콧물이 너무 오래가요. 처방해주신 약을 먹여도 콧물이 멎지 않아요. 이러다 축농증에 걸리는 건 아닐까요?"

등과 같은 아이의 증상에 대한 불안감도 많이 호소합니다.

아이의 성장과 발달에 대해 궁금증을 넘어 불안감을 가지고 병원을 찾는 부모들이 많지만, 정작 영유아 건강검진 때 키와 몸무게, 머리둘레 그리고 영역별 발달 상황을 점검해보면 대부분 정상 범위 안에 있는 것을 확인하게 됩니다.

아이들은 특별한 소수의 경우를 제외하고 대부분 잘 자랍니다. 다만 보호자들이 또래 다른 아이들과 비교하면서 우리 아이가 성장과 발달이 더디거나 장애를 갖고 있는 것은 아닐까 불안해하는 것일 뿐입니다. 즉 다른 아이들과의 지나친 비교가 이런 생각을 하게 만드는 근본적 문제인 것입니다.

과거에는 아이를 많이 낳아서 아이 한 명 한 명에게 충분한 관심과 사랑을 주지 못하거나 먹을 것이 부족하여 영양 공급이 충분하지 못했지만, 요즘에는 아이들이 '결핍'으로 인해 성장 발달 장애를 겪게 될 확률은 매우 낮습니다.

다만, 소아과 의사들은 '발달 이정표(Developmental Milestones)'라고 해서 각 시기에 맞는 성장과 발달의 표준을 제시해주는 표를 숙지하고 있습니다. 그래서 이 발달 이정표에 비추어 아이의 성장과 발달이 더딜 때는 적절한 검사를 통하여 아이에게 혹시 모를 문제가 있는지 여부를 확인하도록 돕습니다.

아이에게 나타나는 증상 대부분이 사소한 질병의 '자연 경과'에 따른 자연스러운 과정임에도 보호자들이 몹시 불안해하는 경우가 굉장히 많습니다.

예를 들어, 열이 나서 아이를 병원에 데려온 경우 빨리 열이 가라앉아서 정상 체온으로 돌아오기를 바라는 마음에 이른바 '해열 주사'를 놔달라고 한다던가 불필요하게 '항생제'를 처방해달라고 조르는 부모들이 있습니다.

열 때문에 아이가 잘못되지나 않을까 하는 불안감에 휩싸이는 것은 어쩌면 부모로서 매우 당연하겠지만, 모든 열은 충분히 날 만큼 난 다음 떨어지는 것이 자연스럽고 아이 건강에도 좋습니다. 해열 주사를 통하여 조기에 열을 떨어뜨리면 아이의 면역 체계를 교란할 수 있는 문제를 일으키거나 자칫 아이에게 주사로 인한 '쇼크'를 유발할 수 있습니다. 사실 소아과에서는 일정한 연령 미만이면 해열 주사를 처방하지 않는 게 원칙입니다.

일반적으로 상기도 감염, 즉 감기로 인한 발열은 만 72시간 이상 지속되지 않습니다. 따라서 만 72시간, 대략 4일째 발열이 지속되면 증상에 비추어 적절한 검사나 처방이 필요합니다. 그러나 거의 모든 발열 증상은 이틀 정도 지나면 발열 시간의 주기가 길어지면서 점차 열이 떨어지고, 72시간이 경과하기 전에 열이 가라앉는 것이 보통입니다. 그래서 소아과 의사들도 다른 증상 없이 열만 날 때는 하루 이틀 지켜보면서 해열제 정도만 처방하는 것이 일반적입니다. 소아과 의사들은 다른 사람보다 발열이 곧 끝날지 아니면 더 오래 지속될지 조금 더 정확히 예측할 수 있을 뿐입니다. 따라서 소아과 의사의 진찰 소견상 특별한 것이 없다면 아이의 발열에 대해 너무 조급하게 생각할 필요는 없습니다. 열은 대개 일정 시간이 지나면 멈추므로 강제로 발열 시간을 단축해서 아이의 건강에 유익할 것은 별로 없습니다.

다만, 소아청소년과 의사들은 의료적 개입이 필요한 아이들을 일반인이나 다른 진료과 의사들보다는 좀 더 잘 발견하도록 훈련되어 있습니다. 따라서 소아청소년과 의사가 "이 아이는 대학병원에서 검사를 받아보는 것이 좋겠습니다"라고 조언한다면 반드시 의사의 권유에 따르는 것이 좋습니다. 경험상 이러한 조언이 필요한 아이들은 그리 많지 않으므로 소아청소년과 의사들이 정밀검사를 권유하는 경우라면 반드시 의사의 조언에 따라야 합니다.

결국, 소아과 의사들은 질환에 의한 증상이든, 성장과 발달의 문제이든 아이들이 자연스럽게 극복하여 잘 성장하고 발달하기를 기대하는 사람들입니다. 따라서 아이가 아프거나, 성장과 발달에 대해 뭔가 궁금증이 있다면 언제든지 소아과에 방문하여 상담을 해보아야 합니다. 소아청소년과 의원은 다른 진료과처럼 그저 아파서 가는 곳만이 아닙니다. 건강한 아이들도 언제든지 들러서 전문가의 소견을 들을 수 있는 의료 기관입니다. 앞으로는 아이의 질병뿐 아니라 성장과 발달, 교육 등 아이에 관한 모든 문제에 관해 궁금증과 불안감이 있다면 언제든지 가까운 소아청소년과 의원에 들러 의사와 상담하시기 바랍니다.

2022년 5월 은성훈 · 양세령

목차

PART II 생후 2개월부터 6개월까지
1차 영유아 검진(4~6개월) 때 많이 하는 질문들

PART VI 생후 37개월부터 48개월까지
5차 영유아 검진(42~48개월) 때 많이 하는 질문들

PART VII 생후 49개월부터 60개월까지
6차 영유아 검진(54~60개월) 때 많이 하는 질문들

PART VIII

생후 61개월부터 72개월까지

7차 영유아 검진(66~72개월) 때 많이 하는 질문들과 그 이후의 질문들

PART I

생후 1개월까지

생후 1개월 접종 때 많이 하는 질문들

아이를 낳고 산부인과에서 퇴원한 다음, 혹은 산후조리원에서 조리를 마치고 아이를 집으로 데려오고 나면 본격적인 육아가 시작됩니다. 이때는 육아에 관한 것 하나하나에 자신이 없고 내가 잘하고 있는지 확신이 들지 않습니다. 질문에 속 시원하게 대답해줄 만한 사람도 주위에 없고, 그렇다고 인터넷 정보를 무작정 믿을 수도 없습니다. 그래서 생후 1개월 무렵 아이의 BCG 접종이나 B형 간염 2차 접종을 위해 소아과에 온 부모들이 많이 하는 질문들을 정리해 보았습니다.

1

선천성 이상

01 코눈물관이 막혔대요: 비루관 폐쇄

02 귀젖이 있을 땐 어떻게 해야 하나요?: 부이개/스킨텍

03 귀 앞에 구멍이 있어요: 선천성 이루공

04 설소대 시술은 어떨 때 필요한가요?: 설소대 단축증

05 신생아인데 치아가 났어요: 엡스타인 진주/본스 결절/신생아 치아

06 심잡음이 들린대요: 심잡음

07 허벅지 주름이 비대칭인데 괜찮을까요?: 고관절 탈구

01 코눈물관이 막혔대요

: 비루관 폐쇄

간혹 진찰실에서 눈에 눈곱이 껴 있거나 눈물이 그렁그렁한 아기를 만날 때가 있습니다. 심지어 어떤 아기는 결막염에 이를 정도로 증상이 심해져서 병원에 오는 경우도 있습니다.

"아이가 눈곱이 심하게 껴서 눈을 못 떠요."

"아이고, 언제부터 이랬어요?"

"원래 왼쪽 눈의 코눈물관이 막혔다고 했어요. 그래서 눈물이 많이 났는데, 어제부터 눈곱도 끼기 시작하더니 오늘 아침에는 아예 눈곱 때문에 눈을 못 뜨더라고요."

"아이에게 결막염이 생겼네요. 안약을 넣으면서 지켜봐야겠어요. 코눈물관 마사지는 하고 계시죠?"

"그러려고는 하는데 언제 해야 할지 잘 모르겠어요."

"아이를 씻길 때나 아이가 먹다가 잠들었을 때 깨우는 방법으로 코눈물관 마사지를 꼭 해주셔야 합니다. 생각보다 좀 세게 해주셔야 해요. 만일 6개월이 될 때까지도 코눈물관이 안 뚫리면 안과에 가서 시술해야 하니 부지런히 마사지를 해주세요."

코눈물관이 막히는 증상을 '비루관 폐쇄'라고 합니다. '눈물길'이라고도 하는 코눈물관(비루관)은 눈물이 코로 빠지는 길이라고 생각하면 됩니다. 우리나라의 신생아 중 5%는 코눈물관이 막힌 상태로 태어납니다. 코눈물관의 끝부분이 얇은 막으로 덮여서 태어나는 것인데, 이런 경우 눈물이 원활하게 배출되지 않아 눈에 눈물이 고이고 눈곱이 끼게 됩니다. 간혹 눈물이 계속 고여있다가 염증을 유발하기도 하는데 그럴 때는 적절한 치료를 받아야 합니다.

코눈물관이 막힌 채로 태어난 신생아는 생후 2주쯤부터 눈물이 많이 고이고 눈곱이 많이 낍니다. 이때부터 코눈물관 마사지를 열심히 해주는 것이 중요합니다. 코눈물관 끝부분의 막을 터트리는 느낌으로 압력을 주어 마사지를 해주면 됩니다. 또한, 한 번 할 때 5, 6회씩, 하루에 5, 6차례 해주는 것이 중요합니다.

그런데 부모들의 경험을 들어보면, 의외로 마사지해줄 타이밍을 잡기가 쉽지 않습니다. 신생아는 온종일 먹고 자니 좀처럼 마사지할 시간이 없는 것이죠. 아기가 잘 때 하면 아기를 깨울 것 같고, 모유나 우유를 먹고 있는데 하기도 여의치 않습니다. 그래도 세수나 목욕을 시킬 때, 그리고 아기가 먹다가 잠들 때 깨우는 수단으로 코눈물관 마사지를 해주어야 합니다.

코눈물관이 막힌 채로 태어난 신생아의 90%는 저절로 코눈물관이 뚫립니다. 만일 생후 6개월까지도 계속 코눈물관이 막혀 있다면 안과에서 더듬자(몸속이나 장기에 삽입하여 진단 및 치료하는 기구)로 눈물관을 뚫는 시술을 하게 됩니다.

02

귀젖이 있을 땐 어떻게 해야 하나요?
: 부이개/스킨텍

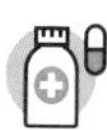

선천성 이루공(귀 앞이나 위의 작은 구멍)과 비슷한 위치인 귓바퀴 앞에 살덩어리가 있는 상태로 태어나는 아기들이 있습니다. 정식 명칭은 '부이개', '귀젖' 또는 '스킨텍'으로, 선천성 기형의 일종입니다. 이 역시 흔한 것이고 별다른 증상은 없지만 아무래도 눈에 잘 띄어서 부모들이 많이 걱정합니다.

"선생님, 저희 아기 귀 앞에 있는 이것은 무엇인가요?"
"'부이개'라고 하는 흔한 선천성 기형이에요. 특별히 문제 되지는 않아요."
"귀 안에 문제가 있는 것은 아니고요?"
"연골을 침범하는 경우가 있지만 특별히 문제되지는 않아요."
"어떻게 치료해야 하나요?"
"그냥 두어도 살아가는 데 아무 문제는 없는데, 너무 신경 쓰이면 100일 지나고 간단한 수술을 하면 됩니다."

부이개는 신생아 200명 중 1명 정도가 가지고 태어나며, 귓바퀴 앞에 살이 튀어나온 것처럼 보입니다. 보통 1개에서 많게는 5, 6개까지 관찰되며, 대부분은 그냥 피부에만 있으나 귀의 연골까지 침범할 때가 종종 있습니다.

특별한 후유증은 없어 굳이 치료하지 않아도 되지만, 미용상의 이유로 수술을 원할 때는 100일 이후부터 가능하며, 간단한 국소마취로도 수술할 수 있습니다.

03

귀 앞에 구멍이 있어요

: 선천성 이루공

힘들게 출산을 마치고 엄마와 아기의 첫 만남 시간이 끝나면 아기는 신생아실로 이동하여 신체 진찰과 필요한 예방접종을 받습니다. 이때의 신체 진찰 과정에서 초음파상으로는 보이지 않던 미세한 선천성 이상들이 발견될 수 있습니다.

"아기는 건강하게 태어났습니다. 지금까지 아무 이상도 없고요. 다만 양쪽 귀 앞에 조그만 구멍이 있네요."

"네? 초음파 검사 때는 그런 말씀 없으셨는데요?"

"구멍이 너무 작아서 초음파로는 보이지 않기 때문에 보통 태어난 후에 발견돼요. 신생아 10명 중 1명이 이 구멍을 가지고 태어나요. 그만큼 흔하고 경미한 이상이니까 너무 걱정하지는 마세요."

"왜 그런 구멍이 생기는 건가요? 나중에 따로 치료해야 하나요?"

"엄마 뱃속에서 귀 부분이 만들어질 때 마지막에 융합이 조금 덜 되면 이런 구멍이 생겨요. 보통 피부에 살짝 구멍이 난 것처럼 보이는 정도니까 크게 신경 쓰지 않아도 돼요. 별다른 증상이 없으면 굳이 치료할 필요도 없고요. 대신 나중에 이 부분에 염증이 자주 생기거나 하면 수술이 필요할 수는 있는데 대부분은 수술하지 않고 평생 잘 살아요."

"따로 연고를 발라주거나 관리해주지 않아도 되는 건가요?"

"네. 그냥 지켜보기만 하면 됩니다."

선천성 이루공은 신생아에게서 흔히 볼 수 있는 선천성 기형으로 아시아에서는 유병률이 10% 정도로 높습니다. 한쪽 귀에만 나타나기도 하지만 50% 정도는 양쪽 귀에 모두 나타납니다. 선천성 이루공은 귓바퀴 바로 앞의 피부 쪽에 작은 구멍이 있는 것으로, 표면은 피부로 덮여있지만 그 안에 상피가 주머니처럼 들어가 있습니다. 유전되는 경우가 많지만, 간혹 아무 이유 없이 생기기도 합니다.

선천성 이루공은 태아일 때 귀의 융합 과정이 불완전할 경우 생깁니다. 간혹 신장 기능 이상과 연관이 있기도 하나 대부분은 단순히 선천성 이루공만 있는 경우가 많습니다.

증상이 없다면 그냥 지켜보면 되지만, 냄새가 나는 하얀 분비물이 나오거나, 빨갛게 염증이 생길 때는 치료를 고려해야 합니다. 시술과 약물로 합병증이 반복되면 수술도 고려해야 합니다.

04 설소대 시술은 어떨 때 필요한가요?
: 설소대 단축증

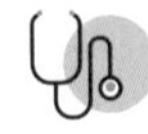

신생아를 대상으로 행하는 시술 중 가장 많은 두 가지는 설소대 시술과 배꼽 육아종 소작술*일 것입니다. 그중 배꼽 육아종 소작술은 시술의 필요성에 대해 어느 의사에게 물어도 비교적 공통된 답변을 듣는 반면, 설소대 시술은 의사들마다 조금씩 의견이 다른 경우가 종종 있습니다.

"선생님, 저희 아기가 설소대 시술을 받아야 하나요? 조리원에서 설소대가 짧아 보인다고 해서요."
"음…. 살짝 짧아 보이기는 하네요. 수유할 때는 어때요? 아기가 젖을 먹기 힘들어하나요?"
"아니요. 아주 잘 먹어요."
"모유 수유할 때 엄마가 젖꼭지에 통증을 느끼지는 않으시고요?"
"네. 괜찮아요."
"그럼 일단은 지켜봅시다."

설소대는 혀의 아랫면과 입의 바닥을 연결하는 얇은 막으로, 설소대가 정상보다

* 배꼽 육아종 소작술: 탯줄이 탈락된 이후 배꼽이 치유되는 과정에서 일부 조직이 과증식되고 상피화가 지연되면서 발생한 육아종을 제거하는 시술

짧아서 혀의 운동이 제한되는 것을 '설소대 단축증'이라고 합니다. 설소대 단축증은 대부분 선천성이며 신생아 시절부터 관찰됩니다.

설소대 단축증이 있는 아이는 혀를 길게 내밀지 못하고 자유롭게 움직이기도 힘들어합니다. 혀를 내밀 때 혀끝이 하트 모양인 것을 관찰할 수 있습니다. 설소대가 짧으면 수유가 원활하지 않을 수 있으며 모유 수유를 할 때 엄마의 젖꼭지를 깨물기 쉬워 통증을 유발할 수도 있습니다. 나중에 말을 하기 시작할 때 ㄷ(디귿)과 ㄹ(리을) 발음이 부정확할 수 있습니다.

설소대 단축증으로 인해 모유 수유에 곤란을 겪거나 아이가 말할 때 발음이 부정확하다면 간단한 수술로 설소대를 잘라주면 됩니다.

05

신생아인데 치아가 났어요
: 엡스타인 진주/본스 결절/신생아 치아

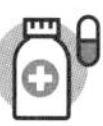

보통 아이들은 생후 6개월 무렵에 첫 치아가 납니다. 물론 아이에 따라 이가 나는 시기가 달라서 어떤 아이들은 생후 3개월에 이가 나기 시작하기도 하고, 또 어떤 아이들은 돌이 지나서 이가 나기도 합니다. 그런데 간혹 아직 한 달도 안 된 아기의 입안에서 뭐가 보인다면서 병원에 방문하는 경우가 있습니다. 이럴 경우 그것이 정말 치아일 때도 있지만 대부분은 다른 것일 때가 많습니다.

"선생님, 저희 아기 잇몸에 뭐가 났어요!"

"어디 한번 볼까요…. 아, 이거 말씀하시는 거죠?"

"네. 어제 수유하다가 발견하고 깜짝 놀랐어요. 벌써 이가 나오는 건가요?"

"아니에요. 이것은 치아가 아니고 '본스 결절'이라고 하는 것이에요. 신생아들한테 간혹 발견되는데 그냥 지켜보면 저절로 사라진답니다."

신생아의 입안에서 치아로 의심되는 것을 발견한다면 대부분 다음 세 가지 경우입니다. 입천장 한가운데에서 발견되는 엡스타인 진주, 잇몸에서 관찰되는 본스 결절, 그리고 진짜 신생아 치아인 경우입니다.

먼저 엡스타인 진주는 신생아나 영아의 입 중앙선에서 관찰되는 1~3mm 크기의 하얀 낭종입니다. 대부분 입천장에서 관찰되며 내부가 액체로 차 있습니다. 엡스타인 진주는 특별한 치료가 필요하지 않으며 수주에 걸쳐서 저절로 없어집니다.

본스 결절은 '신생아의 잇몸 낭종'이라고도 불립니다. 이름 그대로 신생아의 잇몸에서 관찰되는 하얀 낭종으로, 크기는 1~3mm 정도고 내부가 케라틴으로 차 있습니다. 본스 결절 역시 특별한 치료가 필요하지 않으며 수개월 뒤 저절로 사라집니다.

진짜 신생아 치아로 판명되기도 하는데, 출생 당시부터 치아가 있는 경우거나 태어나고 한 달 이내에 치아가 올라오는 경우입니다. 보통 신생아 치아는 아랫니가 올라온 경우가 많으며 뿌리 구조가 약해서 많이 흔들립니다. 합병증이 없는 한 따로 치아를 제거하지 않고 관찰만 하는 것이 원칙이나, 치아가 혀끝에 상처를 입히거나 치아 때문에 엄마가 모유 수유하기 힘들다면 제거할 수도 있습니다.

06 심잡음이 들린대요

: 심잡음

병원에서 아이의 심장 쪽에 문제가 있는 것 같다고 하면 부모의 마음은 덜컥 내려앉습니다. 아이에게서 심잡음이 들린다는 소견을 들을 때가 있는데, 별문제는 아닐 것이라고 의사가 안심을 시켜도 혹시나 하는 마음에 불안합니다. 심잡음은 특별한 원인이 없는 경우가 많지만, 간혹 큰 문제로 발전하기도 하니 조금이라도 이상하면 심장 초음파 검사를 받는 것이 안전합니다.

"오늘 B형 간염 2차 접종하러 왔어요."

"아, 그렇군요. 우리 아기 오늘 어디 불편한 곳은 없나요?"

"네. 그런데 산부인과에서 퇴원할 때 심잡음이 들리는 것 같다고 했어요."

"음, BCG 접종할 때 혹시 심잡음 들리는지 물어보았나요?"

"네. BCG 접종은 조리원 퇴소하면서 했어요. 생후 3주쯤이었는데 심잡음은 특별히 들리지 않는다고 하더라고요."

"어디 한번 볼까요…. 다행히 오늘도 특별히 들리는 심잡음은 없네요."

"그럼 괜찮은 건가요?"

"아마 괜찮을 거예요. 태어나서 하루 이틀은 아직 심장의 구멍이 모두 안 닫혀서 심잡음이 살짝 들릴 수 있어요. 몸무게도 잘 늘고 있으니 일단은 지켜볼게요. 그리고 아이들은 어른들과 달리 기능적 심잡음이 들리는 경우가 종종 있답니다."

아기들은 태어나고 3일 혹은 6일 뒤 병원에서 퇴원할 때 전반적인 신체 진찰을 받습니다. 그때 간혹 심잡음이 들린다는 이야기를 듣는 아이들이 있습니다. 심잡음은 태어날 때부터 들리는 경우도 있고, 생후 3, 4일경 혹은 생후 일주일이 지나고 들리는 경우도 있습니다. 그렇기에 설사 산부인과 퇴원 당시에 심잡음이 없었다 하더라도, 생후 1개월이 됐을 때 하는 BCG 접종이나 B형 간염 2차 접종 과정의 심장 청진은 의사에게도 매우 긴장되는 순간입니다.

심장은 우리 몸 구석구석에 혈액을 공급해주는 펌프 역할을 합니다. 심장에서는 좌심방, 좌심실, 우심방, 우심실 등 4개의 방을 통해 끊임없이 혈액 순환이 이루어집니다. 심잡음이란, 청진 시 정상적인 심음 이외에 들리는 소리입니다. 혈류가 좁은 곳을 지날 때, 혈류 속도의 증가와 와류로 인해 발생합니다. 심잡음은 우심방·좌심방을 나누는 심방중격과 우심실·좌심실을 나누는 심실중격에 구멍이 있거나(결손), 판막이 좁거나(협착), 판막이 꽉 닫히지 않아 피가 뒤로 새는(역류) 등의 심장병이 있을 때 들립니다. 특히 심잡음은 심장의 이상을 알리는 신호가 되기 때문에 진단에 중요한 역할을 합니다.

심잡음은 크게 두 가지로 나뉩니다. 정상적인 심장 구조에서 나는 '기능적 심잡음(Heart Murmur)'과 심장 구조에 이상이 있는 선천성 심질환에 의한 '병적 심잡음'입니다. 정상적인 심장 구조에서 나는 심잡음은 대부분 아이가 크면서 소리가 사라지므로 크게 걱정할 필요가 없습니다. 하지만 심장 구조 이상에 의한 병적 심잡음은 치료가 필요합니다. 기능적 심잡음과 병적 심잡음 모두 일차적으로 환아의 상태를 보고 감별할 수 있지만, 청진으로는 한계가 있어 반드시 소아 심장 초음파 검사를 해봐야 합니다. 최근에는 아기가 엄마 뱃속에 있을 때 태아 정밀 심장 초음파를 시행해 출생 직후 관리가 필요한 선천성 심질환을 감별할 수 있습니다.

심잡음과 함께 나타나는 증상이 있는지 확인하는 것도 중요합니다. 정상적인 심장 구조에서 나는 기능적 심잡음일 때는 다른 증상을 동반하지 않고 성장과 발육도 정상입니다. 그러나 병적 심잡음일 때는 성장과 발육에 이상이 있을 수 있습니다. 보호자들이 이야기하는 대표적 증상으로는 "먹을 때 땀을 유난히 많이 흘려서 잠시 멈췄다가 먹게 해요", "다른 아기들보다 숨을 빠르게 쉬는 것 같아요", "아이가 울 때 입술 색이 파래졌어요", "체중이 잘 안 늘어요" 등이 있습니다.

정상적인 심장에서도 들릴 수 있는 기능성 심잡음은 대부분 시간이 지나면 사라집니다. 신생아기에는 폐동맥 혈관의 분지들이 충분히 자라지 않은 상태에서 혈류가 상대적으로 많이 통과합니다. 이때 일시적으로 심잡음이 발생할 수 있는데 이 경우 수개월 안에 저절로 없어집니다. 또 소아가 열이 나거나 운동을 하여 심장이 빨리 뛸 때, 빈혈이 있을 때는 평소보다 심박동이 빨라지면서 심박출량이 증가합니다. 이로 인해 다량의 혈류가 혈관을 지나게 되어 상대적으로 좁은 곳을 통과하면서 기능성 심잡음이 생성될 수 있습니다. 3~7세 사이의 약 30%의 어린이에게서 무해성 심잡음을 관찰할 수 있습니다. 이는 구조적 결손이 없는 일시적 증상이므로 치료가 필요 없고 성장 과정에서 대부분 자연스럽게 소멸합니다. 자세를 바꾸면 사라지는 심잡음도 더러 있습니다.

병적 심잡음은 선천성 심질환이 원인인 경우가 대부분입니다. 진료실에서 흔히 접하는 심질환 중 심잡음이 들리는 크게 들리는 예로는, '심실중격결손(좌심실과 우심실 사이의 구멍)', '동맥관 개존증(대동맥과 폐동맥 사이의 구멍)', '폐동맥 판막협착증' 등이 있습니다. 가장 흔한 심실중격결손은 심장에 있는 4개의 방 중에서 좌우 심실 사이에 있는 벽에 구멍이 생긴 것을 뜻합니다. 구멍의 크기가 작다면 자연적으로 닫히는 경우가 많아 정기적인 외래 진료를 통해 아기 상태를 평가하고 심장 초음파를 실시하며 경과를 관찰합니다. 하지만 구멍이 커서 심장에 부담을 많이 주어 아기에게 증상이 나타난다면 일차적으로 약물 치료를 하고, 이후 증상이 지속될 경우 수술적 치료를 고려합니다. 심잡음이 들리면, 무엇보다 소아 심장 전문의를 찾아 진료를 받는 것이 중요합니다. 특히 신생아일 때 심장 구조에 이상이 있으면 성장과 발육에 영향을 줄 수 있는 만큼 조기에 진찰받는 것이 좋습니다. 출생한 산부인과에서 심잡음이 들린다고 했다면 반드시 가까운 소아청소년과 의원에 방문하여 심장 청진을 받아보고 필요할 경우 의뢰서를 요청하여 소아 심장 초음파가 가능한 대학병원에 방문해야 합니다.

07

허벅지 주름이 비대칭인데 괜찮을까요?
: 고관절 탈구

1차 영유아 검진을 받으러 온 부모들로부터 가장 많이 받는 질문 중 하나가 허벅지 주름 비대칭에 대한 것입니다. 요즘에는 엄마들 사이의 정보 교환도 활발하고 인터넷에서도 쉽게 정보를 얻을 수 있어서 부모들이 아이에 관한 건강 정보를 꽤 많이 찾아보고 병원에 옵니다. 그중에서도 특히 허벅지 주름이 비대칭이면 고관절 탈구가 있는 것이라는 정보를 보고 지레 걱정하는 부모들이 종종 있습니다. 결론적으로 말하면, 고관절 탈구는 허벅지 주름만 보고 진단하지는 않습니다.

"선생님, 저희 아이 허벅지 주름 좀 한번 봐주세요."

"허벅지 주름이 비대칭인 것 같아 걱정이신가요?"

"네. 인터넷에서 보니 허벅지 주름이 비대칭이면 고관절 탈구라고 그래서요."

"허벅지 주름이 비대칭이라고 반드시 탈구는 아니에요. 한번 진찰해볼게요."

"잘 부탁드려요."

"다행히 탈구는 아니네요. 보통 고관절 탈구면 이렇게 진찰할 때 무릎 높이가 다른 경우가 많습니다. 그리고 관절을 돌려볼 때 소리가 나고요. 다행히 이 아기는 괜찮네요."

선천성 고관절 탈구는 아기의 대퇴골두가 골반뼈에 제대로 안착하지 못한 경우를 말합니다. 이때 대퇴골두의 위치와 골반뼈의 형성 정도에 따라 고관절 탈구의 유형이 나뉩니다. 만일 고관절 탈구를 방치할 경우에는 그 정도와 나이에 따라 고관절에 심한 통증을 유발하거나 보행 시 다리를 저는 증상이 나타날 수 있습니다. 심하면 고관절 일부가 빠지는 아탈구가 될 수 있고, 오랜 시간 방치하면 퇴행성 관절염으로도 진행될 수 있습니다.

고관절 탈구의 약 70%는 여자아이에게서 발생하는데, 대체로 60%는 좌측 고관절에서, 20%는 우측 고관절에서 발생하며, 나머지 20%는 양측 고관절에서 발생합니다. 아이가 첫째거나 엄마 뱃속에 있을 때 둔위(태아가 자궁에서 거꾸로 있는 경우)였다면 고관절 탈구의 빈도가 증가합니다. 육아 방식도 고관절 탈구의 요인 중 하나인데, 우리나라처럼 아이를 포대기에 업고 키우면 고관절이 안정적으로 발달합니다. 포대기가 아기의 고관절이 굽혀지고 벌어진 자세가 되게 하기 때문입니다. 반대로 고관절을 펴고 다리를 모은 자세로 아기를 고정하는 풍습이 있는 지역에서는 고관절 탈구가 더 많이 발생합니다.

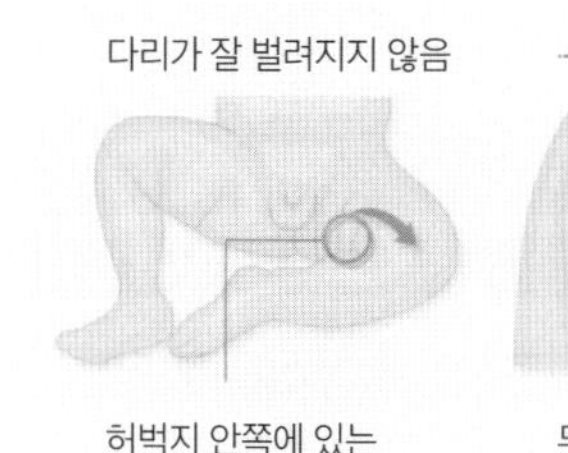

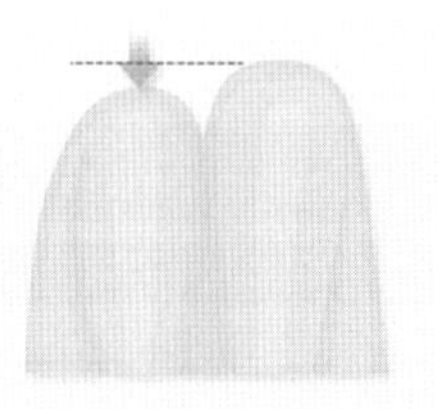

출처: 보건복지부/대한의학회

고관절 탈구 의심 소견

일반적으로 허벅지 피부의 주름이 비대칭이면 고관절 탈구가 의심된다고 알려져 있으나, 워낙에 허벅지 주름은 비대칭인 경우가 많기 때문에 이것 하나만으로 고관절 탈구를 의심하기에는 부족합니다. 허벅지 주름 비대칭과 더불어 평편한 바닥에 아기를 눕히고 무릎을 세워보았을 때 양쪽 무릎의 높이가 다르다면 고관절 탈구를 의심해볼 수 있습니다. 그리고 생후 3개월 전후인데 다리가 벌어지지 않을 때도 고관절 탈구가 의심됩니다. 고관절 탈구는 흔히 기저귀를 갈아주다가 발견하는 경우가 많습니다. 늦으면 걸음마를 시작할 때쯤 고관절 탈구 진단을 받기도 하는데, 아이가 걸음마를 할 때 다리를 전다거나 자세가 이상한 경우에 의심해볼 수 있습니다.

병원에 내원했을 때 고관절 탈구가 의심되면 간단한 신체 진찰로 탈구 여부를 확인합니다. 이때 탈구가 의심되는 소견이 있다면 빠른 진단을 위해 바로 초음파 검사를 시행하여 확진해야 합니다. 고관절 탈구는 진단받는 나이에 따라 치료 방법이 달라지기 때문입니다.

생후 6개월 이전에 고관절 탈구로 진단받는다면 부목이나 보장구 등의 비수술적인 방법으로도 치료 가능합니다. 그러나 이런 치료 방법이 효과가 없거나 생후 6개월 이후에 고관절 탈구가 진단된 경우에는 수술을 고려해야 합니다.

2

일상적인 증상

01 피부에 발진이 있는데 아토피 아닌가요?

아기들에게는 피부 질환이 자주 생깁니다. 특히 습진이 자주 생기는데 이때 부모들은 혹시나 아토피가 아닐까 많이 걱정합니다. 아토피는 한 번 생기면 치료하기 쉽지 않다고 여겨지기 때문이지요. 언제 아토피가 의심되는지 살펴보겠습니다.

"선생님, 저희 아이 피부 좀 한번 봐주세요."
"왜요? 뭐가 났어요?"
"피부가 거칠거칠하면서 빨간데, 혹시 아토피 아닌가요?"
"아이가 몸을 자주 긁나요? 어디가 제일 심해요?"
"긁지는 않아요. 여기 가슴 쪽이 제일 심해요."
"아, 이건 동전 모양 습진이네요. 아토피와는 다른 거예요."
"이럴 때는 어떻게 해야 해요?"
"동전 모양 습진은 보습이 가장 중요해요. 로션을 자주 발라주시고, 심해지면 스테로이드 연고를 써볼 수 있어요."

아토피 피부염은 아이들에게 가장 흔한 만성 재발성 피부염입니다. 흔히 유아기 때 증상이 시작되며 소아의 10~30%가 겪고 지나갑니다. 아토피 피부염은 유전적·환경적·면역학적 요인이 복합적으로 작용하여 발생합니다. 심한 피부 건조가 아토피 피부염의 특징인데, 이는 아토피로 인해 피부 장벽이 제 역할을 하지 못하기 때문입니다.

신생아와 영유아는 어른들보다 피부가 외부 자극에 예민합니다. 피부가 얇고 털이 적어서 가벼운 마찰에도 쉽게 벗겨지거나 물집이 생깁니다. 신생아 때 일과성으로 흔히 발현되는 병변 중에 '태열'이 있는데, 이는 비립종, 피지선 증식, 신생아 독성홍반, 신생아 여드름, 유아 지루성 습진 등을 총칭하는 말입니다. 아토피로 착각하기 쉽지만, 한두 달 정도 지나면 병변이 사라집니다. 일반적으로 아토피 피부염은 신생아보다 생후 2~3개월 된 영아에게서 처음 생기는 경우가 많습니다.

아토피 피부염은 심한 가려움증과 홍반, 건성 피부 병변이 특징입니다. 소아 아토피 환자의 절반 이상이 만 1세 미만에 증상이 시작되고, 30%는 1~5세 사이에 증상이 시작됩니다. 특히 가려움증으로 인해 아이가 계속 피부를 긁게 되어 2차 세균 감염이 자주 생깁니다. 주로 영아기에는 뺨에 많이 생기고, 그 후 얼굴의 나머지 부분과 목, 손목, 팔다리로 번집니다.

아토피 피부염 진단에는 혈액검사가 도움이 되나 최종 진단은 아이의 피부 소견과 이때까지의 증상을 종합하여 시행합니다. 아토피 피부염의 진단 기준 중 주 증상은 가려움증, 특징적인 발진 모양 및 호발 부위, 만성 및 재발 경과, 아토피 피부염에 동반되는 다른 질환 및 가족력입니다. 보통 아토피 피부염이 있는 아이들은 알레르기 비염이나 천식 등을 앓는 경우가 많습니다. 그 외에도 피부가 건조하며 피부 감염이 잦고, 특정 음식을 먹으면 피부 증상이 악화하거나 혈액검사에서 IgE(면역글로불린 E)가 증가한 상태라면 아토피 피부염을 의심할 수 있습니다.

아토피 피부염은 만성적으로 지속되는 경향이 있고 재발이 잦아 꾸준히 관리해주는 것이 중요합니다. 제일 중요한 것은 보습으로 로션과 크림을 자주 발라주는 것이 좋으며, 필요하면 오일을 사용하기도 합니다. 또한 병변이 악화할 경우에는 적절한 양의 스테로이드 연고 사용도 고려해볼 수 있습니다.

02 보습제는 어떤 것을 어떻게 써야 하나요?

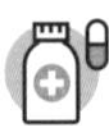

최근에는 실손의료보험 가입이 늘면서 보험금 청구가 가능한 의료기기로 등록된 보습제가 많아졌습니다. 그래서 환자나 보호자들로부터 보습제 종류나 보습제를 고르는 기준, 보습제를 바르는 방법 등에 관한 질문을 받을 때가 많습니다.

"선생님, 저 앞에 있는 로션들은 어떤 것들인가요?"

"아, 저 로션과 크림들은 의료기기로 등록된 제품들이에요. 그만큼 안전성과 안정성을 확보한 제품들이지요."

"아이 친구 엄마가 저 로션이 좋다고 하던데…."

"샘플을 좀 드릴 테니 한번 써보세요. 성분과 브랜드도 중요하지만, 더 중요한 것은 자주 발라주는 것이에요."

"로션은 씻고 나서 발라야 하는 것 아니에요?"

"아니요, 꼭 씻고 나서 바를 필요는 없어요. 물론 땀이 났다거나 하면 씻고 발라야 하겠지만, 그게 아니라면 건조할 때마다 하루 4, 5회씩 발라주시는 것이 좋아요."

보습제를 바르면 건조한 피부에 수분을 보충해주고 피부를 통한 수분 손실을 감소시키는 효과가 있는 동시에 피부 장벽 기능의 회복을 돕습니다.

병원에서 판매하는 로션이나 크림 제품에 MD라는 알파벳이 붙어 있는 것들이 있습니다. 이는 Medical Device의 약자로 '의료기기'라는 뜻이며, 이렇게 표기된 제품은 의사의 처방을 받아야 구입할 수 있습니다. MD로션이나 크림은 창상피복재(상처 보호 및 오염 방지를 위해 상처 부위에 붙이는 것)로 의료기기 승인을 받은 제품들인데, 그만큼 안정성과 안전성이 검증되었다고 볼 수 있습니다.

MD보습제의 특징은 피부 장벽의 회복과 복원을 가능하게 해준다는 점입니다. 그래서 아토피 피부염과 피부 건조증, 건선, 화상 등의 치료에 사용됩니다. 이것은 MD보습제에 함유되어 있는 세라마이드, 콜레스테롤, 지방산 때문인데, 바로 이 세 가지 성분이 피부 장벽의 회복을 돕는 역할을 합니다. MD로션이나 크림은 유분기가 비교적 많아 수분이 달아나지 못하게 하는 밀폐력이 뛰어나며, 알레르기를 유발할 수 있는 성분을 최소화한 무향료 제품들입니다.

보습제마다 성분이 조금씩 다르기 때문에 자신의 피부에 발라본 다음 별다른 부작용이 없는 것을 선택하는 것이 좋습니다. 그리고 보습에 중요한 성분인 세라마이드 함유량을 따져보는 것도 필요합니다.

보습제는 목욕 후 아직 물기가 남아있는 상태에서 바르는 것이 가장 효과적입니다. 그렇지만, 그 효과가 24시간 지속되는 것은 아니기에 수시로 추가 도포해주는 것이 좋습니다. 씻지 않고 발라주어도 괜찮습니다. 하루 4, 5회 정도 발라줄 것을 권합니다.

알아두면 유용한 정보

병원에서 판매하는 보습제의 종류

보습제는 대부분 효능이 비슷합니다. 소아과에서는 아토피 피부염이나 피부 건조증이 있는 환아들에게 주로 사용하는데, 치료 목적 이외에도 치료 후 상태가 유지되게 하는 데 보습제가 쓰입니다. 한 번만 사용하고 끝내는 것이 아니라서 꾸준히 사용하다 보면 비용 부담이 커질 수밖에 없기에 실손의료보험이 적용되는 의료기기로 등록된 제품이 출시되고 있습니다.

현재 병원에서 처방하는 보습제 중 베스트셀러 상품을 비교해보았습니다. 모두 실손보험금 청구가 가능한 제품들이어서 경제적 부담 없이 사용할 수 있습니다. 하지만 반드시 아토피 피부염, 접촉성 피부염, 피부 건조증 등의 상병 코드가 진료확인서에 들어가야 합니다. 이러한 보습제를 아토피 피부염 환아에게 사용할 경우에는 스테로이드 연고를 도포한 후 마지막으로 보습제를 도포함으로써 시너지 효과를 기대할 수 있습니다. 아토피 피부염에 대해서는 스테로이드 연고가 금기의 대상이 아닙니다. 적절히 사용할 경우 가장 좋은 효과를 기대할 수 있는 치료제입니다. 병원에서 판매하는 보습제와 함께 사용하면 더 좋은 효과를 기대할 수 있습니다.

• 이지듀 MD로션/크림

이지듀 MD의 전 성분 표시를 보면 글리세린과 히알루론산이 앞쪽에 위치합니다(전 성분 표시에서 앞에 나오는 성분일수록 함유량이 상대적으로 높다는 것을 의미).

두 성분은 수분을 끌어들이는 성분으로 보습에서 가장 기본적인 역할을 합니다. 이 제품에 함유된 스쿠알렌 성분은 수분 증발을 막는 밀폐 효과가 있습니다. 피부 장벽을 구성하는 성분 중 대표격인 세라마이드, 콜레스테롤, 지방산 비율이 각각 3:1:1로 함유되어 있는데, 이는 기본적으로 피부 장벽의 구성 비율과 매우 흡사합니다. 실제 사용 시 피부 장벽을 회복시켜주는 역할을 합니다.

이지듀 제품의 단점은 디소듐이디티에이라는 성분입니다. 이 성분은 화장품에 떠돌아다니는 이온을 잡아주는 역할을 합니다. 이온이 많으면 실질적으로 성분이 불활성화될 수 있습니다. 보통 디소듐이디티에이는 전 성분 표시에서 뒤쪽에 나오거나 함량 정도가 1% 미만인데 이 제품에서는 세 번째로 나오는 것으로 보아 그 함량이 높은 것을 짐작할 수 있습니다. 사실 이 성분 뒤에 나오는 성분들의 함량은 높지 않습니다. 다음으로 문제가 되는 성분은 폴리에틸렌글리콜, 즉 PEG(피부 표면에 윤활제로 작용하여 피부를 부드럽고 매끄럽게 해주는 성분. 피부컨디셔닝제, 유연제, 계면활성제 및 유화제로 쓰임)입니다. 이 성분이 화장품에 들어가면 발림성이 매우 좋아지지만, 최근 들어 보습제에서 사용을 많이 줄이고 있습니다.

제형과 수분 함량에 따라 로션과 크림으로 나뉘는데, 굳이 로션과 크림을 동시에 사용할 필요는 없습니다.

• 아토베리어 MD로션/크림

아토베리어 제품은 발림성이 매우 좋아 써본 사람들이 계속 찾는 제품입니다. 에스트라의 특허를 가지고 더마온이라는 공법으로 세라마이드, 콜레스테롤, 지방산을 하나로 묶고 있습니다.

아토베리어 MD로션의 세라마이드 함량은 0.4%, MD크림의 세라마이드 함량은 2%입니다. 세라마이드는 실제로 피부 장벽에서 무려 40~50%를 차지하는 중요 성분이긴 하지만 2% 이상의 함량이면 화장품에 녹아들지 않습니다. 따라서 2%

함량이면 보습제로서는 상당히 높은 편입니다.

아토피 피부염이나 건조증과 같이 피부 장벽 손상 시 주로 사용되는 이 제품의 전 성분 개수는 41개로 다소 많습니다. 또한, 천연 추출물 성분이 많은 편입니다. 아모레퍼시픽에서 자체 개발한 유사 세라마이드인 '하이드록시프로필비스팔미타마이드엠이에이'가 들어있다고 합니다. 전체적으로 스쿠알렌이라든지 불포화지방산, 세라마이드, 콜레스테롤, 지방산을 모두 넣어 피부 장벽을 회복하는 데 도움을 주는 제품입니다. 다만 세라마이드, 콜레스테롤, 지방산 비율은 따로 기재되어 있지 않아 아쉽습니다.

아토베리어 MD크림은 실제 발라보면 유분기가 많아서 세라마이드, 콜레스테롤, 지방산 비율이 타제품에 비해 좀 더 높게 함유되어 있음을 느낄 수 있습니다. 성분만 보면 번들거리고 사용하기도 조금 불편할 것 같지만 실제로는 발림성도 상당히 좋고 바른 뒤 느낌도 비교적 좋은 제품입니다. 사실 세라마이드 함량이 2%를 넘는 제품은 찾기 힘듭니다.

• 에스트라 MD크림

아토베리어의 단점을 보완한 제품입니다. 아토베리어 제품의 성분은 로션의 경우 40개, 크림의 경우 48개로 전 성분이 너무 많습니다. 성분 개수를 조금 더 줄여보는 게 낫지 않겠느냐 해서 에스트라가 나온 것입니다. 전 성분 표시에서 '하이드록시프로필비스팔미타마이드엠이에이'와 '하이드록시프로필비스라우라마이드엠이에이'가 비교적 앞에 나와 있고, 포화지방산이 들어있으며, 베헤닐 알코올 같은 고급 알코올 성분이 들어있습니다. 유사 세라마이드뿐 아니라 콜레스테롤 외 다양한 지방산으로 구성되어 있습니다. 전 성분이 22개로 적은 편으로, 성분 조합이 깔끔합니다. 실제 사용 시 사용감은 조금 떨어지지만 군더더기 없는 좋은 제품입니다.

• 덱시안 MED크림

프랑스 브랜드 피에르파브르의 듀크레이에서 나온 제품입니다. 이 회사 제품으로는 르네 휘테르, 아벤느 등이 유명합니다. 아토피 접촉피부염과 만성습진의 치료제로, 스테로이드제와 함께 사용하면 효과가 좋다는 것이 입증되었습니다.

우리나라에서는 의료기기로 수입하고 있으며, 손 습진에 탁월한 효과가 있는 것으로 알려져 핸드크림으로 많이 사용됩니다. 약을 복용하거나 연고를 바르는 치료가 종료된 이후에 재발 방지를 위한 유지 치료용으로 사용하기에 좋은 제품입니다.

전 성분은 22개로 적은 편이며 피부 밀폐 성분과 다양한 고급 알코올 성분이 함유되어 있습니다. 스테로이드 연고의 자극성 대체재로서 적당합니다.

• 에피세람

제품명만 보아도 세라마이드를 강조한 제품임을 알 수 있습니다. 2013년 우리나라 최초로 도입된 의료기기 보습제로서, 초기에는 거의 유일하게 실손보험금 청구가 가능한 보습제였습니다. 세라마이드, 콜레스테롤, 지방산 비율이 3:1:1로 이지듀 MD크림과 동일합니다. 피부 장벽 회복에 도움이 되는 제품이지만 가격대가 높은 편이라서 장기적 사용에 부담이 된다는 단점이 있습니다.

전 성분을 보면 독특하게 '멀티살티엠 네오피리드'라는 것이 있는데, 이것은 미세캡슐화 시스템입니다. 실제로 써보면 스쿠알렌으로 인해 유분기가 느껴집니다. 세라마이드 함량과 관련된 기술은 없고 성분 간의 비율을 중시하고 있음을 알 수 있습니다. PEG 성분이 들어있어 발림성은 좋지만 앞에서도 언급했듯 최근 이 성분은 보습제에서는 잘 안 쓰는 추세입니다.

• 제로이드 MD로션/크림

이 제품 역시 세라마이드, 콜레스테롤, 지방산 성분을 강조하는데 이 성분들은 MLE(Multi Lamellar Emulsion) 구조로 되어 있다는 특징이 있습니다. 피부 장벽을 구성하는 성분은 층판 구조, 즉 라멜라 구조로 되어 있는데, 실제로 제로이드 로션은 라멜라 형태로 들어있어 발랐을 때 피부 제형과 상당히 비슷하기에 흡수도가 좋다는 것입니다. 특히 이 제품에는 생체 내에 존재하는 강력 항균물질의 생성을 촉진하는 디펜사마이드 성분이 함유되어 있는데, 이 성분으로 특허를 취득했습니다. 아토피 피부염에서는 피부 장벽이 무너져 황색포도산구균 등에 의한 2차 감염이 많은데 디펜사마이드 같은 항균 성분이 균 성장을 막아 아토피 피부염 치료에서 중요한 역할을 합니다.

전 성분은 로션 28개, 크림 26개로, 둘 다 30개 이하로 적절합니다. 일반적인 콜레스테롤이 아닌 식물성 콜레스테롤인 피토스테롤을 사용하고 있고, 세라마이드의 경우에는 유사 세라마이드를 사용하는데 미리스토일/팔미토일옥소스테라마이드가 세라마이드 형태로 들어가 있습니다. 또한 수분 증발을 막아주는 성분들인 카프릴릭/카프릭트리글리세라이드, 올리브오일, 스쿠알렌 등이 들어있습니다. 세라마이드, 콜레스테롤, 지방산이 같이 들어있어서 피부 장벽 회복에 도움을 준다는 게 가장 큰 장점입니다. 성분에 군더더기가 없고 비교적 깔끔합니다.

• 배리덤 MD로션/크림

성분은 다른 보습제와 유사합니다. 이 제품도 세라마이드, 콜레스테롤, 지방산 비율이 적절한 것으로 알려져 있습니다. 전 성분은 로션 40개, 크림 37로, 밀폐 효과가 있는 성분들이 많이 들어있습니다. 효모, 겨우살이, 발효추출물 등과 락토바실러스, 콩 발효추출물 등 유산균이 들어있는 제품으로 프로바이오틱스, 프리바이오틱스가 함께 들어가 있는데 최근에는 이런 성분들이 많이 활용됩니다. 실제로 유산균이 피부 장벽 회복에 도움을 준다는 보고가 많습니다. 전체적으로 기본적 밀폐 제형은 타 제품과 같지만 발효추출물과 프로/프리바이오틱스를 강조한 것이 차별점입니다. 아쉬운 점은 PEG 성분이 들어있다는 점입니다.

Tip

❶ 제로이드 MD와 아토베리어 MD pH 비교

정확하게는 제로이드 오인트 크림과 아토베리어 365크림을 비교했습니다. 제로이드는 pH4.7, 아토베리어는 pH5.9 정도인데, 소아 피부 최적 산도가 pH 4.2~5.6 사이의 약산성인 점을 고려하면 제로이드가 더 좋습니다.

❷ 피부 발림성은 아토베리어가 최고!

발림성은 아토베리어가 타의 추종을 불허합니다만, 전 성분이 너무 많다는 것이 단점입니다. 아토베리어의 세라마이드 함유량은 2%로 높은데, 다른 제품에는 세라마이드 함유량이 명시되어 있지 않아서 사실상 비교가 불가능합니다. 에스트라 크림은 아토베리어 크림이 전 성분이 너무 많다는 지적이 있어서 발림성을 살짝 포기하고 전 성분을 대폭 줄인 제품입니다.

❸ 적당한 보습을 원한다면 에스트라 크림이 제일 좋다!

아토피나 건성 피부가 아니라서 그냥 적당한 보습만을 원한다면 에스트라 크림이면 충분합니다. 질병이 있는 피부가 아니라면 이 제품이 제일 낫습니다.

❹ 광범위하게 사용하기에는 제로이드가 제일 낫다!

제로이드가 가장 범용성이 좋아 보입니다. 다른 제품의 pH는 잘 나와 있지 않아 구체적으로 비교할 수는 없지만 제로이드 라인의 pH는 믿을 만합니다.

❺ 스테로이드와 병용 시 효과를 얻으려면 덱시안이 제일 낫다!

덱시안은 스테로이드와 함께 사용할 때 효과가 더 좋다는 게 증명된 유일한 보습제입니다. 핸드크림으로 적극 추천합니다. 주부 습진 환자에게 스테로이드를 끊고 유지 요법으로 덱시안을 사용하면 좋다고 합니다.

참고로 현재 한국인 아토피 피부염 진단 기준은 다음과 같습니다. 아토피 피부염이 의심될 경우 소아청소년과에 방문하여 진료를 받은 후 환아의 증상이 아래 표에 해당할 경우 적극적인 보습제 사용이 도움이 될 수 있습니다.

한국인 아토피 피부염 진단 기준

대한아토피피부염학회

주 진단 기준	1. 피부 소양증(가려움증) 2. 아토피(천식, 알레르기 비염, 아토피 피부염)의 개인력 및 가족력 3. 특징적인 피부염의 모양 및 부위 - 2세 미만의 환자: 얼굴, 몸통, 사지 신측부(펴지는 부위) 습진 - 2세 이상의 환자: 얼굴, 목, 사지 굴측부(굽혀지는 부위) 습진	
보조 진단 기준	1. 피부건조증 2. 백색 비강진 3. 눈 주위의 습진성 병변 혹은 색소 침착 4. 귀 주위의 습진성 병변 5. 구순염 6. 손, 발의 부특이적 습진 7. 두피 인설(각질)	8. 모공 주위 피부의 두드러짐 9. 유두 습진 10. 땀을 흘릴 경우의 소양증(가려움증) 11. 백색 피부묘기증(dermographism) 12. 피부단자시험 양성반응 13. 혈청 면역글로블린(IgE)의 증가 14. 피부감염의 증가

03 어떤 분유를 선택해야 할까요?

아이가 태어나면 생각했던 것보다 결정해야 할 일이 많습니다. 특히 분유와 기저귀는 아이가 매일 먹고 사용하는 것인 만큼 고민을 많이 하게 됩니다. 물론 모유 수유를 하면 제일 좋겠지만, 그렇지 못하면 분유를 먹일 수밖에 없습니다. 그런데 분유 종류는 왜 이리 많은지…. 그래서 분유를 선택할 때 무엇을 고려해야 하는지 살펴보려고 합니다.

먼저 분유의 종류에 대하여 알아보면, 분유는 우유 단백질의 분해 정도에 따라서 일반 분유, 부분 가수분해 분유, 완전 가수분해 분유로 나뉩니다. 가수분해 분유는 아이가 분유에 알레르기가 있거나 배앓이를 심하게 한다면 고려해볼 수 있습니다.

부분 가수분해 분유로는 센서티브, 컴포트케어, 노발락AC 등이 있습니다. 우유 단백질 중 카제인의 알레르기성을 가수분해를 통해 낮춰놓은 분유입니다. 예전에는 출생 직후부터 부분 가수분해 분유를 먹이면 알레르기가 나타날 가능성이 낮아진다는 설이 있었으나 연구 결과 아무런 효과가 없는 것으로 밝혀졌습니다. 일반 분유를 잘 소화하지 못하여 자주 토하고 배에 가스가 많이 차는 아이들에게 추천할 만한 분유입니다.

완전 가수분해 분유는 유단백을 완전히 가수분해하여 작은 크기의 펩타이드만으로 구성해놓은 분유를 말합니다. 국내에서 생산되는 완전 가수분해 분유는 매일 HA분유가 유일하며, 수입 제품으로는 엔파밀 뉴트라미젠, 압타밀 펩티, 씨밀락 엘리멘텀 등이 있습니다. 유단백에 알레르기가 있어 일반 분유를 먹을 수 없는 아기들을 위한 분유입니다.

만약 완전 가수분해 분유에도 알레르기 반응을 보인다면 아미노산 분유인 네오케이트를 고려해볼 수 있습니다. 콩 분유로 알려져 있는 대두단백 분유는 알레르기 유발 성분인 레시틴이 포함되어 있어 유단백 알레르기가 있는 아기들에게 추천하지 않습니다. 특히 6개월 미만 아기에게는 식물성 여성호르몬의 영향이 나타날 수 있어 추천하지 않습니다. 대신 갈락토오스 혈증 같은 특수 질환이 있는 아기들에겐 대두단백 분유를 먹여야 합니다.

산양 분유는 모유와 구성이 비슷하다고 많이 홍보하지만, 연구 결과 아기들에게 특별한 이점은 없는 것으로 드러났습니다. 그리고 우유와 산양유는 92%에서 교차 반응이 있어 알레르기 반응을 낮추는 데에도 도움이 되지 않습니다.*

분유를 선택할 때 고려해야 하는 점은 한 가지입니다. 아이가 잘 소화시키고 특별한 알레르기 반응을 보이지 않기만 하면 됩니다. 따라서 쉽게 구할 수 있는 일반 분유를 먼저 먹여보고 잘 먹고 잘 싸면 굳이 분유를 바꿀 필요가 없습니다. 변 상태가 안 좋고 배앓이를 심하게 한다면 가까운 소아과에서 전문의와 상담 후 분유를 바꾸는 것이 좋습니다.

* 교차 반응이란 면역반응을 할 때에 비슷한 구조를 가지고 있는 다른 항원에도 반응을 보이는 것을 말한다. 즉, 우유 단백질과 산양유 단백질은 비슷한 구조를 가지고 있기 때문에 우유 단백질에 알레르기 반응을 보이는 아이들의 92%가 산양유 단백질에도 알레르기 반응을 보인다.

04 분유 먹는 우리 아이, 적절한 수유량은?

"2개월 접종을 받으러 오셨군요. 아이 체중이 6.5kg이네요."

"네. 또래보다 체중이 좀 많이 나가는 편 아닌가요?"

"2개월 아기 평균에 비해 몸무게가 좀 나가네요. 태어날 때 체중이 3kg 였군요. 분유 수유하시죠? 하루에 얼마나 먹나요?"

"한 번 먹을 때 160mL씩 하루에 8번 정도 먹는 것 같아요."

"보통 생후 2개월이면 하루에 먹는 총량이 1,000mL를 넘기지 않는 게 좋긴 합니다. 이 아이는 조금 많이 먹는 편이네요."

"저도 그렇게 생각해요. 아이가 좀 잘 먹는 편 같아서 원하는 대로 다 주고 있는데 이제 제한할 필요가 있겠지요?"

"네. 보통 한 번에 먹는 양을 조금 줄이거나 먹는 횟수를 줄이는 방식으로 양을 줄이는데, 제 생각에는 먹는 횟수를 6회 정도로 줄여보는 게 좋을 것 같아요. 만일 횟수를 줄이기 힘들다면 한 번에 먹는 양을 120mL 정도로 줄이는 게 좋고요. 영유아 비만은 이후에도 비만으로 이어질 가능성이 있으니 지금부터 조금 관리를 하는 게 필요할 듯해요."

돌 이전의 아이들에게 먹는 것은 매우 중요합니다. 사실상 이 시기에는 먹고 자는 것이 생활의 전부입니다. 따라서 아이가 잘 먹고 있는지, 얼마나 먹고 있는지 세심하게 살펴야 합니다. 평균 수유량과 수유 간격을 알고 있다면 현재 우리 아이가 잘 먹고 있는 상태인지 판단하는 데 기준으로 삼을 수 있습니다. 신생아 시기에는 위를 비우는 시간이 1~4시간으로 일정하지 않으므로 아이 스스로 먹는 간격을 조절하도록 두는 것이 좋습니다. 보통은 1개월이 지나면 규칙적으로 수유를 하게 되는데 3~4개월 이후에도 먹는 양과 시간이 불규칙하다면 부모가 어느 정도 조절해줄 필요가 있습니다.

아기들에게 생후 1개월은 거의 하루 종일 먹고 자는 시기입니다. 생후 1개월 미만의 아기에게는 모유량이나 분유량을 1회 60~120mL씩, 하루에 6~10회씩 주는 것이 좋습니다.

생후 3개월 정도 되면 먹는 양이 눈에 띄게 늘어나기 때문에 분유량이 부족하지는 않은지, 아기의 체중이 정상적으로 늘고 있는지 정기적으로 확인해볼 필요가 있습니다. 이 시기에는 먹는 시간도 비교적 일정해지기 때문에 3시간 간격으로 하루 6회, 4시간 간격으로 하루 5회 정도 수유하면 됩니다. 분유 수유 시 표준량은 1회 120~180mL씩, 하루에 5, 6회 정도 주는 것이지만, 너무 표준량을 고집하기보다는 아기가 원하는 만큼 원하는 시간에 맞춰 조금씩 조절하는 것이 좋습니다. 다만 아이 체중이 또래보다 지나치게 많이 나간다면 먹는 양을 조금 조정해줄 필요는 있습니다.

보통 생후 5~6개월부터는 이유식을 시작합니다. 이유식을 시작한 후에는 이유식을 먼저 먹이고 난 후 부족한 영양소를 모유나 분유로 보충합니다. 모유 수유는 하루에 4, 5회 정도가 좋고, 분유 수유는 1회 표준량 150~210mL씩, 역시 하루에 4, 5회 정도가 좋습니다.

생후 4~7개월이 아기들의 입맛이 이유식에 익숙해지는 시기라면, 8~9개월부터는 영양의 균형이 잡힌 이유식이 본격적으로 필요한 때입니다. 보통 이 시기의 아기들은 갓 이가 나기 시작하고 혀에 힘이 생겨 혀로도 음식을 으깨어 먹을 수 있습니다. 이 시기에는 분유 수유의 경우 1회 180~210mL씩, 하루에 3, 4회 정도가 적당합니다. 모유 수유 간격도 4시간으로 늘리는 것이 좋습니다.

생후 9개월 이후부터는 이유식을 통해 성장에 필요한 영양소뿐 아니라 칼로리를 섭취해야 할 시기입니다. 하지만 아직까지는 칼로리 공급의 절반 이상을 모유나 분유로 충당해야 하므로 수유량을 급격히 줄여서는 안 됩니다. 서서히 컵으로 모유나 분유를 먹는 연습을 해야 하며, 돌이 되면 젖병을 끊는 것이 좋습니다. 표준 분유량은 1회 210~240mL로, 하루에 3회 정도 수유하는 것이 적당합니다. 이유식은 아침, 점심, 저녁 시간을 정해 3회 먹어야 하고, 한 끼는 적어도 120mL 이상의 양이어야 합니다.

05 기저귀 발진에는 무엇을 발라줘야 하나요?

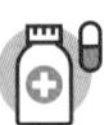

아기들은 하루 종일 기저귀를 차고 있다 보니 종종 발진이 생기기도 합니다. 특히 설사를 하면 기저귀 발진이 더 잘 생깁니다. 이렇게 기저귀 발진이 생기면 무엇을 발라주어야 할까요?

"선생님, 아이 엉덩이 좀 봐주세요."
"아, 기저귀 발진이 생겼네요."
"지난주에 설사를 몇 번 하더니 이렇게 발진이 생겼어요."
"어떤 연고를 발라주셨어요?"
"집에 있는 연고를 발라줬는데 효과가 없어서요."
"이 정도 기저귀 발진이면 약한 스테로이드 연고를 같이 써야 합니다."

기저귀 발진은 여러 가지 원인에 의해 생깁니다. 기저귀 발진은 일종의 자극 피부염이라고 할 수 있는데, 소변이나 대변과의 지속적 접촉과 자극, 젖은 기저귀와 공기가 통하지 않는 기저귀보에 의한 침염, 곰팡이 감염 등이 원인이 됩니다.

기저귀 발진 초기에는 홍반이 발생하고, 발진이 길어질수록 피부가 건조해지고 거칠거칠해집니다. 심하면 물집이 잡히고 살갗이 까질 수도 있습니다.

기저귀 발진 치료에서 가장 중요한 것은 피부를 깨끗하고 건조한 상태로 유지하는 것입니다. 따라서 기저귀를 자주 갈아주고 자주 씻겨주는 것이 좋습니다.

아연이 함유된 연고도 효과적입니다. 경미한 기저귀 발진에는 덱스판테놀이나 산화아연 성분의 연고가 도움이 됩니다. 덱스판테놀은 비타민 B 유도체의 지방 성분으로 독성이 거의 없어 아기들에게 부담 없이 사용할 수 있습니다. 덱스판테놀에는 보습 및 항염 작용이 있으며 유두 균열에도 효과적입니다. 징크옥사이드라고도 불리는 산화아연은 기저귀와의 물리적인 마찰로부터 피부를 보호하는 역할을 하며 세균이 증식하는 것을 막아주는 작용도 합니다. 아연이 함유된 연고는 약국에서 일반 의약품으로 구매할 수 있습니다.

만일 발진이 심하다면 약한 스테로이드 연고를 발라줘야 합니다.

06 입안에 하얀 물질이 보여요
: 아구창

간혹 태어난 지 100일이 안 된 아기 입안을 하얀 물질이 덮고 있는 것을 관찰할 수 있습니다. 많은 경우에는 분유나 모유 찌꺼기가 입안에 남아 그렇게 보입니다. 하지만 곰팡이 감염으로 아구창이 생겼을 때도 그렇게 보일 수 있습니다.

"선생님, 아이 입안에 하얀 물질이 있어요."
"음, 그렇네요. 아이가 모유나 분유는 잘 먹나요?"
"네, 먹는 것에는 문제가 없어요."
"한번 설압자로 건드려 볼게요."
"어떤가요?"
"다행히 잘 벗겨지네요. 아구창은 아니고 분유 찌꺼기라고 생각하시면 돼요. 걱정 안 해도 됩니다."

아구창은 신생아의 입안이 칸디다균(Candida) 곰팡이에 감염된 것으로, 출생할 때 엄마의 질이나 수유할 때 엄마의 유두로부터 옮겨집니다. 만성적인 경우에는 우유 찌꺼기 같은 흰 반점이 볼 점막이나 혀 등 구강 점막을 덮고 있는 것을 관찰할 수 있는데, 이를 떼어내면 특징적인 염증 소견과 출혈을 보입니다. 주로 생후 6개월 미만의 영아에게서 발생하지만, 간혹 항생제를 투여한 소아에게서도 관찰됩니다.

아구창은 증상이 없는 경우가 많으나, 종종 구강 내 통증으로 인해 아기가 먹는 모유나 분유의 양이 줄기도 합니다. 간혹 모유 수유를 하는 신생아에게서 아구창이 생겼을 때 엄마의 유두가 함께 칸디다균 곰팡이에 감염되기도 합니다. 이런 경우에는 엄마가 모유 수유를 할 때 유두에 심한 통증을 느끼게 됩니다. 이때는 엄마도 함께 치료를 받아야 합니다.

건강한 신생아는 아구창이 생겨도 자연적으로 치유되지만, 항진균제를 사용하면 빨리 치유될 뿐만 아니라 다른 신생아에게 감염을 전파하는 것을 막을 수 있습니다. 아구창을 예방하기 위해서는 아기의 입에 들어가는 젖병과 젖꼭지를 매일 삶아서 소독해야 하고, 유축기 중 모유에 닿는 부분도 철저히 소독해야 합니다. 그리고 아기와 엄마의 손을 깨끗이 씻어야 하며, 일회용 수유 패드를 사용하고 브래지어를 매일 바꿔주는 것이 좋습니다.

07

황달은 언제까지 있나요?

: 신생아 황달

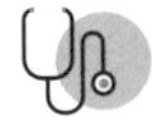

아기가 태어나고 3일에서 길게는 일주일까지는 체중이 계속 감소합니다. 엄마의 몸속에 있으면서 흡수되었던 양수가 빠져나가는 과정이기 때문인데요, 그 과정에서 황달이 생깁니다. 대부분 15mg/dl 이하의 문제 되지 않을 정도의 황달 수치를 보이고, 몸무게가 회복되면서 황달 수치도 낮아집니다. 그렇지만 간혹 황달 수치가 너무 높게 올라가거나, 황달이 좀 더 길게 지속되는 아기들이 있습니다.

"선생님, 아기 피부가 너무 노란 것 같아서 데려왔어요."

"태어난 지 한 달쯤 되었군요. 모유 수유하시나요, 분유 수유하시나요?"

"완전 모유 수유하고 있어요."

"태어나서 일주일 정도 되었을 때 황달 수치가 높다고 하던가요?"

"네. 높기는 하지만 치료할 정도는 아니랬어요. 그때 황달 수치가 13이라고 들었어요."

"지금은…9 정도 되네요."

"저희 아기는 왜 이렇게 황달이 오래가지요?"

"모유 수유하는 아기들은 생후 두 달까지는 황달이 있을 수 있습니다. 다만 패혈증이나 갑상샘 문제가 있어도 황달이 있을 수 있으니 주의해야 합니다. 지금은 그것들이 의심되는 소견은 없으니 일단 지켜보지요."

황달은 빌리루빈 수치가 올라가 피부와 점막 등이 노랗게 보이는 질환으로, 신생아 황달은 생후 1주 이내에 만삭아의 60%, 미숙아의 80%에게서 관찰되는 흔한 질환입니다. 대개 저절로 호전되지만, 간혹 신경계에 손상을 일으키는 핵황달이 생길 수도 있어 주의 깊게 관찰해야 합니다.

황달은 원인에 따라 출생 시부터 언제든지 나타날 수 있습니다. 생후 24시간 이내에 나타나는 황달은 무조건 병적인 황달이므로 반드시 입원 치료를 해 원인을 찾아야 합니다. 이때의 황달은 용혈 질환이나 패혈증이 원인인 경우가 많습니다.

생후 2~3일에 시작하는 황달은 생리적 황달인 경우가 대부분입니다. 그리고 생후 3일부터 일주일 이내에 황달이 나타날 때는 대부분 생리적 황달과 모유 황달이 겹치는 경우가 많습니다. 생후 1주 이후에도 지속되는 황달은 모유 황달이 원인인 경우가 많으나 패혈증이나 갑상샘 기능 이상도 고려해야 합니다.

생리적 황달은 생후 2~3일경부터 시작되며 생후 일주일 정도가 지나면 황달 수치가 감소합니다. 생리적 황달은 아기가 가지고 태어난 태아 적혈구의 생존 기간이 짧아 빌리루빈 수치는 증가하는데, 신생아의 간 기능이 아직 미숙해 빌리루빈을 효과적으로 처리하지 못해 발생합니다. 모유 황달은 모유 수유 중인 아기에게 나타나는 것으로, 생후 5일 무렵부터 빌리루빈 수치가 상승하여 발생합니다. 모유 황달은 보통 생후 2~3주에 최고치에 도달하고 그 후에는 모유 수유를 해도 빌리루빈 수치가 서서히 낮아지는데, 최대 생후 10주까지 낮은 농도로 지속됩니다.

황달 치료는 일단 광선 치료로 시작합니다. 출생 후 경과 시간에 따라 광선 치료의 기준이 다르기 때문에 정확한 진찰이 필수입니다. 광선 치료가 실패할 경우 교환수혈을 시행합니다. 황달 치료의 목적은 빌리루빈 농도가 핵황달 위험 수준(20mg/dl 이상)까지 도달하지 못하게 예방하는 것입니다. 핵황달은 신경계의 후유증을 유발하기 때문에 빌리루빈 농도가 높으면 적절한 치료를 받아야 합니다.

3

백신 접종

01 BCG 주사제에 독극물 비소가 들어있다는데, 맞혀도 되나요?

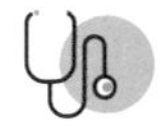  

2018년 11월에 경피용 BCG에 비소가 들어있다는 뉴스에 온 나라가 시끄러워진 적이 있었습니다. 이때 우리나라에서는 경피용 BCG를 다 회수하면서 한동안 피내용 BCG만 접종할 수 있었지요. 아마 4~5개월간 그랬던 것 같습니다. 그 후 다시 경피용 BCG 접종이 시작되어 지금까지 이어지고 있고요.

원래 비소는 우리 주변에서 흔한 물질로, 밥 한 숟가락에도 많으면 비소가 1㎍(마이크로그램)까지 함유되어 있습니다. 미국 FDA에서 허가한 유명한 미국의 유아용 식품 제조 회사가 만든 아기용 사과 주스 100mL에도 비소 0.2~0.6㎍이 함유되어 있습니다. 심지어 우리나라 한약재의 비소 허용 기준은 1g당 3㎍입니다. 그에 비해 문제가 된 경피용 BCG 생리식염수에서는 비소가 최대 0.039㎍까지 검출되었습니다. 우리가 음식으로 섭취하는 양보다 훨씬 적은 양이지요.

심지어 일본 후생성에서는 경피용 BCG에 함유된 비소의 양 정도는 인체에 해가 되지 않으므로 안전성에 문제가 없다고 발표하고 회수조차 하지 않았습니다. 그만큼 아무 문제가 없다는 얘기이니 안심하고 접종하셔도 됩니다.

02 로타바이러스 백신, 세 번 맞는 것이 좋나요, 두 번 맞는 것이 좋나요?

요즘 대부분의 예방접종은 국가 필수 접종이 되어 비용이 발생하지 않습니다. 남아있는 몇 안 되는 선택 접종 중 대부분이 로타바이러스 예방접종입니다. 로타바이러스는 주로 5세 이하의 영유아에게서 급성 장염을 일으킵니다. 발열과 구토, 설사가 주 증상이며 발열 시 39도가 넘는 고열이 나고 설사가 일주일 이상 이어지는 경우도 종종 있습니다. 특히 아이의 나이가 어릴수록, 설사가 오래 지속될수록 탈수의 위험이 커집니다.

전 세계적으로 5세 이하의 설사 원인 중 삼 분의 일이 로타바이러스입니다. 그래서 WHO에서는 생후 6주 이후 영유아에게 최대한 빠르게 로타바이러스 예방접종을 권하고 있습니다. 원래 겨울철에 많이 유행했던 바이러스이지만 최근에는 봄에도 많이 유행합니다. 손에서 손으로 전염되는 바이러스이므로 예방을 위해서는 손 위생이 중요합니다.

로타바이러스 백신에는 로타릭스와 로타텍, 두 가지가 있습니다. 먼저 로타릭스는 사람에서 유래한 균주로 만든 백신으로 한 가지 혈청형이 포함되어 있습니다. 그렇지만 항체가 일단 만들어지면 비슷한 바이러스는 어느 정도 예방할 수 있으므로 다른 혈청형의 로타바이러스도 어느 정도 예방이 가능하다고 합니다. 실제로 로타릭스는 백신 안에 포함된 한 가지 혈청형과 더불어 다른 혈청형 네 가지에 대해서도 예방효과를 인증받았습니다. 로타릭스는 생후 2개월에 1차, 4개월에 2

차, 총 2회 접종으로 완료됩니다.

로타텍은 동물에서 유래한 균주와 사람에서 유래한 균주를 섞어서 만든 백신으로 총 다섯 가지 혈청형을 포함하고 있어 예방 범위가 넓은 것이 특징입니다. 로타텍은 생후 2개월, 4개월, 6개월까지 총 3회에 걸쳐 접종하고 완료됩니다.

두 가지 예방접종 모두 효과를 인증받았으므로 두 가지 백신 중 마음에 드는 것을 선택하여 접종하면 됩니다. 스웨덴과 독일 등 로타바이러스 예방접종을 국가예방접종으로 도입한 국가에서도 두 백신의 예방효과에 큰 차이가 없는 것으로 관찰되었습니다.

03 폐렴구균 백신, 중이염 예방에 도움이 되나요?

아이의 예방접종 시기가 다가오면 부모들은 다시 한번 혼란을 겪습니다. 예방접종 일정도 빡빡한데 선택해야 하는 것들은 또 왜 그리 많은지…. 그중 2개월 접종 때 선택하게 되는 폐렴구균 백신에 대해 알아보겠습니다.

폐렴구균(Streptococcus Pneumoniae)은 여러 가지 침습적인 감염을 잘 일으키는 세균입니다. 보통 호흡기를 통해 감염된 후 혈액을 타고 전파되는 경우가 많습니다. 주로 뇌수막염, 중이염, 부비동염, 균혈증, 패혈증, 폐렴, 관절염, 복막염 등의 질환을 일으킵니다. 폐렴구균 백신이 도입되기 이전에는 만 2세 미만의 아이들에게 흔하게 중증 감염을 일으켜 사망에 이르게 하거나 심각한 후유증을 남기는 경우가 많았습니다.

현재 우리나라는 폐렴구균 백신 접종을 국가 예방접종 사업으로 시행하므로 무료로 접종받을 수 있습니다. 대신 두 가지 폐렴구균 백신이 사용되고 있기 때문에 부모가 하나를 선택해야 합니다.

우리나라에서 사용되는 폐렴구균 백신은 프리베나13과 신플로릭스입니다. 프리베나13은 전 세계의 폐렴구균 백신 중 유일하게 13가지 혈청형을 예방할 수 있는 백신입니다. 94개국이 국가 예방접종으로 선택한, 가장 많이 사용되고 있는 폐렴구균 백신이기도 합니다. 프리베나13은 다른 백신에 비해 혈청형 3, 6A, 19A를 더 포함하고 있는데 최근 전 세계적으로 19A 폐렴구균 혈청형 감염이 증가하는 추세입니다.

신플로릭스는 폐렴구균 혈청형 중 10가지 혈청형을 예방할 수 있는 백신입니다. 흔히 급성 중이염에 예방 효과가 있다고 홍보하지만, 그것은 타 폐렴구균 백신도 마찬가지이므로 폐렴구균 백신을 선택할 때 고려할 점은 아닙니다. 다만 신플로릭스는 면역력이 약한 미숙아에게도 접종이 가능하다는 허가를 받은 백신인 만큼 그 안전성이 주목받고 있습니다.

두 백신 모두 효과와 안전성 측면에서 국가가 허용하는 기준을 통과한 백신이므로 무엇을 선택하든 크게 좋거나 나쁜 점은 없습니다. 따라서 위의 사항들을 고려하여 부모가 마음에 드는 백신을 선택하면 됩니다.

04 수막구균 백신, 꼭 맞혀야 하나요?

우리나라의 국가 예방접종 사업에 거의 대부분의 백신들이 포함되어 있지만 아직 선택 접종인 백신이 두 가지 있습니다. 로타바이러스 백신과 수막구균 백신입니다. 로타바이러스 백신은 거의 모든 의사들이 접종을 권합니다. 그만큼 아이에게 꼭 필요한 백신이며, 언젠가는 국가 예방접종 사업에 포함될 것으로 예상됩니다. 다만 수막구균 백신에 대해서는 아직 의견이 분분합니다.

먼저 수막구균(Neisseria Meningitidis)은 침습적 질환을 잘 일으키는 그람 음성 세균으로 13가지 혈청형으로 나누어집니다. 수막구균에 의한 침습적 질환은 주로 혈청형 A, B, C, Y, W-135에 의해 잘 발생하며, 유행하는 혈청형은 연령과 시기, 지역에 따라 상대적으로 차이가 있습니다. 건강한 소아의 경우도 2~5%가 비인두(코안에서 좌우의 들숨이 만나는 공간)에서 병원성이 없는 수막구균이 관찰됩니다.

우리나라에서는 1980년대까지 소아 및 성인의 세균성 수막염의 원인으로 수막구균이 차지하는 비율이 30% 정도였으나 1990년대 이후에는 10% 미만으로 현저히 감소했습니다. 다만 2002~2003년에 한 차례 소규모로 유행한 적이 있습니다. 수막구균에 의한 침습적 질환의 발병률은 지속적으로 감소하여 절대적으로 높지 않으나, 일단 이 질환에 걸리면 사망률이 10%에 이르고 생존하더라도 20%에게는 심각한 후유증이 남습니다.

현재 우리나라에서 사용되는 수막구균 백신은 두 가지로, 멘비오와 메낙트라입니다. 둘 다 수막구균 혈청형 A, C, Y, W-135가 포함된 4가 백신입니다. 다만 멘비오는 만 2개월부터 접종할 수 있으며 총 4회 접종하고, 메낙트라는 만 9개월부터 접종할 수 있으며 총 2회 접종합니다. 만 2세 이후부터는 1회 접종만으로 충분합니다.

수막구균 질환 발생 고위험군은 무조건 수막구균 백신 접종을 해야 합니다. 고위험군은 지속적인 보체(혈액·림프액 속에 함유된 효소 모양의 단백질의 일종) 결핍 질환이 있는 사람이거나 무비증(태어날 때부터 비장이 없는 선천성 질환)이 있는 사람, 또는 일상적으로 수막구균 분리주에 노출되는 검사실 직원, 군대의 신병입니다. 그리고 수막구균 감염의 발생률이 높거나 수막구균이 유행하는 지역으로 여행을 가는 경우, 또는 지역사회에서 수막구균이 유행하는 경우에도 수막구균 백신 접종이 필요합니다.

수막구균은 치명도가 매우 높은 반면 발생 빈도는 그리 높지 않습니다. 그렇기에 접종 전에 의사와의 충분한 논의가 필요합니다.

05 예방접종 후 열이 날 때는 언제 병원에 가야 할까요?

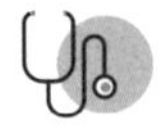

예방접종 후에 열이 나는 경우가 종종 있습니다. 이것을 '접종열'이라고 하며 보통 접종 후 24시간 이내에 발생하는 경우가 많습니다. 예방접종 자체가 죽은 세균 혹은 독성을 약화시킨 세균을 소량 몸에 주입하는 것이라서 접종을 받은 아기의 몸에서는 이들을 물리치기 위한 면역반응이 가동됩니다. 그 과정에서 열이 발생할 수 있습니다.

예방접종 중에서 가장 열이 날 확률이 높은 접종은 폐렴구균 접종입니다. 그래서 '공포의 폐렴구균 접종'이라고도 많이 불립니다. 그 외 뇌수막염 접종, 독감 접종, MMR(홍역, 유행성이하선염, 풍진의 3종 혼합백신) 접종 등에서 접종열이 나는 경우가 많고, 기본적으로 모든 예방접종이 발열을 동반할 수 있습니다.

예방접종 후 24시간 이내에 37.5도 이상의 미열이 발생하면 접종열이 있다고 보고, 그때부터 옷을 시원하게 입히면서 미온수 마사지를 해주면 열을 내리는 데 도움이 됩니다. 만약 열이 38도를 넘으면 해열제를 먹이는 것이 좋은데, 6개월 미만의 아기들은 타이레놀 계통의 해열제를 복용해야 합니다.

대부분의 접종열은 예방접종 후 48시간 이내에 사라지지만, 만약 예방접종 후 48시간이 지나도 열이 지속된다면 반드시 의사의 진찰을 받아야 합니다. 생후 100일이 안 된 아기는 예방접종 후 24시간 이상 열이 지속되면 병원에 가는 것이 좋습니다.

진료실 이야기

뿜는 토를 하던 생후 3주 된 아기

선천성 유문협착증

어느 날 한 엄마가 갓 태어난 듯 보이는 신생아를 안고 다급하게 진료실을 찾았습니다. 엄마는 들어오자마자 이렇게 얘기했습니다.

"산후조리원에서 나온 지 일주일 되었는데 아이가 뿜는 토를 하기 시작했어요. 그래서 가까운 병원에 갔더니 소화가 안 돼서 그럴 수 있다면서 약을 처방해주셨는데 약을 먹어도 계속 뿜는 토를 해요."

"아기가 태어난 지 3주 되었군요. 산후조리원에 있을 땐 토하지 않았나요? 먹는 건 잘 먹나요? 체중은 잘 늘고 있나요?"

"태어날 땐 3.3kg이었는데 2kg대까지 빠졌다가 방금 재보니 3.5kg 정도예요. 산후조리원에 있을 때는 토하지 않았고요. 먹는 건 그런대로 먹는데 계속 토해요."

태어난 지 3주가 넘은 아이치고는 체중이 잘 늘지 않는 편이었고, 피부가 거무스름한 빛깔을 띠어 건강해 보이지 않았습니다. 청진을 하니 위 부위에서 장음이 크게 들렸고 전체적으로 병색이 완연해 보였습니다. 보통 생후 21일 전후가 되었을 때 뿜는 토를 하기 시작하고 체중이 정상적으로 증가하지 않으며 병색이 완연해 보인다면 '선천성 유문협착증'을 의심해보아야 합니다.

"토하기 시작한 시점이나 체중 증가 상태 등으로 보아 단순 소화불량보다는 선천성 유문협착증이라는 선천성 질환 때문인 것 같아요. 의뢰서를 써드릴 테니 대학병원에서 초음파 검사를 받아보세요."

선천성 질환일 수 있다는 말에 몹시 당황한 아이 엄마가 침착하려고 애쓰는 것이 느껴졌습니다. 3일쯤 지났을까, 아이 엄마가 아이를 데리고 다시 내원했습니다.

"선생님, 그날 바로 우리 민성이를 대학병원에 데려가서 초음파 검사를 받고, 선천성 유문협착증 진단을 받았어요. 운 좋게 수술도 바로 하고, 신생아집중치료실에 자리도 남아있어서 빨리 회복한 덕분에 이틀 만에 퇴원했어요. 지금은 잘 먹고 토하지도 않아요. 감사합니다."

어느 소아과 의사라도 생후 3주 차 아기가 뿜는 토를 하고 소화제에도 반응이 없다면 선천성 유문협착증을 의심할 것입니다. 민성이는 의뢰서를 써준 지 정확히 3일 만에 회복해서 다시 병원을 찾은 경우입니다. 지금 민성이는 누나들과 함께 병원의 단골이 되었고, 누나들 진료 때 자기도 진료를 해달라고 졸라 꼭 청진을 받고서야 자리를 뜨는 개구쟁이입니다.

PART Ⅱ

생후 2개월부터 6개월까지

1차 영유아 검진(4~6개월) 때 많이 하는 질문들

아기들은 생후 6개월 무렵이 되면 앉을 수 있게 되면서 기어 다닐 준비를 시작하고, 그동안은 분유나 모유만 먹었지만 이제부터는 이유식을 시작하게 됩니다. 이렇게 아이의 생활 패턴이 바뀌면 부모들은 다시 혼란스러워집니다. 이번 파트에서는 첫 영유아 검진에서 부모들이 많이 궁금해하는 것들을 정리했습니다.

1

선천성 이상

01 아이의 고환이 잘 만져지지 않아요: 잠복고환

02 아이의 음낭이 너무 커요: 음낭수종

03 허리 뒤쪽이 움푹 파여 보여요: 신생아 딤플

04 우리 아이 두상, 헬멧 교정이 필요할까요?: 사두증/단두증

05 눈이 가운데로 몰린 것 같아요: 가성 내사시

01

아이의 고환이 잘 만져지지 않아요

: 잠복고환

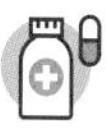

1차 영유아 검진을 할 때는 부모뿐만 아니라 소아과 의사도 긴장합니다. 2차 영유아 검진은 1차 검진을 통해 어느 정도 문제가 걸러진 뒤라서 크게 부담스럽지 않지만, 1차 영유아 검진은 아이가 태어나서 처음 받는 건강검진인 만큼 혹시라도 놓치고 지나가는 것이 없도록 하려고 신경을 곤두세우게 됩니다. 1차 영유아 검진에서 점검해야 하는 것들에는 여러 가지가 있지만, 그중 꼭 확인해야 하는 것이 생식기 부분입니다.

"그럼 이제 생식기 부분을 볼게요. 기저귀 한번 벗겨보겠습니다."

"선생님, 기저귀 갈 때 보면 고환 한쪽이 만져지지 않아요."

"음, 정말로 한쪽 고환이 안 내려와 있네요."

"그럼 어떻게 해야 하나요?"

"아직은 4개월 차니까 다음번 6개월 예방접종 때 다시 한번 확인해볼게요. 만약 그때도 안 내려와 있으면 수술도 생각해봐야 합니다."

"아, 6개월밖에 안 됐는데도 수술을 하나요?"

"네. 예전에는 돌 때까지 기다렸는데 요즘에는 6개월에 바로 수술하는 추세예요. 고환은 통풍이 잘 되어야 하는데 계속 따뜻한 뱃속에 있으면 불임이 될 수 있어 필요하다면 빨리 수술하는 것이 낫습니다."

잠복고환은 출생 전 고환이 원래 위치인 음낭까지 완전히 내려오지 못한 상태를 뜻합니다. 보통 미숙아나 출생 당시 저체중이었던 아이들에게서 잠복고환이 많이 발생합니다. 아직 잠복고환의 원인은 명확히 밝혀지지 않았습니다.

보통 잠복고환은 신체 진찰에서 음낭 안에 고환이 만져지지 않아 발견됩니다. 고환이 음낭 안에서 만져지지 않으면 초음파 검사를 하여 고환의 위치를 확인합니다. 만약 양쪽에서 모두 고환이 만져지지 않는다면 호르몬 문제가 원인일 수도 있으므로 호르몬 검사를 시행합니다.

예전에는 보통 생후 12개월까지 고환이 내려오기를 기다려보고 그래도 내려오지 않으면 수술했습니다. 하지만 요즘에는 12개월까지 기다리지 않고 6개월 차에 바로 수술하는 추세입니다. 6개월 차에도 고환이 내려오지 않는다면 12개월 차에도 내려오지 않는 경우가 많고, 고환이 따뜻한 배 안에 있는 기간이 길어질수록 불임 확률도 높아지기 때문입니다.

잠복고환을 적절한 시기에 치료하지 못하면 불임뿐만 아니라 고환암의 원인이 될 수 있습니다. 그 외에도 서혜부 탈장, 고환 염전 등의 합병증이 발생할 수 있으니 잠복고환이 있는 경우에는 정기적으로 병원에서 관찰하는 것이 중요합니다.

02

아이의 음낭이 너무 커요

: 음낭수종

1차 영유아 검진에서 생식기 부분을 진찰할 때 잠복고환만큼 자주 관찰되는 것이 음낭수종입니다. 음낭수종은 음낭 안에 액체가 고여서 커지는 질환으로, 보통 태어날 때 진단받고 이후에 추적 관찰하는 경우가 많습니다.

"선생님, 저희 아기가 음낭수종이 있다고 했는데 한번 봐주세요."
"어디, 기저귀 한번 벗겨볼게요."
"예전보다는 음낭 크기가 많이 줄어든 것 같은데…."
"음, 지금은 괜찮아 보이네요. 음낭수종은 보통 돌 전에 없어져요. 이 아기도 음낭과 복강이 이어져 있던 통로가 닫힌 것 같네요."
"그럼 이제 괜찮은 건가요?"
"음낭이 다시 커지지 않는다면 굳이 신경 쓰지 않으셔도 됩니다. 다만 돌까지는 기저귀 갈 때마다 한 번씩 크기만 확인해주세요."

음낭수종은 고환을 싸는 조직인 초막 안에 액체가 고여서 발생하는데, 태어나면서 막혀야 하는 초막돌기(초막과 복강의 연결 통로)가 그대로 남아있는 것이 원인입니다. 이 초막돌기가 막히지 않은 상태에서 아이가 울거나 다른 이유로 복압이 증가할 때 복강 내의 복수가 초막 안으로 들어가서 음낭수종이 발생하게 됩니다. 보통 미숙아나 저체중아로 출생한 경우, 가족력이 있는 경우, 잠복고환이 있는 경우 등에서 흔하게 발견됩니다.

대부분의 음낭수종은 주머니 모양의 혹으로 만져지며, 발적이나 발열과 같은 증상은 동반하지 않습니다. 음낭수종일 경우 음낭에 불빛을 비추어보면 빛이 잘 투과되는 것이 특징인데 음낭 내부가 액체로 가득 차 있기 때문입니다. 만약 빛이 잘 투과되지 않는 음낭수종이라면 초음파 검사를 통해 다른 질환 때문인지 감별해야 합니다.

12개월 미만의 영아들은 음낭수종이 있더라도 대부분 12개월 전에 초막돌기가 막혀 저절로 음낭수종이 흡수됩니다. 그러므로 돌까지는 음낭수종이 없어지기를 기다려봐도 됩니다. 그러나 탈장을 동반한다면 바로 수술을 해야 합니다.

03

허리 뒤쪽이 움푹 파여 보여요
: 신생아 딤플

아이의 엉덩이 위쪽에 움푹 파여 보이는 부분을 가리키는 '신생아 딤플'은 태어날 때부터 관찰됩니다. 따라서 아이에게 딤플이 있다면 보통은 아이가 태어난 산부인과에서 부모에게 설명해줍니다. 그래도 소아과를 방문하면, 걱정스러운 마음에 초음파 검사가 필요하지는 않은지 등을 물어보는 부모들이 많습니다.

"선생님, 저희 아이에게 딤플이 있어요."
"어디 볼까요…. 아, 정말 딤플이 있네요."
"산부인과에서 필요하면 초음파 검사를 받아야 한다는데, 저희 아이도 그래야 할까요?"
"음, 아이가 소변과 대변은 잘 보나요?"
"네, 하루에 한 번씩 응가를 하고, 소변도 하루에 대여섯 번씩 잘 봐요."
"다리도 잘 움직이네요. 굳이 초음파 검사는 안 해도 될 것 같아요."
"그냥 지켜봐도 되나요?"
"네. 이 아기의 경우 딤플이 깊지도 않고 색깔이 이상하거나 털이 난 것도 아니고요. 그리고 배변 기능이 정상이면서 다리도 잘 움직이면 굳이 초음파로 확인하지 않아도 됩니다."

신생아 딤플은 10명 중 한 명 정도로 나타나는 흔한 질환입니다. 보통 아이의 엉덩이 위쪽이 보조개처럼 움푹 들어가 있는 모양으로 관찰됩니다. 딤플 자체가 문제가 되는 것은 아니지만, 간혹 신경 기형에 딤플이 동반될 때가 있습니다. 그래서 신생아 딤플은 초음파 검사를 해야 하느냐 그럴 필요가 없느냐를 결정하는 것이 중요합니다.

딤플이 있는 아이들 중 1~5% 정도는 잠재 이분척추, 수막 탈출증, 척수막 탈출증 같은 신경계 기형이 동반됩니다. 그로 인해 방광 기능이나 다리가 마비되는 증상이 나타날 수 있습니다. 이를 확인하기 위해 초음파 검사가 필요한데, 딤플이 있는 모든 아이가 초음파 검사를 받아야 하는 것은 아닙니다. 딤플이 너무 깊거나 너무 위쪽에 있지는 않은지, 색깔이 이상하거나 털이 자라고 있지는 않은지 등을 고려하여 필요한 경우 검사를 진행합니다.

신경 기형을 동반하지 않은 딤플은 대부분 자라면서 살이 차올라 없어집니다. 간혹 성인이 되어도 딤플이 남아있는 경우가 있지만 특별한 문제가 없는 경우가 대부분입니다.

04

우리 아이 두상, 헬멧 교정이 필요할까요?

: 사두증/단두증

1차 영유아 검진 때 종종 받는 질문입니다. 늘 누워서만 지내던 아이들이 앉고 기어 다니기 시작하면 더 이상 집에서 두상 교정이 힘들어질 것이라는 생각 때문이죠. 그렇지만 헬멧 교정은 일단 시작하면 적어도 몇 개월 이상은 지속해야 하기 때문에 신중하게 결정해야 합니다.

"선생님, 저희 아이 두상 좀 봐주세요."

"음, 머리 오른쪽이 좀 튀어나와 있네요."

"네. 태어났을 때 신생아 중환자실에 한 달 정도 있었어요. 그래서인지 머리가 좀 비뚤어진 것 같아요."

"아이 두상이 기준보다 많이 비뚤어져 있어 헬멧 교정이 필요해 보이네요. 소견서 써드릴 테니 큰 병원에 가셔서 헬멧을 맞추시는 것이 좋겠습니다."

가끔 머리 모양이 한쪽으로 비뚤어진 사두증 또는 머리가 납작한 단두증이 있는 아이들이 있습니다. 분만 과정 중에 발생한 두혈종 등이 원인인 경우도 있지만, 이런 아이들 중 많은 경우가 신생아 중환자실에 입원했던 이력이 있습니다. 아무래도 입원 중에는 치료상의 이유나 다른 이유로 한쪽 자세로만 누워있다 보니 머리가 눌리게 되기 때문입니다.

아이가 누워만 지내는 4개월 이전에는 가정에서 두상 교정을 시행해 볼 수 있습니다. 보호자가 지켜보는 가운데 터미 타임(아기가 엎드려 있게 하는 시간)을 가지거나, 튀어나온 쪽 머리를 아래로 향하게 하여 눕히는 식입니다. 그러나 5, 6개월이 되어도 머리 모양이 여전히 비뚤어져 있다면 병원에 방문하여 헬멧 교정 상담을 해보는 것을 추천합니다.

사두증이나 단두증이 일정 기준 이상으로 심하면 헬멧 교정을 진행하는데, 보통 생후 6개월 전후에 교정을 시작합니다. 생후 12개월이 지나면 머리뼈가 단단해지면서 헬멧 교정의 효과가 거의 사라집니다. 4~6개월 동안 하루 23시간씩 장기간 헬멧을 착용해야 하기 때문에 헬멧 교정은 신중하게 결정해야 합니다.

눈이 가운데로 몰린 것 같아요
: 가성 내사시

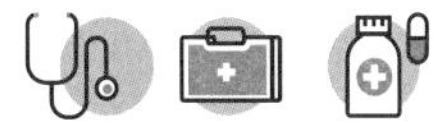

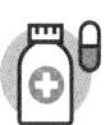

이 질문 역시 1차 영유아 검진을 할 때 종종 받는 질문입니다. '사시는 무조건 수술해야 한다!'는 인터넷 정보를 접하고 잔뜩 겁을 먹고서 물어보는 부모들이 많습니다. 다행히 진료실에서 만나는 아이들 중 정말 사시인 경우는 별로 없습니다.

"선생님, 저희 아이 눈 좀 봐주세요."
"아기 눈이 왜요? 어떤 점이 걱정되시는데요?"
"아이 눈이 가운데로 몰린 것 같아요."
"아, 혹시 사시일까 봐 걱정하시는 건가요?"
"네! 인터넷에서 찾아보니 사시면 수술을 해야 한다는데…."
"어디 봅시다. 눈 초점 한번 볼까요…."
"어떤가요?"
"이건 가성 내사시라서 걱정하지 않아도 됩니다."

아직 돌이 안 된 아기들 중 눈이 가운데로 몰린 것처럼 보이는 아이들이 있습니다. 동양 아기들에게서 많이 관찰되는 가성 내사시입니다. 아기들은 아직 콧대가 낮고 미간이 넓어서 눈이 마치 가운데로 몰린 것처럼 보일 수 있습니다. 우리나라 아기들에게도 가성 내사시가 꽤 있습니다. 나중에 크면서 콧대가 생기면 정상적으로 보이니 특별한 치료는 필요 없습니다.

2

일상적인 증상

01 자주 게워내는 아이, 어떻게 해야 할까요?

: 신생아 역류

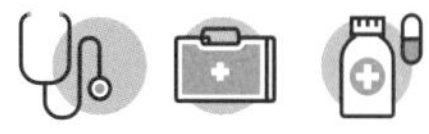

아기들의 예방접종 일정은 생후 1개월, 2개월, 4개월, 6개월 등 첫 6개월 이내에 집중되어 있습니다. 이때 빠짐없이 접종을 받는 것도 중요하지만, 아이가 제대로 성장하고 있는지 점검하는 것도 중요합니다. 아기는 태어나서 6개월 동안 출생 당시보다 체중이 거의 3배 정도 증가합니다. 이때 성장이 더디면 추후에도 성장에 영향을 줄 수 있으니 잘 확인해봐야 합니다.

다음에 소개하는 아이는 2개월 예방접종을 위해 병원에 왔었는데, 다른 아이들에 비해 체중이 적게 나가는 것이 의아했습니다. 그때 아이의 몸무게는 4.5kg이었습니다.

"어? 혹시 아이의 출생 체중이 몇 kg이었어요?"
"태어났을 때는 2.8kg이었어요."
"혹시 1개월 접종 때 쟀던 몸무게를 기억하세요?"
"그때는 3.9kg이었어요."
"아, 그럼 한 달 동안 체중이 0.6kg밖에 안 늘었네요…."

아이를 진찰해보았지만 특별한 이상 소견은 없었습니다. 하지만 아이의 몸무게가 2개월 아기들의 평균 몸무게보다 훨씬 적었고, 출생 당시와 1개월 접종 때에는 평균 몸무게와 그리 차이가 나지 않았던 것으로 보아 무언가 문제가 있는 것이 분명했습니다.

“아이가 하루에 먹는 양은 얼마나 돼요?”

“하루에 600mL도 못 먹을 때가 많아서 걱정이에요.”

“한 번에 얼마나 먹나요?”

“보통 80에서 100mL 정도요. 많이 먹으면 140mL? 그런데 그렇게 먹는 경우는 별로 없어요.”

“먹고 나서 많이 게워내나요?”

“네! 먹는 양도 적어 걱정인데, 많이 게워내기도 해서 더 걱정이에요. 그래서 몸무게가 안 느는 것 같아요.”

“먹을 때는 어때요? 막 용쓰고 먹다가 뱉어내고 그러지는 않나요?”

“어머! 맞아요! 막 얼굴이 빨개지면서 온몸을 비틀고, 처음에만 좀 먹다가 이내 뱉어내고 안 먹어요!”

아기들은 태어나서 6개월까지는 신체 구조 때문에 역류가 잘 일어납니다. 그래서 수유하고 난 후 트림을 시키는 것이 중요합니다. 아기들에게 역류는 비교적 흔한 일이지만, 간혹 정도가 심한 아이들이 있습니다. 그런 아이들은 먹을 때마다 역류로 인한 통증으로 잘 먹지 않으려 하고, 그 때문에 먹는 양이 적어 성장에 방해를 받는 경우가 많습니다.

그 점을 설명하며 아이 엄마에게 역류 방지 분유(AR분유)를 추천했습니다. 6개월이 되려면 아직 멀었는데 그동안 정상적인 성장이 이루어지게 하기 위해서는 약보다는 먹는 분유를 바꾸는 것이 나을 듯했습니다.

2주 뒤 다시 내원한 아이는 체중이 0.5kg 늘어 5.0kg이 되어 있었습니다. 체중을 퍼센타일치(백분위수)로 따져보면 1개월 접종 때 30퍼센타일이었던 몸무게가 2개월 접종 때는 15퍼센타일로 많이 줄었다가 AR분유로 바꾸고 2주 만에 다시 40

퍼센타일의 체중이 된 것입니다. 그 후 4개월, 6개월 때까지 꾸준히 40퍼센타일 대의 체중을 유지했고, 먹는 양도 개월 수에 맞게 잘 늘어났습니다. 역류가 잘 일어나는 시기인 6개월까지 AR분유를 계속 먹이다가 이유식을 시작하면서 분유 종류를 다시 바꾸었습니다. 아이는 분유 종류를 바꾼 후에도 먹는 양을 유지하며 체중도 잘 늘고 있습니다.

위식도 역류는 위의 내용물이 식도로 올라오는 현상으로, 특히 만 1세 이전의 영아에게서 흔하며 정상적인 아이에게도 자주 일어나는 생리적 현상입니다. 하지만 위식도 역류가 아이에게 불편감을 주거나 이차적인 합병증을 유발한다면 '위식도 역류병'으로 부르게 되며 치료가 필요합니다.

영아기의 위식도 역류는 출생 직후보다 생후 한 달 정도에 더 흔히 나타나고 생후 4~5개월에 가장 흔합니다. 이후 성장하면서 증상이 사라지고 18개월 무렵에는 거의 모든 아이들에게서 역류 현상이 사라집니다.

간혹 위식도 역류가 구역반사를 자극하여 구토를 유발할 수 있으며, 수유할 때의 칭얼거림, 수유 거부, 그에 따른 체중 증가 불량 등이 나타날 수 있습니다. 드물지만 머리를 뒤로 뻗치거나 심하게 울어 무호흡증이나 서맥이 발생하기도 합니다.

합병증이 동반될 경우에는 수유할 때 소량씩 자주 먹이거나 상체를 올린 자세로 수유하고 수유 후에도 잠시 같은 자세를 유지하는 것이 도움이 되지만, 아주 효과적이지는 않습니다. 또한 수유 후 아이를 엎드려놓는 것도 역류 방지에 도움이 될 수 있으나 질식 위험이 있어 보호자의 주의 깊은 관찰이 필요합니다. 이와 같은 방법으로 해결이 안 될 때에는 전문의와 상담 후 역류방지 분유를 고려해볼 수 있습니다.

02

100일도 안 된 아이가 밤새 울어요
: 영아산통

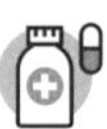

아이가 100일이 되기 전에는 모든 것이 조심스럽고 익숙하지 않은데, 하루에 한두 시간씩 계속 울어대면 엄마도 아빠도 아기도 모두 녹초가 됩니다.

"선생님, 아기가 밤만 되면 엄청나게 울어요. 어떻게 해야 해요?"
"매일 그러나요? 한 번 울면 얼마나 울어요?"
"일주일에 3~4일 정도요. 심할 땐 거의 매일 우는 것 같기도 하고요. 한 번 울면 한 시간은 기본이고, 길게는 두세 시간까지 울어요."
"아이가 먹거나 응가 하는 데는 문제없지요?"
"네, 잘 먹고 응가도 하루에 한 번은 해요."
"한번 진찰해볼게요."

진찰 결과 특별한 소견은 없었습니다. 특히 배는 더 세심하게 진찰해봤지만, 장 소리도 정상이었고 가스가 살짝 차 있기는 해도 문제가 될 정도는 아니었습니다.

"특별히 이상 소견은 없어요. 아마 영아산통일 거예요."
"그게 뭔가요?"
"생후 100일 이전의 아기들이 종종 보이는 증상인데, 장에 가스가 차서 그래요. 보통 심하게 울다가도 방귀가 나오면 괜찮아져요. 아직 어려서 그런 거니까 너무 걱정하지 마세요. 100일만 지나도 많이 좋아져요."

"그냥 기다리는 방법밖에 없나요?"

"배를 자주 마사지해주세요. 시계 방향으로 마사지해주시거나, 하늘 자전거를 태워주셔도 좋아요. 배를 따뜻하게 해주시고요."

영아산통은 생후 4개월 이하의 영아에게서 발생하는 질환으로, 이유를 알 수 없는 울음이 주된 증상입니다. 대략 15%의 아기들에게서 관찰되는 정상적인 성장 과정으로, 주로 저녁이나 새벽에 이유 없이 울고 전혀 달래지지 않으며 보채는 증상이 나타납니다. 보통 생후 6주 경에 가장 많이 관찰됩니다.

영아산통은 아직 명확한 원인이 밝혀지지는 않았지만 소화 기능의 미숙함 때문인 것으로 추측됩니다. 분유에 함유된 유단백이나 유당에 민감해 발생하는 복부 팽만감이나 수유 중 공기를 많이 삼킨 것이 원인일 수 있습니다.

영아산통이 있는 아기는 인상을 쓰면서 얼굴이 빨개지고 복부가 팽만해지며 양손을 움켜쥐면서 배에 힘을 주고 다리를 가슴 쪽으로 끌어올립니다. 보통 방귀를 뀌면서 증세가 호전되는 경우가 많습니다. 하지만 토하거나 대변에 피가 섞여 나오면 바로 의사의 진찰을 받아야 합니다.

아이가 영아산통을 호소할 때는 주위를 조용하게 하고 포대기나 담요로 아기를 감싼 뒤 안아주거나, 아기의 무릎을 굽힌 상태로 안아 그네 태우듯이 살살 흔들어줍니다. 또는 공갈 젖꼭지를 물려주거나 따뜻한 손으로 배를 마사지해주는 것이 좋습니다. 생후 4개월이 지나면 자연적으로 좋아지므로 따로 약물 치료를 하지는 않습니다.

영아산통 예방을 위해서는 수유할 때 공기가 많이 들어가지 않도록 주의하고, 수유 후에 반드시 트림을 시켜야 합니다. 최근에는 유당 함량을 낮춘 분유가 영아산통 증상을 줄여준다고 하여 많이 이용하고 있습니다.

03 소변이 주황색이에요
: 요산뇨

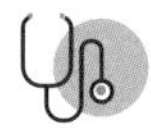

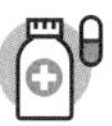

소아과 진료를 하다 보면 아이들의 기저귀도 자주 살펴보게 됩니다. 대변 상태나 소변 색깔을 보호자가 말로 정확히 설명하기 어렵기도 하고, 의사가 직접 보아야 정확하게 판단할 수 있기 때문입니다. 요즘에는 휴대폰으로 기저귀 사진을 찍어서 가져오는 보호자도 많습니다. 이날도 엄마가 아이의 기저귀 사진을 찍어서 가져왔습니다. 5개월 된 아이였습니다.

"오늘은 무슨 일로 오셨어요?"
"아이 소변 색깔이 이상해요. 혈뇨를 본 것 같아요!"
"혹시 사진을 찍어오셨나요?"
"네!"

사진을 보니 소변 색깔이 빨간색보다는 주황색에 가까웠습니다. 양은 그렇게 많지 않은 편이었습니다.

"아이가 이런 색깔의 소변을 본 것이 처음인가요?"
"네, 왜 이런 걸까요?"
"최근에 아이가 먹는 양은 어땠어요?"
"최근에 코가 좀 막혀서 잘 못 먹기는 했어요. 그래도 아예 안 먹지는 않았고요."

"그랬군요. 이건 요산뇨예요. 아이들이 잘 못 먹으면 이렇게 주황색 소변을 볼 수 있습니다. 종종 있는 일이니 걱정하지 않으셔도 되고요. 특별한 치료도 필요하지 않답니다. 다시 먹는 양이 늘어나면 소변 색깔이 원래대로 돌아올 거예요."

아이의 기저귀에 주황색이나 분홍색, 또는 붉은색이 묻어있는 것을 보고 요산뇨를 발견하는 경우가 많은데, 요산뇨는 혈뇨와는 다르게 시간이 지나도 기저귀에 묻은 색이 거의 변하지 않습니다. 요산뇨는 6개월 이전의 아기들에게서 흔히 있는 정상적인 증상으로, 체내 세포의 DNA가 분해되어 생기는 요산이 소변으로 배출된 것입니다. 아기는 어른과 다르게 신진대사가 매우 빠르게 진행되기 때문에 흔히 요산뇨를 볼 수 있습니다.

주로 먹는 양이 줄어 탈수 증상이 생겼을 때 소변의 농도가 진해지면서 소변이 산성화되고, 그러면서 요산의 결정이 많이 생성되어 요산뇨가 발생합니다. 그러므로 특별한 치료 없이 먹는 양만 조금 늘려주면 다시 소변 색이 정상으로 돌아옵니다.

아주 드물게 레쉬니한 증후군(Lesh-Nyhan Syndrome) 같은 퓨린 대사 장애가 요산뇨의 원인일 수 있습니다. 또한 요산뇨와 함께 발열이나 보챔 등의 증상이 동반된다면 요로감염도 의심해볼 수 있습니다. 따라서 요산뇨가 오랫동안 지속되거나 다른 동반 증상이 있다면 소아과에 내원하여 소변검사를 시행해야 합니다.

04 변이 녹색인데 괜찮을까요?
: 녹변

"아기가 생후 2개월이 되었는데 요즘 녹변을 봐요. 혹시 무슨 문제가 있는 건 아닌가요?"

"아이가 모유를 먹고 있나요, 분유를 먹고 있나요?"

"모유 수유하고 있어요. 모유가 아이 건강에 좋다고 해서 일단 모유로 시작했어요."

"한 번 먹을 때 몇 분 정도 먹나요?"

"보통 7~8분 정도 걸려요. 좀 급히 먹는 편인 것 같아요."

"아이 체중이 5.9kg이군요. 한 달 전에 B형 간염 예방접종을 하러 왔을 때와 비교하면 많이 늘었네요. 아이가 잘 크고 있다는 뜻이에요. 일단 녹변은 큰 문제가 아닌 것 같아요."

"그럼 왜 아이가 녹변을 볼까요?"

"녹변은 사실 병적으로 문제가 되지는 않아요. 대부분 담즙과 섞인 대변이 대장을 통과하면서 장 속 세균에 의해 노란색으로 바뀌게 되는데, 장 통과 시간이 짧거나 장내 세균에 의한 소화가 충분히 이루어지지 않으면 변이 담즙 색깔인 녹색을 띠면서 나오는 경우가 많아요."

아기의 변 색깔과 연관이 있는 것은 지방과 담즙입니다. 담즙은 간에서 생성되어 담낭에 저장되었다가 음식물이 십이지장을 지날 때 지방의 소화를 돕기 위해 분비되면서 음식물과 섞입니다. 담즙에 의해 소화된 음식물은 소장을 지나 대장을 통과하는데, 여기서 장내 세균의 활동에 의해 노란색으로 바뀝니다. 이것이 정상적인 황금 변의 색깔입니다. 그런데 이 과정에서 변이 대장을 통과하는 시간이 짧으면 미처 색깔 변화를 일으키지 못하고 변이 녹색 그대로 나오게 됩니다. 즉 녹변은 장운동이 정상적인 상태보다 빠르다는 의미일 뿐이므로 큰 문제가 아닙니다. 장운동이 빠르더라도 아이의 체중이 잘 느는 등 잘 자라고 있다면 영양소 흡수에 문제가 없는 것이므로 정상으로 간주해도 무방합니다. 그러나 녹변과 함께 특별한 증상이 동반되는 경우는 좀 다릅니다.

모유 수유하는 아이가 녹변과 함께 묽은 변을 보거나 변에서 시큼한 냄새가 나면서 체중도 잘 늘지 않으면 '전유 후유 불균형' 문제일 수도 있습니다. '전유'란 유당이 많은 수유 초반에 나오는 모유를 의미하며, '후유'란 칼로리가 풍부하고 두뇌 발달에 필수적인 지방이 풍부한, 수유 후반부에 나오는 모유를 의미합니다. 만일 수유 시간이 짧아진다면 아기가 후유를 충분히 섭취하지 못하고 전유만 섭취하게 되므로 체중 증가와 두뇌 발달에 부정적인 영향을 줄 수 있습니다. 따라서 수유 시간을 충분히 가져서 후유까지 섭취할 수 있게 하는 것이 중요합니다.

분유 수유하는 아이가 녹변을 보고, 이와 함께 가스가 차거나 변이 묽거나 체중이 잘 늘지 않는 증상을 보이면 장염 이후에 발생한 '유당불내증'이 아닌지 의심해보아야 합니다. 변에 피가 섞여 나온다면 '우유 알레르기'에 의한 알레르기성 대장염도 고려해봐야 합니다. 이런 경우라면 가수분해 분유나 콩 분유 등으로 분유를 바꾸어보는 것도 효과적일 수 있습니다.

또한 녹색을 띠는 음식을 먹은 경우에도 몸에서 충분히 소화되지 않으면 녹변을 볼 수 있습니다. 이유식으로 채소를 먹은 뒤 그대로 변으로 나오는 것은 흔한 현상이므로 당황할 필요가 없습니다.

Tip 전유와 후유의 특징

모유의 지방 함량은 수유 시간에 따라 조금씩 달라집니다. 수유 초반에는 물과 탄수화물이 많은 '전유'가 나오고, 시간이 흐를수록 지방 함량이 많은 '후유'가 나옵니다. 전유가 무조건 나쁘고 후유가 무조건 좋다는 개념은 아닙니다. 전유는 수분이 많기 때문에 아이의 갈증을 해소해주고, 후유는 지방과 칼로리가 많아 포만감을 줍니다. 전유는 소화를 돕는 역할도 합니다. 따라서 아기의 성장에는 전유와 후유 모두 중요합니다. 전유만 먹이면 무른 변을 보면서 엉덩이 발진이 생길 수 있고, 녹변을 자주 봅니다. 후유만 먹이면 갈증 해소가 제대로 이루어지기 어렵습니다. 전유와 후유의 불균형을 방지하기 위해서는 젖 물리는 시간이 중요합니다. 15~20분 정도 시간을 들여 충분히 아이에게 젖을 빨리면 자연스레 전유와 후유의 균형이 맞추어집니다.

신생아 변의 특징

생후 6개월 미만일 때는 설사가 매우 흔하지만, 정도가 가벼운 편으로 대부분 저절로 멎습니다. 이 시기의 설사는 선천적인 요인보다는 바이러스나 세균 감염, 우유 단백질에 대한 불내성처럼 후천적인 요인일 경우가 많습니다.
모유를 먹는 아이들은 변 색깔이 진한 노란색이나 녹색, 또는 갈색일 수 있고, 물기가 많은 무른 변을 보는 경우가 매우 많습니다. 하루에 6번 이상 변을 보기도 하는데, 변이 워낙 무르고 알갱이가 있기도 해서 설사와 구분하기 어렵습니다. 변에 혈액이나 점액이 있거나 역한 냄새가 나는 경우, 또는 평소보다 변이 더 무르거나, 너무 자주 물 같은 변을 본다면 설사일 가능성이 높습니다. 심한 설사는 탈수로 연결될 수 있으므로 바로 의사의 진찰을 받는 것이 좋습니다.
신생아는 최소 하루 3회 이상 변을 보는 것이 일반적이지만, 하루에 4~12회까지 변을 보는 경우도 있어 변 보는 횟수와 빈도의 정상치를 말하기는 어렵습니다. 평균적으로 신생아는 생후 첫 1주에는 1일 4회 정도 변을 보는데, 생후 1년쯤이면 1일 2회 정도로 줄어듭니다. 모유 수유를 하면 수유할 때마다 변을 보기도 하는데, 이 역시 시간이 지나면서 횟수가 줄어듭니다.
그러나 생후 며칠 이내에 시작된 설사가 2주 이상 지속되거나 정도가 심할 때는 장의 문제를 의심해봐야 합니다. 하루에 보는 변의 양이 아이의 몸무게 1kg당 20g 이상인 경우를 설사로 정의합니다. 1kg당 30g이 넘는 경우라면 심한 설사로 분류합니다.

05 하얀색 설사를 해요
: 로타바이러스 장염

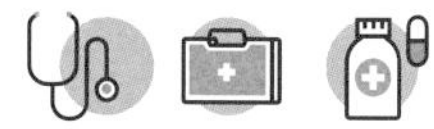

"선생님, 아이가 어제까지 잘 놀다가 새벽에 열이 좀 나더니 설사를 했어요. 그런데 변 색깔이 좀 이상해서요. 휴대폰으로 찍어왔어요."

"아이가 지금 100일 정도 되었군요. 변 색깔이 좀 하얗네요."

"네. 원래는 황금색 변이었는데 이번엔 좀 하얗더라고요."

"이후로 설사는 몇 번 정도 했나요?"

"계속 설사를 하고 잘 먹지도 않아요."

"열이 나면서 설사가 끊이지 않고 변이 이렇게 하얀 빛을 띠는 데다가, 아이가 기운 없이 축 처지고 잘 안 먹는다면 로타바이러스 장염을 의심해봐야 합니다. 의뢰서를 써드릴 테니 대학병원에 가서 변 검사를 하고 필요하면 입원을 하는 게 좋겠어요."

이 아이는 대학병원에서 변 검사를 시행한 결과 로타바이러스가 검출되었습니다. 약 일주일 정도 수액 치료를 받은 뒤 회복했고 현재는 건강한 상태입니다.

신생아나 영유아를 돌볼 때는 변의 상태를 잘 살펴야 합니다. 변의 상태가 곧 아이의 건강 상태를 반영하기 때문입니다. 물론 변이 조금만 물러도 "우리 아이 장염인가요?"라고 묻는 부모들이 많지만 변 상태만으로 장염 여부를 판정하기는 좀 어렵습니다. 다른 아이와의 접촉 여부, 전반적인 아이의 건강 상태, 동반 증상 등을 종합적으로 파악하여 장염 가능성을 짐작할 뿐입니다. 물론 대변 검사를 실시하여 바이러스나 세균이 검출되면 장염으로 확진할 수 있지만, 신속한 판단이 필요할 때 동네 병원에서 이런 검사를 하는 것은 시간상으로 무리입니다. 그렇기에 정확한 진단을 위해서는 의사에게 아이에 관한 정보를 최대한 많이 제공하는 것이 매우 중요합니다. 바이러스성 장염 이외에도 변이 묽어지거나 색이 달라지는 원인은 다양하므로 평소 아이의 변의 양상에 대해 잘 알아두어야 합니다.

아이가 엄마 뱃속에서 나오면 첫 일주일간은 변의 상태가 매일 달라집니다. 생후 3~5일에는 비교적 묽은 점액질의 녹황색 변을 보고, 생후 5일이 지나면 모유의 영향으로 황금색의 풀과 같은 변을 배출합니다. 만약 이때 변이 너무 묽어서 기저귀에 많이 배어 나오면 탈수 증상이 나타날 수 있으니 소아과를 찾는 게 좋습니다.

생후 일주일이 지나면 분유를 먹는 아이는 하루에 3, 4회가량, 모유를 먹는 아이는 소화와 흡수가 분유보다 잘 돼 4~6회가량 변을 봅니다. 많으면 하루에 10회 정도까지 자주 변을 보기도 합니다. 시간이 흐를수록 배변 횟수는 줄어드는데 간혹 태어난 지 3~6주 된, 모유를 먹는 아이들 중에는 일주일에 한 번 정도 변을 보는 경우도 있습니다. 이런 경우 많은 부모들이 변비를 의심하는데 변의 상태가 부드럽고 아이가 잘 놀며 몸무게가 꾸준히 늘고 있다면 걱정하지 않아도 됩니다. 위와 장에서 모유가 모두 소화되어 배출할 찌꺼기가 없어 변을 자주 보지 않는 것이기 때문입니다.

! Tip 대변에 따른 아이의 건강 상태

• 흑색변

검은 흑색변(태변)이 생후 일주일 정도까지 계속 이어진다면 병원을 찾는 게 좋습니다. 갈색 변을 본다면 모유를 충분히 먹지 못한 경우이니 수유 방법과 모유량을 점검해봐야 합니다. 시간이 지난 후 다시 흑색변이 나온다면 위장이나 십이지장 궤양의 출혈도 의심해봐야 합니다. 유아식을 하는 경우 블루베리를 먹으면 변이 검어질 수 있습니다.

• 점액변

장에 염증이 있을 때 나타나는 변의 상태로 끈적끈적한 점액이 보입니다.

• 녹변

녹변 자체는 병적인 변은 아닙니다. 장운동이 활발하면 변이 장 속에 머무는 시간이 짧아 담즙과 충분히 섞일 시간이 부족하여 황금변이 아닌 녹변이 나올 수 있습니다. 변이 많이 묽지 않다면 녹변 자체는 정상 변으로 보아도 되니 안심해도 됩니다. 다만 변이 묽은 녹변일 때는 조금 주의 깊게 살펴보아야 합니다. 묽은 녹변은 모유를 먹는 아기의 변에서 자주 나타나는 증상인데, 전유와 후유의 불균형이 심한 경우 지속적으로 묽은 녹변을 봅니다. 이 상태가 지속되면 아기가 지방이 부족한 전유만 먹게 돼 체중이 늘지 않습니다. 따라서 한쪽 가슴의 모유가 모두 비워질 때까지 먹여 아이가 후유까지 충분히 섭취할 수 있도록 해야 합니다. 이유식 시기인 아기의 경우는 조금 다른데 브로콜리나 청경채 등의 채소가 소화되지 않은 채 그대로 변에 섞여 나와 녹변을 보기도 합니다.

• 백색변

백색변은 문제가 많은 변입니다. 신생아 변 색깔이 전체적으로 흰색이라면 담즙이 변에 섞이지 못한 결과일 수 있습니다. 이 경우 수술이 필요한 담도폐쇄 등이 원인일 수 있으므로 즉시 의사의 진찰을 받아야 합니다.

로타바이러스에 감염되어도 백색 설사 변을 볼 수 있습니다. 만약 갑자기 토하거나 설사를 한다면 로타바이러스 감염을 의심해봐야 합니다. 이런 경우 대부분 변이 하얗고 많이 무른 '흰 죽과 같은 형태'인데 지속적으로 과량의 설사를 할 경우 탈수 증상이 나타나기 쉬우니 빨리 의사의 진료를 받는 게 좋습니다.

• 과립변

점액 변 안에 하얗고 오톨도톨한 것이 보이는 것으로 장에 염증이 있거나 소화불량이라는 증거 중 하나입니다. 일부 수유기 아기의 변에는 모유나 분유에 들어있는 지방과 칼슘이 엉켜 나타나기도 하는데 아기의 상태가 좋고 그 외 다른 증상이 없다면 크게 걱정하지 않아도 됩니다.

• 붉은 변

신생아 변 색깔이 붉은색을 띤다면 피가 섞여 나오는 혈변인지 감별해야 합니다. 유아들의 경우 딸기나 수박 등을 먹고 나면 마치 피가 뭉친 것처럼 붉은 변이 나오기도 합니다. 신생아의 경우 코 변처럼 점액이 섞여 나오거나 붉은 피가 살짝 섞인 변이 보인다면 세균성 장염을 의심해보아야 합니다. 끈적끈적한 점액 속에 혈액이나 고름이 섞여 있으면 장이나 위에서 출혈이 일어났다는 뜻이므로 신생아 혈변, 장중첩증 등을 의심할 수 있습니다. 아기의 상태가 급하게 나빠지거나 반복해서 심하게 운다면 긴급한 상황이니 빨리 병원을 찾아야 합니다.

3

수유 및 이유식

01 잘 먹던 아이인데 갑자기 먹는 양이 줄었어요

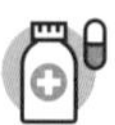

"선생님, 아이가 이제 4개월이 되었거든요. 원래는 정말 잘 먹었는데 100일 전후를 기점으로 먹는 양이 너무 줄었어요. 한 번에 160mL씩 꿀떡꿀떡 잘 먹었는데 언제부턴가 100mL도 안 먹고 젖병을 밀어내고 뱉어버릴 때가 많아요. 그러다 보니 하루에 먹는 총량도 100mL 이상 줄었어요. 시간이 지나면 나아질 줄 알았는데 거의 한 달째 이러네요. 분유를 1단계에서 2단계로 올렸는데 맛이 달라져서 그런 걸까요? 아니면 정체기에 도달한 것일까요?"

생후 4~6개월에 하는 첫 번째 영유아 건강검진 때 매우 자주 받는 질문 중 하나입니다. 보통 생후 4개월 정도 시기의 아기들은 하루 평균 600~900mL 정도 수유하도록 권장합니다. 그러나 아기의 신체 상태에 따라 필요로 하는 열량 요구량이 다 다르므로 수유량도 다를 수 있습니다. 이러한 질문을 받을 때 소아청소년과 의사들이 가장 먼저 점검하는 것이 '아이의 체중이 정상적으로 증가하고 있는지' 여부입니다. 만일 아기가 권장 적정 수유량보다 조금 적게 먹더라도 아이의 건강 상태가 괜찮고 체중이 꾸준하게 증가하고 있다면 전혀 문제가 되지 않습니다. 이 경우는 그저 엄마가 조금 더 인내를 갖고 지켜보기만 하면 됩니다. 건강 상태에 문제가 없고 체중이 잘 늘고 있는 아이가 생후 100일 전후부터 먹는 양이 줄었다면 흔히 이야기하는 '정체기'에 도달한 것은 아닐까 생각해보아야 합니다.

대체로 생후 4~6개월 사이에 찾아오는 정체기는 아이의 체중이 본인에게 적정한 수준 이상으로 증가한 경우에 많이 나타나는데, 주로 태어날 때 과체중이었던 아이들에게서 흔한 현상입니다. 쉽게 말하면 자기에게 적절한 체중을 찾아가기 위한 본능적인 과정으로 해석할 수 있습니다. 이를 'Catch Down Growth'라고 표현하는데 주로 100일 전후, 9개월, 돌 지나고 13개월쯤에 잘 나타납니다. 특히 돌 이후에 급격하게 이유식 양이 줄면서 이 같은 현상이 두드러집니다. 돌 이후부터는 성장보다는 발달에 비중을 두기 때문에 발달이 충분해질 때까지 일단 성장이 둔화되는 것입니다.

그러나 100일 이후 수유량 감소를 모두 이러한 정체기의 과정으로 해석하는 것은 무리입니다. 아기의 수유 환경에 변화가 있거나 아기가 성장하면서 인지능력이 발달함에 따라 주변 환경에 관심을 갖게 되어 먹는 것에 집중하지 못하는 경우일 수도 있음을 간과해선 안 됩니다. 따라서 수유할 때는 항상 주변을 조용하게 하고 조금 어둡게 유지해 아기가 수유에 집중할 수 있는 안정된 분위기를 조성하는 것이 매우 중요합니다. 물론 수유할 때마다 울고 보채며 수유를 거부한다면 분명 아이가 무언가에 불편해하고 있다는 암시이므로 이럴 때는 억지로 먹이려고 하기보다는 잠시 중단하고 등을 두드려서 트림을 하게 한다거나 배 마사지를 해주면서 아기가 편안하게 소화할 수 있도록 도와주어야 합니다.

아기의 성장에 따라 필요 영양소와 요구량이 조금씩 달라지므로 이에 맞춰 분유도 단계별로 조금씩 차이가 납니다. 물론 분유를 바로 교체하더라도 아무런 증상 없이 잘 적응하는 아기들도 있지만 기호 및 소화 상태가 예민한 아이들은 영양 성분이 달라진 분유에 적응하느라 수유 반응이나 수유량 등이 변화할 수 있습니다. 따라서 분유의 단계를 올릴 때는 아이가 교차 과정에 잘 적응할 수 있도록 7:3, 5:5, 3:7의 비율로 4~7일에 걸쳐 서서히 교체해주는 것이 원활한 수유에 도움이 됩니다.

그러나 아이가 분유나 이유식을 거부하기 시작하면서 체중이 잘 늘지 않고 아이의 전반적인 상태마저 지속적으로 저하된다면 반드시 다른 병적 원인이 있는지 살펴봐야 합니다. 생후 6개월이 지난 아이가 먹는 양이 줄면서 보채고 깊은 잠을 못 잔다면 철결핍성 빈혈일 수 있습니다. 대체로 철결핍성 빈혈은 분유 수유를 하는 6개월 이전의 아기들보다는 이유식을 병행하는 10개월 이후의 아기들에게 잘 나타나곤 하는데, 이 경우에는 채혈을 통하여 빈혈이 있는지 확인해볼 필요가 있습니다.

다음으로 항상 아이의 구강 상태에 관심을 가져야 합니다. 구내염이 있거나 입안에 상처가 있다면 음식물을 삼키기 곤란하여 먹는 양이 줄어들 수 있습니다. 물론 구내염이나 수족구병은 열을 비롯한 다른 증상을 동반하므로 쉽게 알아차릴 수 있지만, 종종 아구창이나 아프타성 구내염과 같은 구강 내 병변이 있는 경우에도 아기들의 먹는 양이 줄어들 수 있으니 구강 상태를 자주 확인해보는 것이 좋습니다.

02 이유식은 언제 시작해야 하나요?

4~6개월 첫 영유아 건강검진 때 엄마들의 공통적인 질문 중 하나가 이유식에 관한 것입니다. 대부분 분유 수유를 하나 일부는 완전 모유 수유를 하기도 하고 때로는 혼합 수유를 하기도 하기에 아이의 성장과 건강을 위해 이유식을 언제 시작해야 하는지 상당히 혼란스러워하는 엄마들이 많습니다.

"아이가 최근에 분유량이 좀 줄었어요. 그리고 엄마, 아빠가 밥 먹는 것을 빤히 쳐다보곤 해요. 이유식을 시작해야 할까요?"
"아이가 목과 머리를 가눌 수 있죠? 엄마 도움을 받아서 앉을 수도 있고요?"
"네."
"보통 6개월 무렵 식이량에 정체기가 찾아올 수 있어요. 또래보다 체중이 다소 많이 증가한 편이네요. 자기 체중을 찾아가는 과정으로 볼 수도 있을 것 같아요. 그리고 아이가 지금 머리와 목을 가눌 수 있고 엄마의 도움으로 앉을 수도 있으며, 엄마와 아빠가 먹는 것을 빤히 쳐다보면서 관심을 갖는 걸 보니 이유식을 시작해야 할 때가 된 것으로 볼 수 있습니다."

이유식은 모유나 분유만 먹던 아이에게 주는 반 고형식으로, 일반식으로 옮겨가는 중간 단계에 먹는 음식입니다. 기능적으로는 모유나 분유를 입으로 빠는 것에서 숟가락에 담긴 음식물을 입안으로 받아 으깨고 섞어 삼키는 행동으로 발달해가는 과정입니다. 이유식이 진행됨에 따라 아이가 섭취하는 음식의 양과 종류가 많아지고, 조리 형태도 변화하며, 아이의 음식 섭취 행위도 자립적으로 바뀌어갑니다. 모유나 분유를 먹는 행동은 타고난 반사신경에 의한 자동적인 동작이지만 숟가락을 이용하여 이유식을 먹고 삼키는 행동은 훈련이 필요합니다.

생후 4~6개월이 되면 엄마의 모유 분비량도 줄고 아이의 성장 속도도 빨라져 아이에게 필요한 영양소가 부족해집니다. 특히 철, 칼슘, 구리 등은 태아 때 축적한 것들이 이 시기에 모두 고갈되므로 보충이 필요합니다. 그리고 이가 나기 시작하는 때이므로 단단한 음식으로 잇몸을 자극하면 침 분비가 증가해 소화 능력이 좋아집니다. 또한, 이유식을 통해 다양한 음식의 맛, 냄새, 색깔, 형태, 감촉, 온도 등을 경험하는 것이 아이의 오감 발달에 도움이 되며, 스스로 먹기 시작하면서 자립심도 키워줄 수 있습니다.

보통 이유식은 생후 4~6개월 사이에, 체중이 6~7kg 정도 되면 시작할 수 있습니다. 이때 아이는 고개를 세우고 허리로 지탱해서 앉을 수 있어야 합니다. 아이가 수저를 유심히 바라보며 어른들이 음식을 먹을 때 따라서 입을 오물거리면 이유식을 시작해도 됩니다. 미숙아의 경우는 정도에 따라 1~2개월 늦게 시작해도 괜찮습니다. 이유식을 일찍 시작한다고 영양이나 정신적인 면에서 좋은 점은 없으나, 늦게 시작하면 영양이 부족해질 수도 있고 새로운 식품에 적응하기 힘들어지므로 늦어도 7개월이 되기 전에는 이유식을 시작하는 것이 좋습니다.

모유 수유를 하는 아기에게는 6개월(180일)의 완전 모유 수유 후 이유식을 시작하는 것을 권합니다. 첫 6개월은 엄마에게서 받은 철분을 보유하고 있기에 굳이 이유식으로 철분 보충을 하지 않아도 되고, 모유는 유전적인 가족력이 없더라도 나타날 수 있는 알레르기 질환을 예방하는 데 도움이 되기 때문입니다.

이유식을 시작할 때는 음식에 대한 반응과 대변 양상을 관찰하기 위해 오전 중에 이유식을 주는 것이 좋습니다. 그리고 먼저 이유식을 준 다음 분유나 모유로 보충 수유를 해야 합니다. 처음에는 아이가 혀로 이유식을 밀어내는 경우가 종종 있습니다. 그것은 이유식이 싫다는 표현이라기보다는 받아먹는 방법이 익숙하지 않은 탓이므로 포기하지 말고 10번은 더 시도해보아야 합니다. 그리고 이유식을 시작하면 물이나 주스 등 분유를 제외한 모든 액체를 먹일 때 컵을 사용해야 합니다. 처음에는 빨대 컵을 사용해 아이가 컵에 익숙해지도록 유도해도 좋습니다.

03 중기 이유식은 언제 시작하나요?

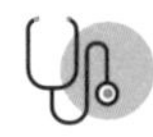

아이가 처음 이유식을 시작하고 1~2개월은 초기 이유식, 흔히 말하는 미음으로 진행합니다. 이때 과일즙을 함께 먹이기도 합니다. 기본적으로 이유식을 시작하고 처음 2개월까지는 아이가 다양한 맛을 경험하게 해주고 알레르기 반응을 점검하는 시기입니다. 이때는 아이가 이유식을 삼키고 맛과 향에 익숙해지는 것이 목표이므로 이유식 양이 많지 않습니다. 이유식 후 보충 수유를 합니다.

아이가 이유식을 받아먹는 것에 익숙해지면 다음 단계로 넘어갈 준비를 해야 합니다. 흔히 말하는 중기 이유식을 시작할 때가 된 것이지요. 이유식을 시작하고 2개월 정도 뒤에 중기 이유식을 시작하는데, 보통 생후 7~9개월 되었을 때입니다. 이때는 미음보다는 좀 더 건더기가 있는 묽은 죽을 주로 주고, 채소나 생선, 완숙 달걀을 으깨서 먹이기도 합니다. 중기 이유식부터는 하루에 두 번 이유식을 줍니다. 다만 아이가 이유식 후에도 배가 고파하면 보충 수유를 합니다.

중기 이유식을 2개월 정도 진행하고 나면 이제 후기 이유식을 시작할 때입니다. 보통 아이가 생후 10~12개월 정도 되었을 때입니다. 후기 이유식은 중기 이유식보다 좀 더 건더기가 살아있는 죽밥을 주식으로 하고, 잘게 썬 채소나 다진 고기 등을 함께 주기도 합니다. 후기 이유식은 하루 세 번 진행하며, 대부분 이유식만으로도 충분히 배가 불러 보충 수유는 안 하게 됩니다. 이때부터는 이유식 양이 늘어남에 따라 분유나 모유의 양이 줄어 하루 400~650mL 정도 먹게 됩니다.

이유식을 할 때 수분 보충은 물로 하는 것이 좋습니다. 주스는 적어도 6개월 이후에 주는 것이 좋으며, 100% 주스를 주는 것이 좋습니다. 하루에 먹는 주스 양은 100~150mL가 적당합니다.

만 12개월이 지나면 유아식으로 넘어가게 되는데, 이제는 어른과 똑같이 하루 세끼 밥을 먹고 오전과 오후에 간식을 먹습니다. 이때부터는 빨대 컵 대신 일반 컵을 사용하는 것이 좋습니다. 아이 스스로 먹도록 유도하면서 숟가락질 연습도 할 수 있게 해주어야 합니다.

04 밤중 수유는 언제 끊어야 하나요?

흔히 '100일의 기적' 또는 '100일의 기절'이라고 하지요. 100일 무렵부터는 수시로 깨서 먹는 신생아 시절이 지나가면서 아이가 밤중에 깨어나는 빈도도 점점 줄어듭니다. 고맙게도 100일부터 통잠을 자는 아이도 있지만 그래도 보통 6개월 무렵까지는 밤중 수유를 하게 됩니다. 6개월 때쯤 아이에게 이가 나면 밤중 수유를 끊을 준비를 해야 합니다.

"선생님, 밤중 수유는 언제 끊어야 할까요?"

"보통 6개월 정도 되면 밤중 수유를 그만해도 됩니다. 4개월이 넘어가면 밤에도 통잠을 잘 수 있는 능력이 생기고, 또 밤새 안 먹고도 잘 수 있기 때문입니다."

"밤중 수유를 끊기가 너무 힘들어요. 꼭 끊어야 하나요?"

"밤중 수유를 끊는 것은 중요합니다. 아이가 밤에 잠을 푹 자는 것도 중요한 일이고, 또 치아가 났는데 밤중 수유를 지속하면 충치가 생기기 쉬워요. 밤중 수유를 하고 양치를 해준 뒤 다시 재우지는 않잖아요. 그래서 치아가 올라오기 시작하는 6개월 무렵에는 꼭 끊는 것이 좋습니다."

"아직도 밤중에 두 번이나 먹는데…."

"그러면 두 번 중에서 수유량이 더 적은 시간대의 수유부터 끊어보세요. 한 번에 끊기 힘들면 조금씩 양을 줄여가면서 끊는 것도 도움이 됩니다.

너무 조급해하지 말고, 천천히 한 달 정도에 걸쳐서 끊어보겠다고 생각하시면 됩니다."

아이들은 생후 4개월이 지나면 통잠을 잘 수 있게 됩니다. 밤새 수유를 하지 않아도 잘 수 있다는 것이죠. 단, 아이의 몸무게를 고려해야 하는데, 보통 7kg이 넘어가면 밤중 수유 없이도 통잠을 잘 수 있습니다. 따라서 생후 4개월 이후부터는 밤중 수유를 끊는 계획을 세워보는 것이 좋습니다. 6개월이 되어 치아가 나올 때까지 밤중 수유를 지속하면 충치 문제가 생길 가능성이 크므로 6개월 무렵에는 반드시 밤중 수유를 끊을 것을 권합니다.

먼저 밤중 수유량을 줄이고, 그 후 밤중 수유 횟수를 줄이는 식으로 계획하는 것이 좋습니다. 예를 들어 밤중에 세 번 일어나 150mL, 120mL, 100mL씩 먹는 아이라면 먼저 100mL를 먹는 시간대의 양부터 줄이기 시작하는 것입니다. 일주일 간격 또는 2~3일 간격으로 20mL씩 줄여서 먹이다 보면 어느 순간 그 시간대의 밤중 수유가 없어집니다.

그 후에 나머지 두 번 중 더 적게 먹는 시간대의 수유량을 줄이면서 끊고, 마지막으로 나머지 한 번의 수유 시간대도 양을 줄여가면 밤중 수유를 완전히 끊을 수 있습니다. 보통 아이가 4개월 되었을 때부터 한 달 혹은 그 이상 기간을 정해놓고 진행하는 것을 추천합니다. 물론 계획대로 진행되면 좋겠지만 간혹 아이의 상태에 따라 속도를 조절해도 괜찮습니다. 유연하게 일정을 세워놓고 진행하면 됩니다.

05 보리차는 언제부터 먹여도 되나요?

아이가 이유식을 시작하기 전까지는 분유와 모유 외에는 먹이지 않는 것이 원칙입니다. 이유식을 시작하면 하루에 50~100mL 정도 물을 마셔도 괜찮습니다. 이때 꼭 보리차를 먹일 필요는 없습니다. 끓여서 식힌 물이면 충분합니다.

우리나라가 아직 잘 살지 못했던 과거에는 수인성 질병으로 죽는 아이들이 많았습니다. 당시 소아과 의사들이 아이들에게 끓인 물을 먹이라고 해도 잘 지켜지지 않는 경우가 많았지요. 심지어 우물에서 길어온 물에 바로 분유를 타서 먹이기도 했다고 합니다. 그래서 고육지책으로 소아과 의사들이 아이들에게 보리차를 먹이라고 말하기 시작했습니다. 보리차를 만들어 먹으려면 일단 물을 끓여야 하니까요. 그것이 지금까지 이어져온 것입니다.

보리차는 타닌 성분이 들어있어 신장 기능이 아직 약한 아이들에게 좋지 않습니다. 그러므로 아이에게 물을 먹이고 싶다면 그냥 끓여서 식힌 물을 주면 됩니다.

4

백신 접종

01 곧 첫 독감 접종인데 달걀을 먹여보지 않았어요

독감 백신은 크게 두 가지 종류가 있습니다. 유정란에서 배양하여 만든 백신과 세포 배양을 통해 만든 백신입니다. 이 중 유정란에서 배양하여 만든 백신 때문에 독감 접종 전에 달걀 알레르기 여부를 확인합니다.

하지만 달걀 알레르기가 있다고 해서 무조건 유정란에서 배양하여 만든 독감 백신을 접종하면 안 되는 것은 아닙니다. 독감 백신에 들어있는 달걀 성분 자체가 극소량이고, 경미한 알레르기 반응을 보이는 정도라면 독감 백신 접종으로 얻는 득이 실보다 월등히 크기 때문입니다. 다만 달걀에 대해, 생명에 위협이 되는 아나필락시스 반응이 있는 아이에게는 접종 금지입니다.

첫 독감 접종은 아이가 만 6개월 이상이고 독감 접종 기간일 때 하게 됩니다. 이때 아직 아이에게 달걀을 안 먹여본 부모는 아이의 달걀 알레르기 여부를 알 수 없어 독감 접종을 주저하곤 합니다. 그런 경우에는 달걀 알레르기 여부와 무관하게 그냥 접종하면 됩니다. 아직 아이가 달걀을 먹어보지 않아서 달걀 자체에 감작(感作:생물체에 어떤 항원을 넣어 그 항원에 대하여 민감한 상태로 만드는 일)되지 않아 알레르기 반응이 없을 가능성이 높고, 설사 알레르기 반응을 보이더라도 독감 백신의 달걀 함유량이 극히 적어 대부분 문제가 되지 않기 때문입니다.

만일 달걀 알레르기가 너무 걱정된다면 백신 제조 과정에서 달걀이 사용되지 않아 달걀 알레르기가 있는 아이에게도 안전한, 세포 배양 백신으로 접종하면 됩니다.

02 BCG 접종 부위가 곪았어요

아기가 제일 처음 맞는 예방접종 주사는 B형 간염 1차입니다. 이 접종은 태어나자마자 신생아실에서 이뤄지므로 부모가 병원에 아기를 데려가 처음 맞히는 것은 BCG입니다. BCG는 후에 접종 부위가 곪기도 하는데 그 기간이 오래 지속되는 편이어서 이와 관련해 궁금해하는 보호자들이 많습니다.

"선생님, 저희 아기가 한 달 전에 BCG 주사를 맞았는데 아직도 이렇게 고름이 잡히는 것이 정상인가요?"

"네. BCG 접종 후 한두 달은 계속 농포가 생길 수 있어요."

"언제까지 이런가요?"

"보통 두 달이 지나면 많이들 가라앉는데 길게 가는 아기는 접종 후 석 달까지 지속되는 경우도 있습니다. 이렇게 화농성 반응이 있다가 두세 달 지나면 딱지가 앉으면서 가라앉는답니다."

"그럼 이 고름은 그냥 지켜보면 되나요? 연고를 안 발라줘도 될까요?"

"고름이 흘러나오면 깨끗한 가제 수건으로 닦아만 주세요. 소독하거나 연고를 바를 필요도 없습니다. 그리고 일부러 짜면 안 됩니다."

우리나라 인구의 30%는 결핵에 감염되어 있습니다. 물론 그중 활동성 결핵에 감염된 사람들은 0.8%에 불과하지만 전체 인구수를 고려하면 꽤 많은 사람들이 결핵 전파력을 갖고 있는 셈입니다. 만 5세 미만의 아이는 결핵에 걸리면 사망률이 높아지기 때문에 반드시 BCG 접종을 해야 합니다.

BCG 접종은 크게 경피용과 피내용 두 가지 접종이 있습니다. 경피용 접종은 유료 접종으로 대부분의 소아과에서 접종할 수 있으며, 피내용 접종은 나라에서 진행하는 무료 접종으로 보건소와 지정된 소아과에서 접종할 수 있습니다. 두 접종의 효과에는 차이가 없고 단지 흉터의 정도와 모양, 그리고 비용이 다를 뿐입니다.

BCG는 접종 직후에는 특별한 반응이 없으나 접종 후 1개월부터 시작해 3개월까지 고름이 생겼다가 다시 아무는 과정을 거치게 됩니다. 접종 후 10일까지는 아무 증상이 없다가 접종 후 2~4주부터 몽우리가 생기며 단단한 결절이 나타납니다. 그 후 결절이 부드러워지면서 농으로 가득 찹니다. 접종 후 4~6주가 되면 농주머니를 덮고 있는 피부를 뚫고 고름이 나오기 시작하며 궤양을 형성합니다. 접종 후 6~9주 동안 궤양이 아물면서 딱지가 형성됩니다. 이때도 계속 고름이 나올 수 있습니다. 접종 후 2~3개월 정도가 되면 딱지가 떨어지고 흉터를 남기면서 아뭅니다.

이 과정에서 굳이 특별히 치료를 하거나 연고를 바를 필요는 없습니다. 소독할 필요도 없습니다. 다만 일부러 농포를 짜면 안 됩니다. 농이 터져서 흐르면 깨끗한 가제 수건으로 닦아주면 됩니다. 목욕을 하는 것은 괜찮습니다.

5

발달

01 뒤집기는 하지만 기지는 못하는데 서려고 해요

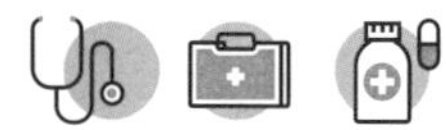

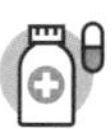

"저희 아이는 뒤집기는 하는데 되집기랑 배밀이를 아직 잘 못해요. 그러면서 혼자 앉으려고 시도하는데 괜찮을까요?"

이런 질문은 영유아 건강검진에서 심심치 않게 들을 수 있습니다. 아이들의 대근육 발달 순서상 보통 목 가누기 후 뒤집기와 되집기를 하고, 이어서 배밀이를 하고, 7~8개월이 되면 앉기를 시도합니다. 그런데 아이가 이전 과정을 생략하고 다음 단계를 시도하려는 경우는 어떻게 해석해야 할까요? 이 문제에 대한 답을 찾기 전에 대근육 운동 전반에 대한 이해가 필요합니다.

하루가 다르게 큰다는 말이 실감 날 정도로 아이의 몸 움직임은 빠른 속도로 확장합니다. 이러한 성장은 우리 몸의 큰 근육 덕분입니다. 목과 가슴, 팔, 다리 등 몸을 크게 움직일 때 쓰이는 근육을 '대근육'이라고 하는데 주로 걷기나 달리기 등과 같이 동작이 큰 활동에 관여합니다.

젓가락질, 연필 잡기 같은 비교적 작은 움직임에 쓰이는 근육은 '소근육'이라고 합니다. 대근육과 소근육을 서로 다른 영역이라고 생각할 수 있지만, 사실 이 두 근육은 긴밀하게 연결되어 있습니다. 아이의 신체는 안에서 밖으로, 위에서 아래로 발달하며 대근육이 어느 정도 발달한 뒤 정교하고 섬세한 활동을 하는 소근육이 본격적으로 발달하기 시작합니다.

• 대근육 발달이 중요한 이유

아이가 몸을 자유롭게 움직일 수 있어야 엄마 품에서 벗어나 스스로 세상을 탐색하면서 호기심을 가질 수 있고, 주체적인 자아로 성장할 수 있습니다.

이것이 대근육의 발달이 아이의 자아 성장에 영향을 끼치는 이유입니다. 또한 태아 시절부터 출생 초기까지 아이들의 두뇌에서는 '수초화'라는 과정이 일어납니다. 이는 두뇌의 정보 처리 속도를 높여주며 여러 경험을 의식적 기억이나 무의식적 기억으로 굳히는 과정을 말하는데 신체적, 정서적, 감각적인 자극이 많을수록 수초화 과정이 가속화되어 두뇌가 발달하게 됩니다. 이런 이유로 대근육의 발달이 두뇌 발달에 영향을 미치게 되는 것입니다.

• 대근육 발달의 단계

아이들의 대근육 발달은 크게 여섯 단계로 나눌 수 있습니다. 출생 후 6개월까지의 아이들은 뒤집기, 되집기를 시도합니다(1단계). 6개월부터 8개월까지는 기어다니고 앉을 수 있고(2단계), 11~12개월 무렵에는 스스로 일어서고 걸을 수도 있습니다(3단계). 이는 곧 두뇌가 신체의 균형 감각을 인식하고 조절하도록 작동한다는 뜻입니다. 이때부터는 좀 더 주도적으로 주변 환경을 탐색하고 받아들입니다. 20개월부터 42개월까지는 섬세하고 정확한 동작까지는 수행하지 못하지만 달리고 점프할 수 있습니다(4단계). 만 3세부터는 협응력과 통제력이 발달하여 다른 신체 부위를 독립적으로 움직일 수 있게 되면서 자전거 타기, 공 던지고 받기 등과 같은 활동이 가능해집니다(5단계). 만 4세 이상이 되면 자기 통제가 가능해지면서 몸을 자유자재로 움직일 수 있습니다(6단계). 영유아 건강검진의 월령별 대근육발달 설문은 이런 과정에 따라 만들어진 것입니다.

• 아이의 발달 속도가 느리다면

생후 4개월까지 목을 가누지 못하거나 10개월까지 기지 못하고, 16개월까지 혼자서 잘 걷지 못한다면 소아청소년과에 방문하여 상담을 받는 것이 좋습니다.

물론 아이마다 발달 속도는 조금씩 다를 수 있습니다. 발달 지연이 아니라 단지 또래보다 늦된 아이라면 다른 영역의 발달에서는 지연을 보이지 않고 운동이나 언어 표현력만 뒤처지는 경우가 대부분입니다. 반면에 말하는 것과 걷는 것이 느리고 사고력, 언어, 운동 발달이 모두 늦다면 발달 지연이라고 할 수 있습니다. 아이가 어릴수록 치료 성과가 좋으므로 만약 발달 지연이 의심되면 바로 전문가의 진단을 받고 조치를 취하는 것이 좋습니다.

• 영유아 발달 검사를 꼭 받아야 하는 이유

아이들의 대근육 발달은 언어력과 사고력은 물론 사회성에도 영향을 미치므로 평소 아이를 주의 깊게 관찰하고, 특히 영유아 건강검진을 빼놓지 않고 받도록 해야 합니다. 소아청소년과에서는 한국 영유아 발달 선별 검사를 무료로 실시하는데, 이는 아이의 발달 상태를 객관적으로 평가하는 검사입니다.

대근육 운동 발달(아이의 자세, 균형, 이동과 같은 전체적인 몸의 움직임과 관련된 발달), 미세 운동 발달, 개인·사회성 발달, 언어 발달, 인지·적응 발달까지 총 5개 분야로 나눠 발달지수를 검출해 정상 발달 여부를 평가합니다. 발달 검사는 아동 발달 센터나 대학병원에서도 가능합니다.

운동 능력의 발달 순서가 발달 이정표에 나와 있는 것보다 3~4개월 이상 느리다면 발달 이상을 의심해볼 수 있습니다. 이와 달리 어떤 아이들은 기는 것을 건너뛰고 서려고 하거나 뒤집기 후 배밀이를 생략하고 바로 앉으려고 하는 등 때에 따라서는 운동 능력 발달 단계를 건너뛰기도 합니다. 발달 순서와 일치하지 않더라도 다음 단계의 운동을 잘 익힌다면 큰 문제로 삼지 않습니다. 왜냐하면 다음 단계의 운동 능력을 잘 보여준다면 이전 단계의 운동은 겉으로 드러나지 않았을 뿐 이미 아이가 습득했다고 해석할 수 있기 때문입니다. 여기서 주의할 것은 아이가 자신의 발달 단계보다 앞서는 운동 능력을 잠시 보이더라도 그 동작을 강요해서는 안 된다는 것입니다. 예를 들어 아이가 잠시 일어섰다고 해서 아직 제대로 앉지도 못하는 아이를 계속 일어서 있도록 유도하는 것은 아이의 신체에 심각한 무리를 초래할 수도 있습니다. 우리나라 엄마들은 조기교육에 대한 열망이 크기 때문인지 자발적인 운동 발달도 이르게 나타나면 무조건 좋은 것으로 착각하는 경우가 많은데 이는 굉장한 위험으로 이어질 수도 있으므로 주의해야 합니다.

02 아이기 엎드려서 자기를 좋아해요

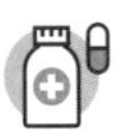

예전에는 아기의 두상을 예쁘게 만들어주기 위해 아이를 엎어 재우는 경우가 많았지만, 요즘에는 영아돌연사증후군의 위험이 널리 알려지면서 대부분 바로 눕혀 재웁니다. 소아과에서도 보호자들에게 엎어 재우지 말라고 조언합니다. 그렇지만 아이가 5~6개월이 되면 자유롭게 뒤집기와 되집기를 하면서 잘 때가 많아지기 때문에 스스로 엎드려서 자기 시작합니다.

"선생님, 저희 아이는 매일 엎드려서 자요. 괜찮을까요?"
"엄마가 엎어 재우지 않아도 자기가 뒤집나요?"
"네. 저는 매일 똑바로 눕혀서 재우는데 한두 시간 뒤에 보면 엎드려서 자고 있어요."
"그럼 괜찮아요. 아이가 스스로 엎드려 잔다면 일부러 뒤집어줄 필요는 없습니다. 대신 자는 곳이 너무 푹신하지 않은지, 아이 주변에 떨어질 만한 물건은 없는지, 혹시 침대 범퍼가 있다면 잘 묶여있는지 정도만 확인해주세요."
"혹시 엎드려 자면 척추에 무리가 가지는 않나요?"
"괜찮습니다. 그건 걱정 안 하셔도 됩니다."

생후 1개월에서 1세 사이의 영아 사망 원인의 50%를 차지하는 영아돌연사증후군은 자세한 병력, 부검 소견, 사망 현장의 조사로 설명이 안 되는 영아의 갑작스러운 죽음을 말합니다. 대개 건강하던 아기가 갑자기 몇 시간 후에 죽어있는 것을 발견하는 경우가 많습니다. 주로 생후 2개월에서 4개월 사이에 발생하며 95%가 6개월 미만인 경우입니다. 주로 깊은 밤부터 아침 사이에 발생합니다.

영아돌연사증후군의 위험 인자로는 여러 가지가 있지만 특히 엎드려 자는 자세가 가장 대표적입니다. 누워서 자는 아기보다 엎드려서 자는 아기에게서 영아돌연사증후군이 3배 이상 더 많이 발생했습니다. 미국에서는 아기를 눕혀 재우자는 캠페인을 하면서 영아돌연사증후군이 절반 이상 감소했다고 합니다. 그 외에도 미숙아, 흡연자인 엄마, 너무 부드러운 이부자리, 생후 2~4개월의 나이, 남아 등이 영아돌연사증후군의 위험 인자입니다.

영아돌연사증후군의 위험을 줄이기 위해서는 다음의 예방 수칙을 잘 지켜야 합니다. 먼저 반드시 아기가 천장을 보는 자세로 똑바로 눕혀서 재워야 합니다. 아기를 옆으로 눕혀 재우는 것도 추천하지 않으며 절대 엎어 재워서는 안 됩니다. 그리고 아기를 부모와 같은 공간에서 재우되 같은 잠자리에서 재우지 않는 것이 좋습니다. 아기의 이부자리는 너무 푹신하거나 부드럽지 않고 약간 딱딱한 것이 좋습니다. 아기의 이부자리가 너무 푹신하면 아이가 무심코 고개를 돌리다가 이부자리에 코를 박아 호흡에 문제가 생길 수 있기 때문입니다. 같은 이유로 아이의 잠자리 주변에 아이에게 떨어질 수 있는 베개나 쿠션, 커다란 인형 등을 두지 않아야 합니다. 마지막으로 엄마가 반드시 금연해야 하는 것은 물론이고 동거하는 모든 가족들도 엄마나 아기가 있는 실내에서는 금연해야 합니다.

03 아이가 낮잠을 자지 않아요

아이들의 수면은 뇌 발달과 성장을 촉진하고 우울증을 예방하므로 매우 중요합니다. 그리고 밤잠만큼이나 낮잠도 중요합니다. 그래서 어느 정도 나이까지는 반드시 낮잠을 자는 것을 권합니다.

아이들은 오전과 오후 내내 깨어있지 못하므로 중간에 낮잠을 자면서 체력을 보충해야 합니다. 보통 생후 100일이 지나면 일정한 낮잠 패턴을 보입니다. 생후 6개월 이전에는 하루에 세 번까지도 낮잠을 자고, 6개월 이후에는 하루 두 번 정도 잡니다. 돌이 지나면 낮잠이 한 번으로 줄기도 하나 낮잠 횟수가 줄어드는 시기는 아이마다 다릅니다. 만 4세 이상이 되면 낮잠을 자지 않아도 괜찮습니다. 그렇지만 아이가 낮잠을 자기를 원한다면 계속 재워도 됩니다.

만 4세가 지난 아이가 낮잠을 잘 때 안절부절못하거나, 낮잠을 건너뛰어도 오후에 지치지 않는다면 낮잠을 중단해도 된다는 신호입니다. 특히 낮잠을 자는 날에 밤잠을 자기 힘들어한다면 낮잠을 그만 재워도 됩니다. 다만 낮잠 자는 시간은 늦어도 오후 4시를 넘기지 않는 것이 좋습니다. 오후 4시 이후까지 낮잠을 자게 되면 밤잠을 자는 데 방해가 될 수 있습니다. 그리고 낮잠과 밤잠 사이에 최소 4시간 이상 간격을 두어야 아이가 수월하게 밤잠을 잘 수 있습니다.

낮잠을 잘 자는 아이가 밤잠도 잘 자고, 낮잠을 잘 자려면 또 밤잠을 잘 자야 합니다. 밤에 덜 자면 낮잠을 자기가 더 쉬울 것 같지만, 오히려 아이가 너무 피곤해져 과각성(過覺醒) 상태가 되어 잠을 못 이룹니다. 따라서 밤에 잠을 충분히 자야 낮에 피곤하지 않아 낮잠을 잘 잘 수 있습니다. 또한 낮잠을 나이에 맞게 충분히 자는 아이들이 밤에도 과각성 상태가 되지 않아 쉽게 잠들 수 있습니다.

그리고 아이가 낮잠을 잘 때까지 무작정 기다리기보다 낮잠 시간을 정해놓고 아이가 지키도록 하는 것이 좋습니다. 가장 좋은 방법은 아이가 낮잠을 잘 때 엄마도 함께 자는 것입니다.

월령별 아이의 평균 낮잠 횟수 및 시간은 다음과 같습니다. 생후 100일부터는 하루에 3회, 총 5시간 정도 낮잠을 잡니다. 생후 6개월 이후부터 만 12개월까지는 하루 2회, 총 3시간 정도 낮잠을 잡니다. 만 12개월 이후부터 18개월까지는 하루 1, 2회, 총 2시간 30분 정도 낮잠을 잡니다. 만 18개월 이후로는 하루에 한 번만 자는 경우가 많으며 총 2시간 정도 잡니다. 만 36개월 이후로는 하루에 한 번, 1시간 30분 정도 낮잠을 자며, 만 48개월 이후로는 낮잠을 자지 않고도 생활할 수 있습니다.

04 아직 어린데 비행기를 타도 괜찮나요?

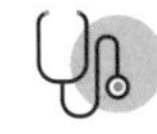

생후 14일 이후부터는 비행기 탑승이 가능합니다. 그리고 응급 상황에서는 더 어린 아기들도 비행기를 타고 이동할 수 있습니다(가끔 비행기를 타고 제주도에서 서울로 이송 오는 신생아들이 있습니다).

다만 비행기를 타면 이륙과 착륙을 할 때 기압 차가 발생하면서 고막에 통증이 생깁니다. 어른들도 불편감을 호소하는데, 아직 고막이 약한 아기들은 말할 것도 없습니다. 이때 기압 차를 빨리 없애주기 위해서 아이에게 젖병을 물리거나 사탕을 빨게 하는 등 무언가를 꿀떡꿀떡 삼키게 하는 것이 좋습니다.

그리고 기내는 매우 건조합니다. 건조한 공기는 바이러스 감염이 쉽게 일어나도록 합니다. 즉 감기에 걸리기 쉽고 이미 감기에 걸려있다면 증세가 더 안 좋아질 수도 있습니다. 그러니 기내에서는 물을 수시로 마시게 하는 것이 좋습니다.

보통 돌이 지난 아기는 편도 1시간 정도의 비행이 가능합니다. 두 돌이 지난 아기는 편도 2시간, 세 돌 이상은 편도 3시간 정도 비행이 가능합니다. 그 이상의 비행은 아기는 물론이고 부모도, 그리고 주변의 승객들도 힘들어질 수 있으니 신중하게 결정해야 합니다.

진료실 이야기

진료실에서 아기를 절대 혼자 두지 마세요!

소아과에서 진료를 하다 보면 아이의 진료를 마친 뒤 엄마까지 진료하게 되는 경우가 많습니다. 한번은 어떤 엄마가 7개월 아이를 안고 진료실에 들어왔습니다. 아이가 무른 변을 보는 것이 내원 이유였습니다. 진료를 마치고 아이를 데리고 진료실 밖으로 나갔던 엄마가 잠시 후 다시 들어오더니 독감 예방접종을 받고 싶다고 하였습니다. 그래서 저는 엄마의 차트를 검색하고 간호사는 엄마를 위해 접종을 준비하기 시작했습니다. 엄마는 진료실 의자에 앉아있었습니다.

간호사가 막 독감 주사를 준비해 진료실 책상에 놓고 엄마에게 독감 접종을 시행하려던 순간 "쿵" 하는 소리가 났습니다. 아기가 진료실 침대에서 낙상한 것입니다. 진료 전에 엄마가 아이를 진료실 침대에 눕혀 두었는데 아이의 상태를 주시하지 못했던 것입니다.

얼른 아이를 들어 올려 상태를 살펴보니 다행히 신경학적 이상은 없는 것으로 판단되었습니다. 두개골 엑스레이상의 골절 소견도 보이지 않았습니다. 어쨌든 두부 외상은 최소 12시간 이상 경과한 후부터 증상이 나타나는 경우가 많으니 향후 2~3일간은 추가 증상이 있는지 잘 살펴야 한다고 아이 엄마에게 설명해주었습니다.

순식간에 벌어진 사고라 어떻게 손을 써볼 수 있는 상황이 아니었지만, 어쨌든 진료실 안에서 벌어진 사고이니 이것은 병원의 책임이자 관리자인 저의 책임이기도 했습니다. 추후 아이에게 벌어질 수 있는 상황에 대해 병원 측에서 책임을 지겠다는 약속을 했습니다. 엄마는 몹시 격앙되어 있었고 아이도 울음을 그치지 않았습니다. 아이는 대기실에서 약 1시간 동안 계속 울고서야 진정이 되어 병원 문밖을 나섰습니다.

저녁에 아이 상태가 궁금해 아이 엄마에게 전화를 해봤더니 집에서도 계속 울고 있다고 했습니다. 혹시 다른 곳이 아픈 것은 아닌지 두개골 사진 이외에 쇄골 등의 뼈 사진도 찍어봤어야 하는 건 아닌지 후회가 들었지만 이미 지나간 일이었습니다.

다음날 아침 아이 엄마가 몹시 화가 난 상태로 병원을 다시 찾았습니다.

"선생님, 어제 말씀으로는 아이에게 별일 없을 거라고 하셨잖아요. 그런데 집에 간 뒤로 아이가 오른쪽 팔을 전혀 못 쓰고 있어요. 그리고 어깨 부위가 몹시 부었어요."

바로 흉부 엑스레이를 찍었습니다. 쇄골 골절이었습니다. 아이가 낙상하면 두부 손상도 문제지만 반드시 확인해야 할 것이 쇄골 골절 여부입니다. 당연한 건데 이를 간과했던 것입니다. 다행히 쇄골이 심하게 어긋난 상태는 아니고 약간의 전위만 일어난 상태라 예후는 나빠 보이지 않았습니다. 전날 쇄골 골절 여부를 점검하지 못했음을 정중히 사과

했습니다. 이후 아이는 정형외과에서 '8자 붕대 고정술' 치료를 받고 매주 저희 병원에서 엑스레이로 가골이 형성되어 뼈가 붙었는지 확인했습니다. 약 2개월 후에는 완전히 유합되어 회복되었습니다.

진료실에서는 언제든 예상치 못한 사고들이 생길 수 있습니다. 더욱이 6~7개월 된 아기를 엄마가 안고 들어오면 각별히 신경을 써야 합니다. 이 시기에는 뒤집기를 잘하고, 상대적으로 머리가 무거워서 낙상이 빈번히 발생할 수 있기 때문입니다. 이 사건은 돌 전 아이들에게 있을 수 있는 우발적인 진료실 사고와 관련해 매우 큰 경각심을 불러일으킨 계기가 되었습니다.

알아두면 유용한 정보

아이가 밤사이 열이 펄펄 끓으면 응급실에 가야 할까?

우리나라는 전 세계에서 1차 의료기관, 즉 동네 의원의 접근성이 가장 좋은 나라입니다. 365일, 언제든지 멀지 않은 곳에 아이가 아프면 진찰을 받을 수 있는 병원이 있습니다.

특히 소아과는 365일 진료를 하는 동네 병원도 있으며, 명절 때도 예외 없이 문을 여는 곳이 있습니다. 개원 시간을 길게 유지해야 할 내부적인 사정이 있기도 하지만 어쨌든 아이가 아플 때 우리나라만큼 병원 문턱이 낮은 나라는 전 세계적으로 봐도 드문 것이 사실입니다. 그러나 밤에 아이가 펄펄 끓는 열이 난다면 사정이 좀 다릅니다. 병원도 밤에는 쉬어야 하기 때문입니다. 그래서 밤사이에 아이가 심하게 아프거나 열이 날 때는 어쩔 수 없이 대학병원 응급실을 찾아야 하는 상황이 벌어집니다.

그런데 밤사이 열이 펄펄 끓어서 대학병원 응급실을 찾아가 본 보호자들은 어김없이 응급실의 대처에 대해 실망하곤 합니다. 왜냐하면 응급실이라고 한밤중에 아이의 발열에 대해 능숙하게 대처해줄 소아청소년과 전문의가 상주하는 것은 아니기 때문입니다. 밤사이 응급실에 근무하는 의사는 대부분 응급의학과 의사 내지는 아직 경험이 많지 않은 인턴이나 전공의들입니다. 이들은 24시간 분주하게 일하기 때문에 이 시간이 되면 매우 지치고 피곤한 상태기도 하고, 심지어 병동도 신경을 써야 해서 응급실까지 오는 데만도 시간이 많이 걸립니다. 응급실에 도착

해서 아이를 살펴봐준다고 하더라도 사실 섬세하게 아이의 상황에 대처하기에는 여러모로 어려운 점이 많습니다.

그래서 정작 응급실에 가서 30분에서 1시간을 기다려 겨우 의사를 만나면 미온수 마사지를 해주거나 해열제를 투여하고 지켜보자고 하는 정도가 전부입니다. 일단 열이 내리면 약을 처방해주고 내일 아침 가까운 동네 병원에 가보라면서 집으로 돌려보내는 식입니다. 검사를 받으러 여기저기 옮겨 다니느라 아이는 더욱 지치고 힘들어하고 그 와중에 열이 더 올라 상황이 더욱 악화할 때도 있습니다.

응급실까지 왔으니 해열 주사라도 놔주기를 바라는 것이 보호자의 마음이겠지만, 9세 미만 아이들에게는 되도록 해열 주사를 놓지 않는 것이 일반적입니다. 소아과학에 대해 조금이라도 아는 의사라면 해열 주사를 놓아주는 경우는 많지 않습니다. 그래서 도대체 뭐하러 그 밤에 응급실까지 갔을까 하는 후회가 밀려오기까지 합니다.

그럼 밤사이 아이에게 고열이 날 때는 어떻게 처치하는 것이 가장 현명한 방법일까요? 사실 특별한 방법은 없습니다. 다만, 아이의 상태를 객관적으로 판단하는 것이 중요합니다. 아이가 열 외에 다른 증세를 보이지 않는다면 깨워서 해열제 정도만 먹이고 경과를 지켜봐도 됩니다. 대부분 아이들은 열과 함께 다른 신호를 보이기 마련입니다. 가래 끓는 기침을 심하게 하면서 열이 난다면 폐렴 같은 호흡기 질환에 동반된 발열일 가능성이 높고, 끙끙 앓으면서 잠을 설치고 열이 난다면 요로감염 등과 같은 염증성 질환도 의심해볼 수 있습니다.

어느 경우든 일단 해열제를 먹이는 것은 동일합니다. 열이 나는 현상은 염증에 대한 자연스러운 반응이지만 열이 올라가도록 놔둬서 좋을 것은 전혀 없습니다. 그래서 어느 가정이든 아이가 있는 집에는 해열제 두 종류는 꼭 상비해둬야 합니다. 일단 해열제를 먹여보고 아이의 상태를 주시해야 합니다. 미온수 마사지를 병행하여 열이 내리도록 돕는 것이 바람직하다는 견해가 통상적이었으나 최근 들어 미온수 마사지의 유효성에 대한 반대 견해들이 제시되고 있으므로 의미 있는 조치는 아닌 듯합니다. 해열제 복용이 중요한 이유는 아이들은 열이 급작스럽게 오르는 과정에서 열성 경련을 일으키는 경우가 많기 때문입니다. 따라서 적절한 시기에 신속하게 해열제를 투여하는 것은 열성 경련이라는 최악의 상태를 예방하는 데 매우 중요합니다.

그렇다면 어떤 해열제를 얼마만큼의 용량으로 먹여야 하냐는 문제가 남습니다. 상비 해열제로는 어린이부루펜시럽(이부프로펜), 맥시부펜(덱시부프로펜)이나 애니펜시럽(덱시부프로펜) 등으로 불리는 부루펜 계열과 타이레놀현탁액, 세토펜현탁액 등으로 불리는 아세트아미토펜 계열이 있습니다. 알려진 바에 의하면 타이레놀 계열이 해열 작용이 빠르고 해열 지속 효과는 부루펜 계열이 좋습니다. 두 계열의 해열제 중 어느 쪽을 기본 해열제로 사용할지는 선택의 문제일 뿐, 어떤 해열제를 사용해도 큰 문제는 없습니다.

타이레놀과 부루펜시럽의 교차 복용 방식은 해열제 복용 시 흔히 이용하는 방식이긴 하나 현재 이러한 병합요법의 안정성에 대한 근거나, 이러한 방식이 단독 복용에 비해 해열 효과가 더 우수하다는 근거는 없는 것이 사실입니다. 그래서 일단은 하나의 해열제를 기본으로 일정 시간 간격으로 복용하는 것이 더 타당합니다. 다만, 한 종류의 해열제를 복용해도 2시간이 지났을 때 기대되는 해열 효과가 나타나지 않는다면 다른 종류의 해열제를 복용해 볼 수는 있습니다.

예를 들어 부루펜시럽을 기본 해열제로 10kg의 아이에게 해열제를 먹일 경우, 부루펜시럽의 적정용량 범위는 3mL~5mL로 되어 있는데 38도를 조금 넘는 정도라면 3mL를 먹이고, 39도 이상이라면 4mL, 39.5도 이상의 고열이라면 최대 용량 5mL를 먹여볼 수 있습니다. 부루펜시럽의 복용 최소 시간 간격인 6시간이 경과해도 38.5도 이상의 열이 난다면 부루펜시럽을 한 번 더 먹여도 됩니다. 그런데 부루펜시럽을 처음 복용한 후 2시간이 경과해도 38.5도 이상의 열이 지속되고 있다면 타이레놀 시럽을 3~4mL 정도 추가적으로 복용해 볼 수 있습니다.

이렇게 해열을 위한 기본적인 조치를 취한 후에도 열이 잡히지 않고 일반 병·의원들이 문을 닫은 상황이라면 어쩔 수 없이 응급실을 찾아야 하겠지만 응급실에서 특별한 처치를 기대하는 것은 무리입니다. 해열을 위해 아이들에게 해줄 수 있는 것은 앞에서 얘기한 정도가 다이기 때문입니다. 다만 기본적인 검사를 통해서 입원 치료가 필요하다는 판단이 내려지면 정맥 주사제를 통하여 해열을 시도해볼 수 있는데, 이쯤 되면 하루 이틀 안에 아이의 문제가 해결되지는 않는 경우가 대부분입니다. 결국 아이가 열이 날 때 부모가 해줄 수 있는 최선은 상비 해열제를 잘 복용시킨 후 아이의 상태를 면밀히 관찰하는 것입니다.

어쨌든 밤사이 아이가 열이 안 나도록 하는 것이 가장 중요하겠지만 세상만사가 어디 부모 뜻대로만 이루어지던가요. 아이는 무슨 이유에서든지 밤사이에 아프고 열이 날 수 있습니다. 이때 현명한 부모라면 바로 응급실을 찾기보다는 집에서 해줄 수 있는 최선의 조치를 다 해보고, 이것이 여의치 않을 때만 예외적으로 응급실을 찾아야 합니다. 이것이 아이를 위해서 가장 바람직한 선택입니다.

알아두면 유용한 정보

소아용 타이레놀 시럽의 적정 복용 용량

미국의 고에너지 물리학자 제프리 웨스트의 저서인《스케일》을 보면 다음과 같은 이야기가 나옵니다.

> "오래전에 한밤중에 고열로 우는 아이를 달래려 애쓰다가 해열제를 먹이기 위해 유아용 타이레놀 병에 적힌 권고 용량을 확인하고 몹시 놀란 적이 있습니다. 체중에 따라 선형으로 용량을 늘리라는 식으로 적혀 있었기 때문입니다. 이를테면 체중이 2.7kg인 아기는 찻숟가락의 4분의 1(40mg=1.25mL), (6배가 더 무거운) 16kg인 아이는 정확히 6배 많은, 찻숟갈로 하나 반(240mg=7.5mL)을 먹이라고 되어 있었습니다. 하지만 비선형적인 3분의 2제곱 스케일링 법칙을 따른다면 용량을 6의 3분의 2제곱인 3.3배로 늘려서 4mL 즉 132mg 정도로 늘리는 것이 맞습니다. 이것은 권고 용량의 절반을 조금 넘는 양입니다. 즉 2.7kg 아기에게 찻숟갈 4분의 1만큼을 먹이라는 권고가 옳다면, 16kg인 아이에게 먹이라고 한 찻숟갈 하나 반만큼의 양은 거의 2배나 과한 것입니다."

이 이야기는 소아의 약용량이 체중에 따라 비례하여 증가하지 않는다는 경고를 담고 있습니다.

실제로 소아의 약용량을 비롯한 여러 가지 인간의 생리 현상은 체중보다는 체표면적에 비례하는 것으로 알려져 있고, 성인의 평균 체표면적인 1.8m²에 해당하는 성인 용량을 소아의 체표면적에 맞게 환산하여 [소아용량=환아 체표면적/1.8x성인용량]과 같은 식으로 구하면 거의 정확합니다. 그런데 아무래도 일반 사람들에게 체표면적은 익숙하지 않은 변수이다 보니 체중을 기준으로 약용량을 설명하는 경우가 많습니다. 실제로 체표면적은 체중의 3분의 2제곱에 비례하는 것으로 알려져 있습니다. 즉, 체중과 체표면적은 지수함수적으로 증가하는 상관관계를 가지므로 아래 그래프처럼 선형적이라기보다는 비선형적인 양상을 띱니다.

따라서 소아 약용량이 체표면적에 비례한다면 체중 증가분으로 따질 경우 체중의 3분의 2제곱의 비율로 증가하게 되는 것이지요. 그런데 수학에 익숙하지도 않은 부모들이 아기가 열이 나는데 한가하게 계산기 두드려가며 타이레놀 용량을 계산해 투약할 여유가 있겠습니까.

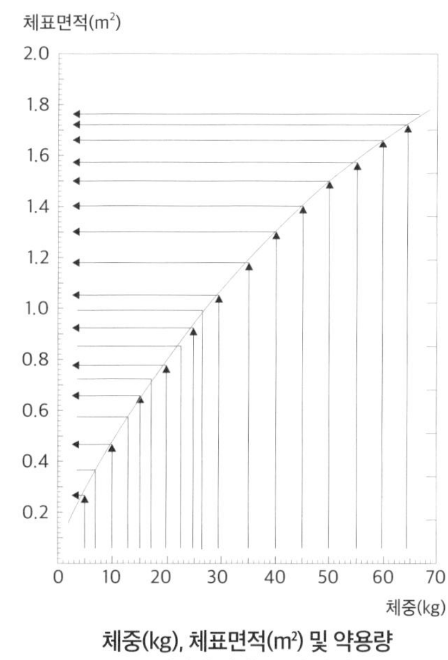

체중(kg), 체표면적(m²) 및 약용량
(성인에 대한 %)의 관계

옆의 그래프에서 알 수 있듯이 대략 16kg 정도까지는 체표면적이 선형적으로 증가하기 때문에 체중에 비례해 용량을 증가해도 되지만, 그 이상의 체중, 즉 대략 4세 이후부터는 일반적으로 알려진 용량보다 조금 덜 복용하는 것이 더 정확합니다.

그러므로 다음과 같은 타이레놀 시럽 용기에 표기되어 있는, 체중에 따라 선형적으로 증가하는 양상의 용량표(mg은 알약의 단위, mL는 이에 상응하는 물약의 단위)는 엄밀하게 말하면 상당한 오류를 내포하고 있다고 볼 수 있습니다. 경험적으로 아이 체중의 절반에 약간 못 미치는 정도로 먹이면 적당하다고 알려져 있지만 사실 이것도 조금 과하다고 볼 수 있습니다.

아세트아미노펜 계열 해열제에 표기된 1회 복용량

제품	연령	체중	용량	복용량	비고
세토펜현탁액 어린이타이레놀현탁액 챔프시럽 타노펜현탁액 (Acetaminophen)	12세	43kg 이상	640mg	20ml	· 12세 이하의 소아에게 4~6시간마다 필요 시 투여. · 가능한 최단기간 동안 최소 유효용량으로 투여. · 1일 5회(75mg/kg)를 초과하여 투여하지 않음. · 체중을 아는 경우 체중에 따른 용량으로 투여.
	11세	38~42.9kg	480mg	15ml	
	9~10세	30~37.9kg	400mg	12.5ml	
	7~8세	23~29.9kg	320mg	10ml	
	4~6세	16~22.9kg	240mg	7.5ml	
	2~3세	12~15.9kg	160mg	5ml	
	7~23개월	8~11.9kg	120mg	3.5ml	
	4~6개월	7~7.9kg	80mg	2.5ml	

PART Ⅲ

생후 7개월부터 12개월까지

2차 영유아 검진(9~12개월) 때 많이 하는 질문들

아직 구강기인 이 시기 아이들은 이런저런 물건들을 입이나 신체 다른 곳에 넣어 보는 경우가 많습니다. 이 시기에 있을 수 있는 사고의 대처법과 의사에게 물어보기 곤란할 만한 질문들을 모아보았습니다.

1

이물질

01 아이가 바둑알을 삼켰어요

02 아이 귀에 무언가가 들어갔어요

03 귀지를 제거해주어야 할까요?

01 아이가 바둑알을 삼켰어요

"선생님, 아이가 바둑알을 삼켰어요. 어떻게 하죠?"

"바둑알을 삼킨 게 맞나요? 엄마가 보셨어요?"

"네, 손으로 만지작거리더니 순식간에 입에 넣고 삼켜버렸어요."

"엑스레이로 한번 확인해보지요. 별일은 없을 겁니다."

아이가 먹으면 안 되는 것을 삼켜 소아과를 찾는 경우가 종종 있습니다. 기도가 막히는 정도까지 이르지는 않았더라도 식도나 위에 어떤 문제가 생기지 않을까 걱정스러운 것이 부모의 마음이죠.

이럴 때 보통은 응급실에 가지만 소아과를 찾기도 합니다. 그러나 동네 소아과는 소아 내시경 검사 장비를 갖추고 있지 않아 난감한 경우가 많습니다. 이때는 일단 확실하게 이물을 삼켰는지 확인하는 것이 중요합니다. 엄마들은 아이가 무엇을 삼켰다고 생각하면 정확히 확인하기도 전에 일단 병원으로 달려오는 경우가 많습니다. 그래서 정작 엑스레이를 찍어보면 아무것도 나타나지 않곤 합니다. 물론 엑스레이로 나타나는 물건이 있고 그렇지 않은 물건도 있으니 엑스레이로 모든 걸 알 수는 없습니다. 그러나 금속성 물질이나 딱딱한 고형 물질을 삼켰다면 대부분 복부 엑스레이 촬영에서 이물이 관찰됩니다. 그런 경우 이물을 제거해야 할지, 경과 관찰로 충분할지 판단을 내려야 합니다. 이물 삼킴 중에도 응급으로 제거해야 할 몇 가지 경우가 있습니다. 식도나 장에 천공을 일으킬 수 있는 위험한 경우인데 여기에 해당하면 바로 소아 내시경 검사가 가능한 대학병원으로 가야 합니다. 그렇지 않은 대부분은 하루 이틀 지나면 변으로 나오기 마련이니 대체로 걱정하지 않아도 됩니다.

소아의 이물질 섭취는 6개월에서 6세 사이에 가장 많이 발생합니다. 이물질 섭취로 사망에 이르거나 합병증이 발생하는 경우는 드문 것으로 알려져 있습니다.

아이가 이물질을 삼켰을 때 제거해야 하는 경우는 다음과 같습니다.

• 즉각 제거해야 하는 경우: 바로 대학병원에 가서 이물질을 제거한다.

① 식도가 완전히 막힌 경우

이때는 아이가 음식물을 거부하고 토하고 침을 흘립니다. 천명음(쌕쌕거리는 숨소리)이 들릴 수 있으며 숨차할 수 있습니다. 신속히 제거하지 않으면 기도를 압박해서 호흡곤란을 유발할 수 있고 식도염과 천공 가능성이 있습니다.

② 식도에 버튼형 건전지가 들어간 경우

이물질 섭취 사망의 원인으로는 버튼형 건전지를 삼킨 경우가 가장 흔합니다. 작은 전자기기에 널리 사용하고 아이들에게는 먹는 것으로 보이기 쉬워, 가장 위험한 이물질 중 하나입니다. 식도에 있는 건전지를 즉각 제거하지 않으면 식도염과 천공이 생길 수 있습니다. 일단 건전지가 위장으로 넘어가면 한숨 돌려도 되지만, 2cm 크기의 건전지가 48시간 이상 위장에 있다면 제거해야 합니다. 건전지가 십이지장으로 넘어갔다면 72시간 내에 85%가 변으로 배출됩니다. 따라서 3, 4일 간격으로 사진을 찍어서 배출 여부를 확인합니다.

③ 식도에 날카로운 물질이 박힌 경우

날카로운 이물질이 식도에 박혀 있다면 내시경으로 제거해주어야 합니다. 이런 이물질은 대부분 영상 검사에서도 잘 보이지 않습니다.

• 급박하진 않지만 서둘러서 제거해야 하는 경우: 반나절 정도 경과한 후 제거해도 된다.

① 식도가 불완전하게 막혀 있는 경우

② 식도에 날카롭지 않은 물질이 있는 경우

③ 위나 십이지장에 날카로운 물질이 있는 경우

날카로운 물질이 위와 상부 십이지장에 있다면 일단 응급한 상황은 아니지만 제거해야 합니다. 만일 같은 상태가 3일 이상 지속됐는데 내시경으로 제거할 수 없다면 수술 처치를 고려합니다.

④ 상부 십이지장 위쪽에 6cm 크기 이상의 물질이 있는 경우

6cm 이상의 크기는 80%가 십이지장을 지나기 어려우므로 제거해야 합니다.

⑤ 내시경으로 제거할 수 있는 위치에 자석이 있는 경우

자석을 두 개 삼켰거나 자석에 끌려다닐 수 있는 물질과 같이 삼켰을 때는 서로 잡아당기는 힘에 의해 장 괴사가 일어날 수 있으므로 내시경이 닿을 만한 위치에 있다면 제거해줍니다.

• 경과를 지켜보면서 시간을 갖고 제거해도 되는 경우

① 증상은 없지만 12~24시간 동안 동전이 식도에 있는 경우

② 위장 내에 2.5cm 이상의 물질이 있는 경우

③ 특별한 증상 없이 위장 내에 버튼형 건전지가 48시간 이상 있는 경우

바둑알은 위에서 열거한 제거 대상이 아니므로 하루 이틀 지켜보고 변과 함께 배출되는지 확인하면 됩니다. 이 아이도 이틀 뒤 변에서 바둑알이 나왔다고 해 추가로 엑스레이를 찍어 확인하지 않았습니다.

02 아이 귀에 무언가가 들어갔어요

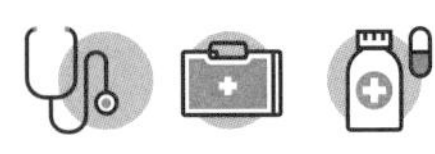
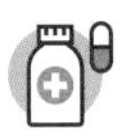

"아이 귀에 비비탄이 들어갔어요."

종종 아이의 귀에 이물질이 들어가 소아과에 내원하는 경우가 있습니다. 사실 귀에 들어간 것을 뺄 수 없는 경우는 거의 없으니 일단 귀 쪽 문제라면 가장 중요한 것은 당황하지 않고 침착하게 대응하는 것입니다. 이비인후과적으로도 귀 쪽 문제 중 응급질환은 '돌발성 난청' 외에는 거의 없다고 알려져 있습니다. 심지어 고막이 파열되었더라도 결론적으로 별걱정 하지 않아도 됩니다.

그러나 가끔은 쉽게 뺄 수 없는 이물질도 있습니다. 외이도에 깊이 박혀 있는 물질, 이를테면 '비비탄'과 같은 둥근 물질들은 쉽게 제거하기 어려울 때가 있습니다. 성인은 외이도의 직경이 크므로 웬만한 이물질들은 꺼내기가 어렵지 않지만, 소아는 외이도의 직경이 작아 종종 비비탄과 같은 둥근 물체가 박혀 외이도를 막아버리면 제거하기 난감합니다. 이럴 때는 이비인후과에 내원하는 것이 가장 현명합니다. 왜냐하면 '마이크로스코프'라는 귀 시술용 현미경이 필요하기 때문입니다.

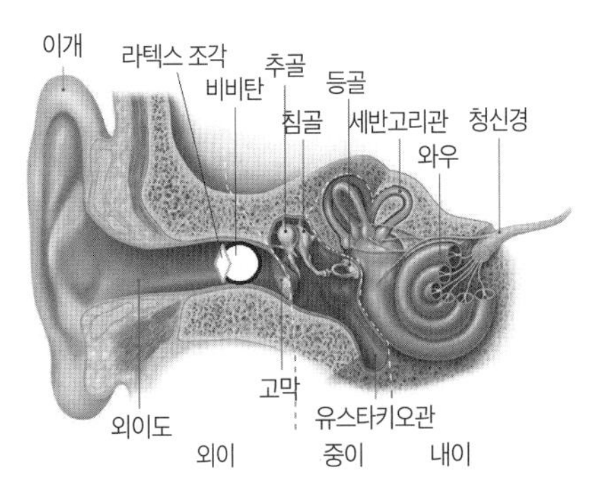

라텍스 부착법

비비탄을 제거하기에 가장 손쉽고 안전한 방법은 이른바 '라텍스 부착법'이라 일컬어지는 방법입니다. 라텍스 고무장갑을 가로와 세로 각각 0.3cm 정도 크기로 잘라 순간접착제를 바른 다음, 마이크로스코프로 관찰하면서 외이도에 넣어 비비탄 표면에 부착합니다. 그 후 약 5~10분 뒤 라텍스 조각이 충분히 비비탄에 접착되었을 때 역시 마이크로스코프를 통해 귀 안을 보면서 라텍스 조각을 포셉(의료용 겸자)으로 잡아당겨 비비탄을 제거합니다. 이런 이유로 귀에 이물질이 들어갔을 때는 소아청소년과보다는 이비인후과에 방문하는 것이 적합하다는 것입니다.

"아이의 귀에 무언가 들어갔어요!"

실제로, 어린아이의 귀 안에서는 구슬, 종이, 단추, 콩, 지우개와 같은 이물질들이 많이 나오고, 어른의 경우는 돌멩이, 면봉, 실핀 등이 자주 나옵니다. 보청기에 들어가는 소형 건전지는 아이들이 가지고 놀다가 귀 안에 넣을 수 있을 만큼 크기가 매우 작습니다. 만일 건전지가 귀 안에 들어가 부식하거나 건전지 내부의 액체가 귀 안으로 흘러들어가기라도 한다면 문제는 더 심각해질 수 있습니다. 이때는 일단 건전지를 귀에서 빼낸 다음 가능한 한 빨리 응급실로 가서 의사에게 귀 상태를 점검받는 것이 좋습니다.

"귀 안에서 무언가 움직여요!"

벌레가 입속이나 콧구멍, 또는 귓속으로 들어가는 경우가 종종 있습니다. 간혹 귓속 깊숙이 들어가 나오지 않을 때도 있는데, 이때 머리를 심하게 흔들거나 귀에 충격을 가하면 벌레가 더 깊이 들어가거나 심한 경우 물 수도 있습니다. 그러므로 당황하지 않고 침착하게 대처하는 것이 무엇보다 중요합니다.

귓속에 벌레가 들어갔을 때 가장 먼저 해야 할 일은 벌레가 바깥으로 나오게끔 유도하는 것입니다. 머리를 기울이거나 귀를 잡아당겨 귓구멍을 크게 만드는 것이 벌레를 배출시키는 데 도움이 됩니다. 귀 옆쪽에 컵을 갖다 대어 벌레가 밖으로 나왔는지 확인하는 것도 좋습니다. 그래도 벌레가 나오지 않는다면 벌레가 빛에 반응하여 밖으로 나올 수 있도록 귓속에 불빛을 비추는 방법도 있습니다. 단, 빛을 보고 벌레가 더 깊숙이 들어가는 것 같다면, 즉시 불빛을 꺼야 합니다. 혹은, 귓속으로 베이비오일이나 올리브오일을 조금 흘려 넣는 방법도 있는데 시간이 지나 벌레가 죽으면 자연스럽게 바깥으로 배출됩니다. 귀에 손상을 가하지 않으면서 벌레를 제거하는 데 효과적입니다.

한 가지 주의해야 할 점은 벌레 제거를 위해 핀셋이나 면봉을 쓰면 안 된다는 것입니다. 오히려 벌레를 자극하여 더 깊게 들어가게 하거나 고막에 상처를 낼 수도 있기 때문입니다. 가장 좋은 방법은 병원에 가서 벌레를 제거하는 것이며, 일반적으로 병원에서는 리도카인(국부 마취제로 쓰이는 물질) 등이 사용됩니다.

"위와 같은 일이 생기지 않도록 하는 방법은 없나요?"

사고에 대처하는 것만큼 사고를 예방하는 것 또한 중요합니다. 아이들이 구슬이나 장난감처럼 작은 물건을 가지고 놀 때는 잘 지켜보는 것이 가장 중요합니다. 성인이라면 귀지를 청소할 때 실핀이나 면봉을 사용하지 않는 것이 좋습니다.

03 귀지를 제거해주어야 할까요?

소아청소년과 의사들은 아이를 진찰할 때 청진 후 귀와 목 부위를 관찰합니다. 귀를 살펴보는 것은 사실상 고막의 상태를 확인하기 위함입니다. 눈으로 확인할 수 있는 귀 구조는 귓바퀴, 외이도, 중이로 들어가는 고막 등인데, 사실 이 중에서 중이로 들어가는 입구에 있는 고막의 상태를 확인하는 것이 귀를 관찰하는 주요 목적인 경우가 많습니다.

영유아들은 코에서 귀로 가는 경로인 이관이 짧고 대체로 누워 지내므로 이관을 통해 코 내부의 염증이 귀까지 이어지기 쉽습니다. 이것이 영유아 중이염입니다. 육안으로는 중이염 여부를 확인할 수 없으므로 대부분의 의사들은 중이염이 의심될 때 장비를 이용하여 귀를 확인합니다. 과거에는 오토스코프(otoscope)로만 귀를 살펴보았으나 요즘에는 오토스코프로 먼저 확인하고 중이염이 의심되면 귀 내시경(oto videoscope)을 통하여 고막의 상태를 확인합니다. 귀 내시경은 보호자들에게 아이의 고막 상태를 설명하기에도 편해서 활용도가 매우 높아지고 있습니다.

고막을 살펴보려면 외이도가 열려있어야 하는데 귀지로 외이도가 막혀 있는 경우에는 이것이 매우 어려워집니다. 물론 귀지가 얇게 입구 쪽에 있는 경우에는 귀 내시경을 쑤욱 밀어 넣어 귀지를 통과시켜 고막 근처까지 접근하는 것이 가능하지만, 귀지가 고막 근처에 있거나 흔히 '이구전색'이라고 말하는 외이도를 꽉 채

우고 있는 상태라면 고막을 확인하기 위해서 불가피하게 귀지를 제거해야만 합니다. 즉 영유아들이 귀지를 제거해야 하는 유일한 경우는 바로 고막이 안 보일 정도로 귀지가 외이도를 막고 있을 때입니다. 물론 중이염이 의심되거나 감기가 오래 지속되거나 귀가 아프거나 열이 나면 귀를 확인해야 하지만, 이럴 때를 빼고는 꼭 귀지를 제거하면서까지 고막을 볼 필요가 없다는 것입니다. 귀지는 귀를 막고 있는 지저분한 이물질이지만 제거해야 하는 대상이라기보다는 오히려 귀를 건강하게 유지해주는 역할을 합니다. 귀지의 지방 성분이 물기가 스며들지 못하게 하여 외이도염을 예방해주고, 약산성인 데다가 라이소자임 성분의 항균성 때문에 균들이 증식할 수 없도록 해줌으로써 귀를 청정하게 유지하는 데 도움을 줍니다.

귀지를 파내면 귀가 오히려 더 건조해져 가려움증 및 염증이 생길 수 있고, 귀지가 더 많이 생겨 귀가 막히기도 합니다. 또한, 귀 내부의 세포들은 바깥쪽으로 자라나서 귀지가 자연스럽게 밀려나오게 되므로 일부러 귀지를 제거하려고 애쓸 필요도 없습니다. 다만 외이도를 꽉 막고 있는 귀지가 지저분하고 답답해 보이고, 혹시나 아이 청력에 문제를 일으키지는 않을까 하는 걱정에 귀지를 빼주고 싶어하는 부모들이 많습니다. 그래서 저는 보호자들이 요청하면 귀지를 제거해주고, 고막이 잘 안 보일 정도로 귀지가 귀 내부를 막고 있을 때는 알아서 제거해주는 편입니다.

사실 영유아들의 귀지를 제거하는 것은 그렇게 쉽고 단순한 작업이 아닙니다. 왜냐하면 영유아들은 귀지를 제거하는 행위 자체를 많이 무서워하기도 하고 움직임이 심한 경우가 많기 때문입니다. 간호사와 보호자가 아이를 단단히 붙들고 있다고 해도 아이가 발버둥을 치면 귀지를 제거하다가 고막이나 외이에 상처가 날 수도 있어 빈대 잡으려다 초가삼간 태우는 격이 될 수도 있습니다. 그런데 외이도에 상처가 나거나 고막이 파열된다 하더라도 사실 그렇게 걱정할 일은 아닙니다.

영유아들의 고막은 외상에 의해 파열되더라도 범위가 그다지 넓지 않은 경우라면 대개 3~4주만 지나면 자연 치료가 되어 다시 막히고, 청각에는 아무런 손상을 입지 않습니다. 외이도의 상처 역시 대부분 살짝 긁혀서 피가 나는 경우가 대부분이므로 시간이 지나면 자연스레 낫기 마련이어서 특별한 문제가 생기는 경우는 거의 없습니다. 하지만 가정에서 귀지를 파다가는 자칫 외이도에 상처를 내거나 외이도염을 유발할 수도 있으니 귀지를 꼭 제거하고 싶다면 소아청소년과에 방문하여 요청하기 바랍니다.

2

영양과 발달

01 영양제를 먹여야 할까요?

"저희 아이가 또래보다 작고 체중도 덜 나가서 영양제라도 먹이려고 하는데 혹시 추천해주실 만한 영양제가 있을까요?"

"영양제가 필요하다면 먹이는 것이 낫겠지요. 하지만 대부분의 영양제는 불필요한 경우가 많아요. 몇 가지 검사를 해보고 필요할 경우 철분제나 비타민 D 정도를 먹이면 충분해요. 유산균은 효과가 입증된 균주 수가 많은 것으로 꾸준히 먹이는 게 좋고요. 굳이 비싼 유산균을 먹일 필요는 없습니다."

아이가 감기에 자주 걸리는 나이가 되면 부모들이 아이의 면역력을 걱정하기 시작합니다. 그러면서 이런저런 영양제를 알아보게 되지요. 코로나19 바이러스가 대유행한 후부터는 더더욱 면역력에 신경 쓰는 경향입니다. 면역 증강을 위해서는 기본적으로 잘 먹고 잘 자는 것이 가장 중요합니다. 그중 인체의 면역체계에 유익한 몇 가지 영양소들이 있습니다.

먼저 아이가 태어나면서부터 신경 써야 할 영양제가 두 가지 있습니다. 비타민 D와 유산균입니다. 비타민 D는 칼슘 대사에 관여하여 아이의 성장과 뼈 형성에 중요한 역할을 합니다. 동시에 면역기능 및 T세포의 성장 촉진 등 면역반응에도 중요한 역할을 합니다. 비타민 D는 야외에서 햇볕을 쬐면 피부에서 합성되지만, 우리나라 사람들은 야외활동이 적고 햇빛 노출도 적어 93%가 비타민 D 부족이라고 합니다. 임산부도 대부분 비타민 D 부족인 경우가 많으므로 아기가 태어난 첫날부터 비타민 D를 보충해주는 것이 좋습니다. 특히 모유에는 분유보다 비타민 D가 적기 때문에 모유 수유를 하는 아기는 반드시 비타민 D를 보충해주어야 합니다.

유산균 역시 태어난 날부터 섭취하는 것이 좋습니다. 유산균이 원활한 장 기능을 도와주기도 하지만, 우리 몸의 면역기능의 대부분을 차지하고 있는 장 면역에도 관여하기 때문에 면역 능력을 높이는 데에도 많은 작용을 합니다. 유산균은 알레르기성 질환인 아토피 피부염, 알레르기 비염, 천식에 도움이 되고, 감기에 자주 걸리는 아이의 면역력을 높여준다는 연구 결과도 꾸준히 나오고 있습니다. 특히 피부가 안 좋은 아기들은 람노서스(Lamnosus) GG 균주가 포함된 유산균을 꾸준히 먹는 것이 좋습니다.

그 밖에 부모들이 많이 궁금해하는 것이 철분제 복용이 필요한지 여부입니다. 흔히 빈혈을 일으키는 것으로 알려져 있는 철분은 체내 산소공급에 필요한 헤모글로빈의 합성에 필수적인 무기질입니다. 출생 때부터 생후 5개월까지는 엄마에게서 받은 저장 철분만으로도 충분하지만, 생후 5개월이 지나면 이유식을 통해 철분을 공급받아야 합니다. 만일 이유식이나 고기를 잘 먹지 않는 아이라면 빈혈 검사를 받아보고 철분이 부족할 경우 철분제를 복용하는 것이 좋습니다. 빈혈이 있는 아이는 잘 먹지 못하고 잠을 깊게 못 자서 밤에 보채면서 깨는 경우가 많습니다. 이런 증상이 있다면 빈혈 검사를 받아볼 것을 권합니다. 또한, 하루에 우유를 1,000mL 이상 마시는 아이들도 빈혈이 발생할 수 있으니 주의 깊게 살펴봐야 합니다. 과량의 우유는 영유아의 장 점막을 손상시켜 만성 위장관 출혈로 인한 철 결핍성 빈혈을 초래할 수 있기 때문입니다.

그리고 아이가 보육 기관에 다니기 시작하면 아연을 함께 복용하는 것이 좋습니다. 아연은 면역 세포의 성장과 활성화, 성장호르몬 활성화 등에 관여하는 영양소로, 부족하면 면역력 저하로 인해 감염성 질환의 발생 위험이 높아집니다. 또한 아연은 손톱과 발톱, 머리카락 세포의 성장에도 관여하기 때문에 이와 관련한 문제가 있는 아이들도 아연을 복용하는 것이 도움이 됩니다.

그 외 아르기닌, 류신, 라이신, 글루타민 등의 단백질과 비타민 C, 셀레늄 등이 우리 몸의 면역기능에 중요한 영양소로 알려져 있습니다. 아이의 영양제를 고를 때 이 성분들이 포함되어 있는지 살펴보는 것이 좋습니다.

02 식은땀을 많이 흘려요

"선생님, 아이가 오늘 아침에 식은땀을 흘리더니 몸이 축 늘어지는 거예요."

"이런 적이 처음인가요?"

"예전에도 한 번 이랬는데 아침을 먹고 나면 괜찮아져서 병원에는 안 왔거든요."

"오늘은 아침 먹었어요?"

"아니요. 실은 어제 저녁도 안 먹고 잤어요."

"아이들은 공복 시간이 길어지면 저혈당이 올 수 있어요. 일단 혈당을 확인해볼게요."

아이가 열이 날 때는 망설임 없이 병원에 오지만, 식은땀을 흘리는 정도라면 병원에 가야 하나 말아야 하나 고민하게 됩니다. 아이들은 어떤 경우에 식은땀을 흘리는 걸까요?

식은땀은 열이 없는데도 땀이 나는 증상을 가리킵니다. 원래는 체온이 올라가서 열이 나면 체온을 낮추기 위하여 땀을 흘리는데, 식은땀은 그런 발열 자극이 없어도 나는 땀입니다. 주로 분노와 흥분 같은 과한 정신적 자극이 자율신경을 긴장시켜서 발생하는 경우가 많지만, 간혹 다른 원인이 있기도 합니다.

아이들은 체온 조절 기능이 미숙하기 때문에 주로 땀을 흘려서 체온을 조절합니다. 아이들은 특히 수면 중에도 신진대사가 활발하므로 밤에 잘 때도 자연스럽게 땀의 배출을 통하여 열을 발산합니다. 그런데 잘 때 옷이나 이불로 전신이 덮여있는 경우가 많아 가장 노출 면적이 넓은 두피로 열을 발산하여 머리에서 식은땀이 많이 나는 것입니다.

그 외 가장 흔한 식은땀의 원인은 스트레스나 불안 같은 심리 상태이고, 심한 통증이 있어도 식은땀이 날 수 있습니다. 또한, 저혈당이나 저혈압도 식은땀의 원인일 수 있는데, 어린아이들은 공복 시간이 길어져 혈당이 떨어지면 식은땀을 흘리기도 합니다. 저혈당으로 인하여 식은땀을 흘릴 때는 몸이 축 늘어지는 증상을 동반하므로 반드시 의사의 진료를 받아야 합니다.

그밖에 아이들은 약물의 영향으로 식은땀을 흘리기도 합니다. 콧물약이나 기관지 확장제에는 자율신경을 자극하는 성분이 포함되어 있는데, 이 때문에 식은땀을 흘릴 수 있습니다. 드물게 갑상샘기능항진증, 갑상샘기능저하증, 당뇨 등의 내분비질환 때문에 식은땀이 나는 경우도 있고, 가끔 결핵이나 림프종이 있을 때도 밤에 자면서 식은땀을 많이 흘릴 수 있습니다. 그렇지만 그 빈도가 적고 다른 증상을 동반하는 경우가 많으므로 단지 밤에 식은땀을 흘린다고 해서 크게 걱정할 필요는 없습니다.

우리 몸에는 약 200만 개의 땀샘이 있으며, 중추신경과 교감신경의 지배를 받습니다. 덥고 습한 환경에서는 하루 3~4리터의 땀이 배출될 수도 있습니다.

소아는 성인보다 체표면적당 땀샘의 개수가 많을 뿐만 아니라, 앞서 언급했듯 성인보다 체온 조절 기능이 미숙하기 때문에 주로 땀을 통해 체온 조절을 하므로 잘 때 성인보다 땀을 더 많이 흘립니다. 잠이 들고 1시간에서 1시간 반 정도 지났을 때 이마나 머리에 땀이 나는 것은 정상적인 생리 현상입니다. 젖이나 분유를 먹을 때 이마나 뒤통수에 땀을 흘리기도 하는데 이 역시 생리적인 경우가 대부분입니다. 엄마들은 아기가 땀을 많이 흘리면 너무 허약하거나 숨겨진 질병이 있는 것은 아닌가 걱정합니다. 그러나 진찰해보면 대개 생리적이거나 체질적인 것일 뿐인 경우가 많습니다.

자율신경계의 체질적인 차이로 땀을 흘리는 정도가 사람마다 다르기에 같은 조건에서도 땀을 많이 흘리는 사람이 있고, 적게 흘리는 사람이 있습니다. 이와 마찬가지로 소아의 경우도 아기에 따라 땀을 흘리는 정도에 차이가 있습니다. 아이가 땀을 많이 흘린다고 해도 잘 먹고 잘 놀고 정상적으로 체중이 증가하는 등 잘 성장하고 있다면 체질 탓으로 여기고 그냥 지켜봐도 됩니다.

다만 땀을 많이 흘리는 아이는 땀이 식는 과정에서 감기에 잘 걸릴 수 있기 때문에 주의가 필요합니다. 땀을 많이 흘리는 만큼 자주 씻기고, 옷도 자주 갈아입히는 것이 좋습니다. 특히 아기가 잠이 들고 1시간 정도 지나 땀으로 옷이 젖으면 갈아입히는 것이 좋습니다.

03 생후 12개월인 우리 아이, 걸으려고 하지 않아요

해인이가 몇 개월 만에 병원에 왔습니다. 코로나19 유행으로 집에만 있으니 호흡기 질환에도 잘 걸리지 않아 병원 올 일이 없었던 것입니다. 14개월이 된 해인이는 못 본 사이에 키가 훌쩍 커 있었습니다.

"해인이가 석 달 만에 왔네요. 그간 키도 많이 컸고요."
"네, 많이 컸어요. 밖에 안 나가니까 잘 아프지도 않더라고요. 그러니 병원 올 일도 없고요. 오늘도 사실 아파서 온 건 아니고요. 해인이가 14개월이 되었는데 아직 걷지를 못해서 고민이에요."

인터넷이 널리 사용되면서 육아 정보도 넘쳐납니다. 요즘에는 특히 개인 SNS가 활발해지면서 자기 아이의 발달 상황을 주기적으로 올리는 부모도 많고요. 검색창에 '○○개월 발달 상태'라고만 입력해도 온갖 정보가 쏟아집니다. 그래서인지 아이의 발달이 늦는 것 같다며 소아과에 찾아오는 부모들이 많아졌습니다. 나라에서 하는 영유아 검진을 빠뜨리지 않고 받고 있지만, 아이가 다른 아이들보다 발달이 뒤처지는 것 같다며 걱정합니다. 아이들이 월령 혹은 연령에 따라 각 단계에서 할 수 있는 것들이 적혀있는 발달 이정표는 발달의 평균을 제시하는 것일 뿐입니다. 발달 이정표에 '12개월에 걷는다'라고 되어 있더라도 12개월 된 모든 아이들이 걷는다는 것이 아니라, 절반쯤은 12개월 전에 걷고 절반쯤은 12개월 이후에 걸을 수 있다는 뜻으로 이해해야 합니다. 그러니 발달 이정표보다 한두 달 늦어진다고 해서 크게 문제가 되는 경우는 거의 없습니다.

그리고 발달 이정표에 있는 모든 과정을 반드시 다 거쳐야 하는 것도 아닙니다. 보통 아이들은 뒤집기-앉기-기어가기-서기-걷기 순으로 대근육이 발달하지만, 중간에 한두 단계를 건너뛰기도 합니다. 소아과 의사들이 아이의 발달을 평가할 때 반드시 살펴보는 것이 '목 가누기'와 '혼자 앉아있기', '혼자 서기', '혼자 걷기' 입니다. 뒤집기와 기어 다니기를 생략하는 아이들도 있기에 뒤집기를 안 한다거나 기어 다니지 않는다고 너무 걱정할 필요는 없습니다.

다만, 다음과 같은 경우에는 반드시 병원에서 아이의 발달 상황을 점검해야 합니다. 만 12개월까지 혼자 앉지 못하는 경우, 만 18개월까지 걷지 못하는 경우, 주로 까치발로 걸어 다니는 경우, 30개월까지 뛰지 못하는 경우, 그리고 만 24개월까지 다른 사람들에게 어떤 물건을 정확히 가리키지 못하는 경우입니다.

따라서 아이들의 운동 발달이 정상적인지 집에서 세심하게 관찰하는 것이 중요합니다. 아이를 주의 깊게 관찰해보면 조금 늦더라도 정상적으로 성장하고 있는지 여부를 판단할 수 있습니다. 기저귀를 갈아줄 때 아이가 다리를 편안하고 자연스럽게 벌리지 않고 다소 힘이 들어가며 뻣뻣하거나, 아이의 겨드랑이에 손을 넣어 들어 올렸을 때 아이가 버티는 힘이 없어 아래로 빠질 경우, 손으로 아이의 가슴이나 배를 받쳐 지면과 수평 상태로 들었을 때 아이의 목이 수평을 유지하지 못하고 아래쪽으로 처진다면 일단 문제가 있다고 봐야 합니다. 이와 함께 4개월이 지나도록 목을 제대로 가누지 못하면 뇌 손상 등 장애를 의심해봐야 합니다.

특히 작은 막대기나 몽둥이 등으로 무릎 아래쪽을 살짝 두드려보는 무릎반사 검사를 했을 때 아이의 다리가 무의식적으로 들썩거리면 정상입니다. 하지만 장애가 있다면 무릎반사 반응이 지나치게 심하거나, 아니면 아예 없거나 미약합니다.

이와 함께 '호핑 반사'도 자주 이용됩니다. 아이를 똑바로 세운 채 양손을 잡고 몸을 앞으로 기울여 보는 것입니다. 이때 아이의 한쪽 발이 자신도 모르게 앞으로 나가면 아이가 제대로 걷는 데 문제가 없는 것으로 봅니다.

이 같은 방법으로 관찰했을 때 별다른 이상이 없다면 대부분은 그냥 기다리면 됩니다. 시간이 '약'인 것이죠. 그래도 뭔가 꺼림칙하거나 불안하면 병원에서 뇌 MRI(자기공명촬영)를 통해 혹시 뇌에 특별한 병변이 있는지 확인해 볼 수 있습니다.

MRI 결과가 정상이고 평소 아이의 언어와 인지 발달에 이상이 없다면 정상이라고 보면 됩니다. 12개월 전후의 아이가 '엄마', '아빠' 등 기본적인 언어를 구사하고, 부모를 알아본다면 걱정할 필요가 없다는 것입니다. 따라서 걷기 시작하는 시기만 늦을 뿐 언어나 인지발달 등이 보통 아이들과 다름없다면 대부분은 걱정할 필요가 없습니다. 그래도 걷는 것이 늦어 걱정된다면 평소 집에서 다리 등을 마사지해주거나 큰 공이나 그네를 태워주는 등 신체 균형을 발달시키는 놀이나 볼풀놀이 등이 도움이 됩니다. 또 부모가 자주 아이를 잡고 세웠다가 일으켜주는 것도 좋으며, 한쪽 벽면 구석에 혼자 서게 하거나 유모차 같은 물건을 잡고 서는 연습을 시키는 것도 괜찮습니다.

"해인이는 지금 14개월인데 보통 18개월 이내에 걸으면 문제가 없어요. 제가 지금까지 해인이를 쭉 봐왔지만 걷는 것 외에 다른 운동 발달상의 문제는 없어 보여요. 인지발달의 문제도 없고요. 그러니 걱정하지 마시고 조금 더 기다려보시면 어떨까요?"

해인이는 17개월쯤에 다시 병원에 왔는데, 이때는 진료실에 스스로 걸어서 들어왔습니다.

"해인이 이제 잘 걷네? 오늘은 어디가 아파서 왔니?"

"해인이가 16개월 되면서부터 걷기 시작하더라고요. 지난번에는 괜히 조바심을 냈나 봐요. 오늘은 일주일째 변을 못 봐서 왔어요."

코로나19로 인해 집에만 있다 보니 운동량이 부족하고 수분 섭취가 줄어 변비에 걸린 아이들이 많아진 것 같습니다. 결국 해인이의 대근육 발달은 '노프라블럼'이었습니다.

불러도 반응 없는 우리 아이, 혹시 자폐일까요?

최근 자폐 스펙트럼 장애에 관한 관심이 높아지고 있습니다. 아무래도 아이를 적게 낳다 보니 아이에 대한 관심이 높아지면서 아이의 행동 하나하나에 모든 신경이 집중되는 탓인 것 같습니다. 더군다나 어릴수록 자폐를 진단하기 힘들기 때문에 더더욱 신경 쓰게 되지요. 자폐를 의심해볼 만한 상황을 정리해 보겠습니다.

"선생님, 아이가 이름을 불러도 반응이 없어요."

"아이가 지금 12개월이네요? 여러 번 불러도 대답이 없나요?"

"세 번, 네 번 계속 불러야 돌아봐요."

"아하, 혹시 아이가 무언가에 집중하면서 열심히 놀고 있을 때 그런 반응을 보이지 않나요? 아니면 TV를 보고 있다거나요."

"주로 놀고 있을 때 밥 먹으라고 부르는데 대답이 없어요."

"그건 아이가 무언가에 집중한 상태여서 그런 거예요. 신생아 때 청력검사 결과도 정상이었죠?"

"네, 정상이었어요."

"그럼 괜찮아요. 아이가 뭔가에 집중하고 있을 때는 불러도 대답하지 않을 수도 있어요. 지금 봐선 다른 상호작용은 전혀 문제가 없으니 너무 걱정하지 마세요."

최근에는 자폐증을 '자폐 스펙트럼 장애'라고 합니다. 그만큼 자폐의 정도나 양상이 다양하기 때문에 조기에 정확한 진단을 내리기가 어렵습니다. 자폐증인 경우 대인 관계 형성이 어렵고, 언어장애가 있으며, 제한되고 반복적인 행동을 보이는 특징이 있습니다. 또한 자폐아의 75%는 정상 아이보다 지능이 낮은 편입니다. 예전에는 환경적인 요인이 큰 것으로 보았지만, 최근에는 기질적 또는 생물학적 원인이 더 지배적이라고 봅니다.

국가에서 시행하는 영유아 검진에도 자폐 여부를 확인하기 위한 질문들이 있습니다. 발달 점수를 측정하는 설문지 마지막에 있는 추가 문항들이 그것입니다. 추가 문항에 하나라도 '예'라고 응답하면 검진을 하는 소아과 의사는 자폐 여부를 확인하게 되지요.

집에서 아이의 자폐를 의심할 수 있는 증상은 다음과 같습니다. 먼저 눈맞춤이 되지 않는 경우, 정상 청력임에도 12개월까지 호명 반응(이름을 불렀을 때 반응하는 것)이 없는 경우, 14개월까지 손가락으로 물건을 가리키지 못하는 경우입니다. 그 외에 18개월에도 모방 놀이(동물 울음소리 흉내 등)가 힘든 경우나 반향어(다른 사람의 말을 메아리처럼 그대로 따라 하는 경우)가 있는 경우에도 자폐를 의심할 수 있습니다. 특히 12개월까지 옹알이나 몸짓(가리키기나 '안녕' 할 때 손 흔들기 등)이 없다면 반드시 병원에서 자폐 여부를 확인해야 합니다.

자폐증은 이른 시기에 치료할수록 경과가 좋으므로 빠른 진단이 중요합니다. 그러므로 앞에서 나열한 의심 증상이 있다면 바로 병원을 찾는 것이 좋습니다. 그리고 영유아 검진 때마다 추가 질문에 성실히 응답해야 합니다.

05 생후 11개월인데 이가 하나도 안 났어요

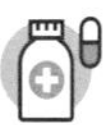

아기가 처음 태어났을 때는 치아가 하나도 없습니다. 그래서 잇몸으로 쭉쭉 수유하는 것을 보면 신기할 정도입니다. 빠른 아이들은 100일부터 이가 나기 시작하지만 보통은 6개월부터 아랫니가 올라옵니다. 간혹 이가 늦게 나는 아이들도 있는데 언제까지 지켜봐야 할까요?

"선생님, 저희 아이는 다음 주면 첫 돌인데 아직 이가 하나도 안 났어요."
"어디 볼까요? 음, 진짜 아직 이가 올라올 기미가 없네요."
"보통 6개월이면 아랫니가 올라오는 것 아닌가요?"
"평균적으로 그렇기는 해요."
"산후조리원에 같이 있던 아이들은 다들 이가 네다섯 개씩 올라왔던데요…."
"만 13개월까지는 두고 보셔도 돼요."

유치는 모두 20개가 생기는데 보통 생후 6~9개월부터 나기 시작합니다. 생후 30개월이면 모든 치아가 다 나옵니다. 하지만 이가 나기 시작하는 시기는 아기마다 달라서 빠르면 생후 100일경부터 이가 나기도 하고, 어떤 경우는 돌이 지나서야 나기 시작하기도 합니다. 생후 13개월까지만 나오면 정상적인 발달입니다.

보통 유치의 개수는 월령에서 6을 빼면 대략 맞습니다. 예를 들어 12개월이면 총 6개의 유치가 있는 것이죠.

치아가 나오는 것은 성장과는 관련이 없고, 만 13개월까지 치아가 하나도 나오지 않으면 생치 지연으로 봅니다. 대부분 특별한 이유가 없으며 간혹 갑상샘기능저하나 부갑상샘기능저하가 원인인 경우가 있습니다.

치아가 나올 때는 그 부위를 덮고 있는 잇몸이 압박을 받기 때문에 아기가 보채고 침을 흘리며 무언가를 몹시 빨거나 씹으려고 할 수 있습니다. 그렇지만 특별한 치료가 필요하지는 않습니다. 흔히 이가 나면서 열이 난다고 알려져 있는데, 이가 나오면서 발열, 발진, 설사 같은 전신 증상을 일으킨다는 근거는 없습니다.

06 양치는 언제 어떻게 시작해야 할까요?

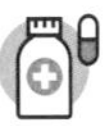

"선생님, 저희 아이는 7개월인데 이제 이가 나기 시작했어요. 양치는 어떻게 해줘야 할까요?"

"지금 혹시 아이에게 밤에 수유를 하나요?"

"네, 이제 끊으려고 하는데 잘 안 되어서 아직은 하고 있어요."

"네, 그렇다면 더욱 양치가 중요합니다. 이 시기의 양치는 충치를 예방하기 위한 목적이 큰데요, 특히 밤 수유를 하는 아이는 충치가 잘 생기니까 반드시 밤 수유 후에도 양치를 해주세요."

"어떻게 하면 돼요?"

"영유아 전용 치약이 있는데 그걸로 해주면 되고요, 그냥 물로만 치아를 씻겨줘도 됩니다. 양치 후에는 가제 수건으로 닦아주면 되고요."

아기 양치는 이가 나기 전부터 해주는 것이 좋습니다. 이때는 잇몸 관리 차원에서 양치를 해주는 것이죠. 이가 난 이후에는 충치 발생을 막기 위해서 양치가 더욱 중요해집니다. 이때 들인 양치 습관이 성인이 되어도 건강한 치아를 유지하는 데 기본이 되기 때문입니다.

그렇다면 신생아 양치는 언제부터 시작해야 할까요? 정답은 생후 0개월부터 지속적으로 하는 것입니다. 잇몸을 닦으며 마사지를 해주는 식으로 잇몸 관리를 해주면 유치가 나는 데 도움이 됩니다. 아기는 입안에 모유나 분유 등을 오래 머금고 있어서 이로 인해 아기한테도 입 냄새가 나는 것이 일반적입니다. 입 냄새가 난다는 것은 입안에 남아있는 찌꺼기로 인해 세균이 증식한다는 말이고, 이것은 충치가 생기는 우식증으로 진행될 수 있습니다.

아기 양치질은 어떻게 시작해야 할까요? 생후 6개월까지는 칫솔이 필요 없습니다. 하지만 모유와 분유 찌꺼기 등은 입안에 부착되어 균이 서식하기 좋은 환경을 만듭니다. 따라서 수유 후 하루에 두세 번 가제 손수건을 이용해 입안을 닦아주어야 합니다. 가제 손수건을 엄마의 새끼손가락에 감은 후 끓인 물이나 생수를 적셔 부드럽게 마사지하듯 잇몸, 입천장, 혀, 볼 사이를 닦아주도록 합니다. 실리콘 칫솔로 입안과 혓바닥, 혀 안쪽까지 깨끗하게 닦아주는 방법도 있습니다.

생후 7~9개월은 앞니가 나기 시작하는 시기로 수유로 인해 충치가 생길 수 있습니다. 이 시기에는 아이를 눕혀 아기용 칫솔로 이를 닦아줍니다. 이때, 먹어도 되는 아기 전용 치약을 이용하거나 물로만 양치하는 것이 좋습니다. 처음에는 아이가 거부할 수 있으니 익숙해지기 전까지는 손수건이나 면봉으로 닦아주는 것도 하나의 방법입니다. 특히 중요한 것은 밤 수유를 한 후입니다. 밤중이라고 양치를 건너뛰는 것은 위험합니다. 물로 가볍게 헹궈주는 식으로라도 반드시 양치를 해주어야 합니다.

생후 9~12개월은 위아래 앞니가 자라는 시기로 12개월쯤 되면 위아래 앞니 4개가 거의 다 자랍니다. 이때는 아이가 칫솔을 사용한 양치질에 익숙해지게 하는 것이 좋습니다.

생후 12개월 이후는 어금니가 나는 시기로 전보다 신경 써서 치아 관리를 해야 합니다. 어금니는 칫솔이 잘 닿지 않는 부분이니 더욱 꼼꼼히 닦아주고 음식물이 끼어 있지 않은지 세심하게 확인해줍니다. 양치할 때 아기가 치약을 삼키지 않고 뱉어낼 수 있게 되면, 불소가 들어간 어린이용 치약을 아주 조금씩 사용하는 것도 좋습니다. 물론 일반적으로 불소 함유 치약은 두 돌 이후에 사용하는 것이 적당합니다. 양치가 끝난 후에는 입을 반드시 헹구도록 부모가 옆에서 도와주어야 합니다.

만약 아이가 양치하기를 싫어한다면, 엄마, 아빠가 먼저 양치하는 모습을 보여주는 것도 좋습니다. 식사 후 부모가 깨끗이 양치하는 모습을 보여주면 자연스럽게 아이에게 양치 습관이 형성될 수 있습니다. 또한, 부모가 즐겁게 양치하는 모습은 아이에게 정서적으로 긍정적인 영향을 주며, 특히 좋아하는 노래나 양치 노래 등을 부르며 양치하도록 유도하면 아이가 낯선 경험에 대해 불안감을 갖지 않고 기분 좋게 양치하게 할 수 있습니다. 뿐만 아니라 양치 습관은 엄마와의 애착 형성에도 도움이 됩니다.

아이가 양치와 친해지고, 양치질을 좋아할 수 있도록 하는 또 다른 방법은 아이가 좋아하는 인형에게 양치질을 해주는 모습을 보여주는 것입니다. 이를 통해 아이가 자연스럽게 양치의 중요성을 알게 되고 양치의 즐거움을 느낄 수 있습니다. 더불어 양치에 관련된 그림책을 읽어주는 것도 좋습니다.

칭찬을 해주는 것도 좋은 방법입니다. 양치 후에 "훌륭하네!", "잘했어!"와 같은 말을 많이 하며 칭찬해줍니다. 또는 양치 후 상을 주는 방법도 있습니다. 양치질 후에 상을 받는다는 생각이 동기부여가 되어 아이 스스로 양치질을 열심히 하려고 합니다. 양치 후 스티커를 붙이게 하거나, 치아에 좋은 젤리 혹은 아기 영양제 등을 준비해서 양치가 끝난 후 주면 됩니다.

아이의 유치는 언제부터 관리해야 하며 어떻게 관리하면 좋은지 월령별로 알아보았습니다. 아기에게 충치가 생기면 심한 통증이 일으키고 치료도 만만치 않기 때문에 이가 나기 전부터 입속 관리에 신경 쓰는 것은 매우 중요합니다.

07 치아 일부가 검게 변했는데, 혹시 충치일까요?

"선생님. 아이 이에 언제부턴가 검은색을 띠는 부분이 보여요. 혹시 충치 아닌가요?"

"혹시 아이가 평소에 먹는 약이 있나요?"

"네. 빈혈이 있어서 철분제를 먹이고 있어요"

"제가 볼 때 이 검은 얼룩은 철분제 과다 섭취로 인한 착색인 것 같아요. 철분이 치아 표면의 세균과 작용해 검은 착색을 일으키는 현상이죠. 제가 의뢰서를 써드릴 테니 치과에 가서 착색을 제거하는 시술을 받거나 착색을 관리하는 방법에 대해 설명 들으시면 됩니다."

진료하다 보면 아이들의 치아 색이 생각보다 매우 다양한 것을 알 수 있습니다. 아이들의 피부색이 다르듯이 치아의 색깔도 제각각인 것이죠. 물론 치아가 변색하는 대표적인 경우는 '충치'일 것입니다. 점상 형태로 시작해서 점차 법랑질이 벗겨지면서 검은색 충치로 발달합니다. '우유병 우식증'으로 알려진 치아우식증 역시 아이들에게서 빈번하게 발견되는데, 이것은 밤에 젖병을 입에 문 채로 잠을 잔다거나 젖병을 오래 사용하는 경우에 종종 발생하는 것으로 알려져 있습니다. 보통 6개월 이후에는 야간 수유를 끊어야 하는 것은 바로 이 치아우식증을 예방하기 위한 목적이 큽니다.

치아가 어딘가에 부딪혀서 외상을 입은 경우에도 치아 내의 혈관에서 출혈이 발생하여 치아 변색을 유발하곤 합니다. 이런 경우에는 변색이 자연적으로 개선되기도 하지만 지속되는 경우에는 신경 치료가 필요할 수도 있습니다.

다음으로 약물에 의한 경우를 들 수 있는데, 대표적으로 테트라사이클린 계열의 항생제를 과하게 사용하면 치아 전체가 검게 변색합니다.

앞에서 소개한 아이는 치아 군데군데가 검게 착색된 경우였습니다. 이것은 흔히 검은 착색(black stain)으로 알려진 것으로, 철분제를 과량 섭취할 때 철분과 치아 표면의 방선균 같은 색소 형성 세균이 상호작용하여 생깁니다. 실제로 검은 착색을 분석해보면 황화철과 칼슘 인산염을 포함하고 있습니다.

심미적으로는 좋아 보이지 않지만 실제로 검은 착색이 많은 경우 충치가 적게 생긴다는 보고도 있습니다. 그 원인은 명확히 알려지지 않았지만 검은 색소 형성에 관여하는 세균이 많아지면서 충치를 유발하는 뮤탄스균과 같은 세균이 줄어들기 때문이라는 견해가 있습니다. 검은 착색을 예방하기 위해서는 철분제 용량을 줄이는 것도 도움이 될 수 있고, 철분제를 먹일 때 치아에 닿지 않게 입안 깊숙이 넣어주는 것이 좋습니다.

검은 착색은 치과에서 폴리싱(기구를 이용하여 치아 면을 닦아주는 시술)이나 스케일링을 통해서 제거할 수 있습니다. 따라서 이 문제로 소아청소년과를 방문한 경우라면 보통은 의사가 의뢰서를 써주면서 치과 진료를 받도록 안내해줄 것입니다. 아기 치아의 얼룩에 대해 궁금한 부모라면 소아청소년과보다는 치과를 방문해 '영유아 치과 검진'을 받고 자세한 설명을 들으면 됩니다.

알아두면 유용한 정보

잘 놀던 아이가 갑자기 끙끙 앓으면서 열이 날 때: 요로감염의 모든 것

"선생님, 멀쩡하게 잘 먹고 잘 놀던 아이가 갑자기 어제저녁부터 열이 39도 이상 오르더니 밤새 끙끙 앓아 해열제를 세 번이나 먹였어요."

"기침, 콧물 등의 감기 증상은 전혀 없었나요?"

"네. 기침, 콧물은 전혀 없었고 밖에 나간 적도 없었어요. 가족 중에 감기 걸린 사람도 없고요."

"아이가 8개월 되었군요. 일단 호흡기 바이러스 감염으로 인한 발열 같지는 않고요. 때 이른 돌발진이나 요로감염일 가능성이 있습니다."

"돌발진은 들어봤는데 요로감염은 또 뭔가요?"

"방광이나 신장 같은 요로에 염증이 생겨 발생하는 감염성 질환인데 일단 소변 간이검사와 소변 균배양 검사를 통해 요로감염 여부를 확인해 봐야 할 것 같습니다."

"치료는 어떻게 진행되나요?"

"일단 간이검사 결과는 지금 소변을 채취하여 검사하면 바로 나오지만 균배양 검사는 최소 이틀 이상 걸립니다. 진단은 균배양 검사를 통해 이루어지고 그 전에 항생제를 투여하면서 경과를 지켜볼 수 있습니다. 과거에는 입원과 항생제 정맥 투여가 원칙이었지만 최근에는 경구 항생제로 치료가 된다고 알려져 있습니다. 일단 약을 복용하면서 검사 결과를 기다려보도록 하지요."

요로감염은 세균 감염으로 인해 발생합니다. 신생아와 영아는 요로감염에 걸려도 열 이외의 증상이 없을 수도 있지만 그 이후의 소아의 경우는 소변 중 통증이나 작열감, 방광 부위 통증 및 소변이 자주 마려운 증상 등이 나타날 수 있습니다. 요로감염의 진단은 소변 간이검사와 균배양 검사를 기준으로 합니다.

영아기에는 남아가 요로감염에 걸릴 가능성이 더 높지만 그 이후에는 여아가 걸릴 가능성이 훨씬 높아집니다. 요로감염이 여아에게 더 흔한 이유는 요도가 짧아서 박테리아가 쉽게 요로로 올라가기 때문입니다. (박테리아는 포피 피하에 축적되는 경향이 있으므로) 포경수술을 받지 않은 남자 영아와 중증의 변비가 있는 유아도 요로감염에 걸릴 가능성이 높습니다(중증의 변비는 정상적인 소변 통과를 방해함).

요로감염에 걸린 영유아의 상당수가 비뇨기계에 다양한 구조 이상을 가지고 있는데, 이 때문에 요로감염에 걸리기가 더 쉽습니다. 이러한 구조 이상으로는 요관에 이상이 있어 소변이 방광에서 신장으로 거슬러 올라가게 하는 방광요관역류(VUR) 및 소변의 흐름을 막는 몇 가지 상태들이 있습니다. 요로감염에 걸린 신생아와 영아의 50%, 요로감염에 걸린 학령기 아동의 20~30%가 이와 같은 이상을 가지고 있습니다.

발열이 동반되는 요로감염에 걸린 영유아의 최대 50%가 방광과 신장이 모두 감염되는 것으로 나타난 바 있습니다. 신장이 감염되고 역류가 심한 소아의 5~20%는 신장에 반흔이 나타납니다. 역류가 거의 없거나 전혀 없는 소아는 신장에 거의 반흔이 나타나지 않습니다. 반흔은 성인기에 고혈압과 신장 기능의 손상을 일으킬 수 있습니다. 따라서 균배양 검사로 요로감염이 진단되었을 때는 신장 초음파 검사를 통하여 신장에 반흔이 형성되어 있는지 여부를 확인해야 합니다.

요로감염에 걸린 신생아는 열 이외에 별다른 증상이 없는 경우가 많지만, 간혹 잘 먹지 않고 체중이 잘 늘지 않거나, 구토 또는 설사를 하기도 합니다. 신생아들은 요로감염으로 시작한 병세가 전신적인 패혈증으로 이어질 수도 있어 가급적 대학병원에서 항생제 정맥 투여를 통한 치료가 필요합니다.

영아와 2세 미만의 유아가 요로감염에 걸리면 열, 구토, 설사, 복통 또는 소변의 악취 등의 증상을 보일 수 있고, 2세 이상의 소아는 성인과 유사한 방광 감염 또는 신장 감염의 일반적인 증상을 보입니다.

방광 감염(방광염)이 있는 소아는 보통 배뇨할 때 통증 또는 작열감이 있고, 자주 급하게 소변이 마려우며, 방광 부위에 통증이 있습니다. 소변을 보거나 참는 데 문제가 있을 수도 있으며(요실금), 소변에서 악취가 날 수도 있습니다.

신장 감염(신우신염)에 걸린 소아는 보통 감염된 신장의 옆이나 뒤에서 통증을 느끼고, 고열, 오한, 또는 질병에 걸렸을 때의 일반적인 느낌(권태감)이 발생합니다.

• 진단

요로감염의 진단은 소변검사를 통해 이루어집니다. 일단 소변 간이검사를 통하여 염증세포가 있는지 확인하고, 소변 균배양 검사를 통하여 확진합니다. 따라서 소변 간이검사에서는 요로감염을 시사하는 염증세포가 발견되었지만 균배양 검사에서 진단 기준에 이르지 못할 경우 요로감염으로 진단되지 않을 수도 있습니다. 확진은 균배양 검사가 기준이라는 것을 기억해야 합니다.

요로감염은 소변 내 백혈구와 박테리아 수치를 증가시킵니다. 따라서 실험실에서 소변을 현미경으로 검사하고 여러 화학 검사를 실시하여 백혈구와 박테리아를 검출한 다음 박테리아를 배양하여 일정 수 이상의 세균 수가 확인되면 요로감염 진단을 내리게 됩니다.

• 영상 검사

비뇨기계의 많은 구조적 이상은 아기가 엄마 뱃속에 있을 때 산전 초음파 검사를 통하여 진단됩니다. 그러나 때때로 산전 초음파 검사에서 확인이 안 되는 경우도 있습니다. 따라서 일반적으로 한 번이라도 요로감염에 걸렸던 모든 연령의 남아와 만 3세 미만의 여아들은 보통 영상 검사를 통해 비뇨기계에 구조적 이상이 있는지 확인합니다. 재발성 요로감염을 경험한 만 3세 이상의 여아도 이 검사를 받아야 합니다. 이러한 영상 검사로는 신장 및 방광의 초음파 검사, 배뇨 방광 요도 조영술(VCUG), 또는 방사성 핵종 신장 스캔 검사가 있습니다.

초음파 검사는 신장과 방광의 이상과 폐색을 확인하기 위해 실시합니다.

배뇨 방광 요도 조영술은 신장, 요관, 방광의 이상을 추가로 확인하기 위해 실시하고, 이를 통해 소변 흐름이 부분적으로 역류된 경우를 확인할 수 있습니다.

핵 스캐닝 검사로 DMSA 스캔 검사가 있는데 이 검사는 '디메르캅토숙신산'이라는 방사성 물질을 정맥 내로 주사하여 신장으로 들어가게 합니다. 이 물질이 신장 내부 사진을 촬영하는 특수 카메라에 의해 검출됩니다. 신우신염 진단을 확진하고 신장의 반흔을 확인하는 데 DMSA 스캐닝을 사용할 수 있습니다. 이는 중증의 요로감염 또는 일부 박테리아로 인한 요로감염을 앓고 있는 소아에게 가장 유용한 검사 중 하나입니다.

• 혈액검사

혈액검사와 염증 존재 여부를 확인하는 검사(C반응성 단백질 수치와 적혈구 침강속도 측정)는 소변검사 결과로 확진하지 못하는 소아에게 실시하거나, 방광 감염 이외에 신장 감염의 진단을 돕기 위해 실시합니다. 혈액 배양은 요로감염을 앓고 있는 영아와 매우 아픈 1~2세 이상의 유아에게 실시합니다.

• 예후

복구될 수 없는 요로 이상이 있지 않은 한, 적절한 치료를 받은 소아가 신부전(신장이 혈액에서 대사 폐기물을 적절히 걸러내지 못하는 상태)에 걸리는 경우는 드뭅니다. 그러나 반복적인 요로감염, 특히나 중증의 방광요관역류를 앓는 소아에게 일어나는 반복적인 요로감염은 신장 반흔을 일으키는 것으로 간주합니다. 이는 고혈압과 만성 신장 질환으로 이어질 수 있습니다.

• 예방

요로감염을 예방하기는 어렵지만 적절한 위생 관리를 통해 가능합니다. 여아의 경우 요도 입구로 박테리아가 유입될 가능성을 최소화하기 위해 배변 후와 배뇨 후 (뒤에서 앞으로가 아닌) 앞에서 뒤로 닦도록 지도해야 합니다. 남아와 여아 모두 요도 입구 주변의 피부를 자극할 수 있는 거품 목욕을 자주 하지 않는 것이 요로감염의 위험을 낮추는 데 도움이 될 수 있습니다. 남아의 포경수술은 유아기 동안 요로감염의 위험을 낮춰줍니다. 포경수술을 받은 남아들은 받지 않은 남아들보다 요로감염에 걸리는 빈도가 1/10로 낮지만, 이러한 장점이 포경수술을 할 충분한 이유가 되는지는 확실하지 않습니다. 규칙적인 배뇨와 배변, 특히 중증의 변비를 치료하는 것은 요로감염의 위험을 낮출 수 있습니다.

• 치료

요로감염은 항생제로 치료합니다. 중증이거나 초기 검사 결과에서 요로감염으로 의심되는 소아의 경우 배양 결과를 얻기 전에 항생제를 투여하는 게 일반적입니다. 그렇지 않은 경우, 즉 요로감염 가능성이 낮아 보이고 열이 일시적인 경우로 증상이 심하지 않을 때는 확진 시까지 항생제 투여 없이 지켜보기도 합니다.

중증인 소아와 모든 신생아에게는 정맥(내)으로 항생제를 투여합니다. 그 외의 소아에게는 항생제를 경구 투여하며, 보통 7~14일간 치료합니다.

구조적 이상을 진단하기 위한 검사가 필요한 소아는 검사가 완료될 때까지 계속 소량의 항생제 치료를 받는 경우가 많습니다. 요로에 구조적 이상이 있는 일부 소아의 경우는 수술이 필요하지만 대다수의 구조적 이상이 없는 소아의 경우 감염 예방을 위해 매일 항생제를 복용하게 됩니다. 중증의 방광요관역류를 경험한 소아는 보통 수술이 필요하고 수술을 받을 때까지 항생제를 복용합니다. 중증이 아닌 방광요관역류를 경험하는 소아는 긴밀히 모니터링하고, 항생제를 투여합니다. 경증이나 중등도의 일부 사례는 수술 치료 없이 해결됩니다.

3

수면

01 아이의 적정 수면 시간은 어느 정도인가요?

02 밤낮이 바뀐 우리 아이, 괜찮을까요?

03 아이가 밤에 자주 깨요

〈알아두면 유용한 정보〉

먹는 양이 줄고 밤에 보채고 깊은 잠을 못 잘 때

: 철 결핍성 빈혈

반드시 응급실에 가야 할 때

01 아이의 적정 수면 시간은 어느 정도인가요?

아이에게 수면은 매우 중요합니다. 성인도 수면이 부족하면 치매, 우울증, 비만 등 여러 문제가 발생하지만, 한창 성장하는 아이들이 잠을 충분히 자지 못하면 이보다도 훨씬 심각한 문제들이 발생할 수 있습니다. 우리나라는 다른 나라에 비해 아이들의 수면 시간이 부족한 편입니다. 연령별 적정 수면 시간에 대해 알아보겠습니다.

생후 3개월 이내의 아기들의 권장 수면 시간은 14~17시간입니다. 물론 이 시간 동안 내리 자는 것은 아니고 3~4시간마다 깨서 모유나 우유를 먹지요. 이 시기 하루 동안의 총 수면 시간이 11시간 미만이거나 19시간 이상이면 적당하지 않다고 봅니다.

생후 3개월 이상 그리고 돌 이하 영아들의 하루 권장 수면 시간은 12~15시간입니다. 이것은 밤잠 시간과 낮잠 시간을 합친 것입니다. 보통 하루에 두 번, 총 3시간 정도 낮잠을 자기에 밤잠은 9~12시간 정도 자는 것이 좋습니다. 이 시기에 하루 총 수면 시간이 10시간 미만이거나 18시간 이상이면 부족하거나 과하다고 봅니다.

첫돌에서 세 돌 사이 유아들의 하루 권장 수면 시간은 11~14시간입니다. 이 시기에는 보통 하루에 한 번 2시간 정도 낮잠을 자기에 밤잠은 역시 9~12시간 정도 자는 것을 권장합니다. 이 시기 하루 동안의 총 수면 시간이 9시간 미만이거나 16시간 이상이면 적당하지 않다고 봅니다.

만 3세에서 만 6세 사이 아이들의 하루 권장 수면 시간은 총 10~13시간입니다. 이 시기에는 아이가 낮잠을 자지 않을 수 있습니다. 따라서 밤잠만으로 10~13시간을 자도록 해야 합니다. 이 시기에 하루 총 수면 시간이 8시간 미만이거나 14시간 이상이면 부족하거나 과하다고 봅니다.

만 6세 이상의 초등학생들은 하루 권장 수면 시간이 9~11시간입니다. 물론 이 시기에는 낮잠 없이 밤잠만으로 이 시간만큼 자는 것이 좋습니다. 이 시기 하루 동안의 총 수면 시간이 7시간 미만이거나 12시간 이상이면 적당하지 않습니다.

마지막으로 10대 아이들의 하루 권장 수면 시간은 8~10시간입니다. 우리나라 중·고등학생들이 이렇게 자기란 쉽지 않지요. 하지만 이 시기에 하루 7시간 미만의 수면 시간은 적당하지 않다고 봅니다. 하루에 최소 7시간은 잘 수 있도록 취침 시간을 지켜주는 것이 좋습니다.

보통 저녁 7~8시 사이에 우리 몸은 밤 모드로 전환됩니다. 특히 어린아이들은 이 시간에 성장호르몬이 가장 왕성하게 분비되므로 적어도 밤 9시에는 잠자리에 들어야 합니다.

02 밤낮이 바뀐 우리 아이, 괜찮을까요?

교과서대로 정확하게 저녁 8시면 잠드는 아이가 있는가 하면, 엄마와 아빠가 잠드는 시간과 비슷하게 밤 12시에 잠드는 아이도 있습니다. 간혹 마치 올빼미처럼 밤에 놀고 낮 12시가 되어도 일어나지 않는 아이도 있습니다. 일찍 잠드는 아이일수록 일찍 일어나고, 늦게 잠드는 아이일수록 늦게 일어나는 것은 당연하겠죠.

아이는 생후 4주 정도 지나면 낮과 밤을 구분할 수 있는 능력이 생깁니다. 다만 이 능력이 발휘되려면 양육자의 도움이 필요합니다. 아이가 밤이라고 인지하기 바라는 시간을 정해야 하는 것이죠. 만약 밤 8시부터 아침 8시까지를 밤이라고 정했다면, 그 시간에는 집 안의 조도도 낮추고 조용한 환경을 만들어주어야 합니다. 이를테면 밤 8시가 되면 아기를 아기방으로 옮기고 조명을 다 끄거나 필요하면 수면등 하나만 켜두는 식입니다. 아기가 좀 더 자란 후에도 밤 8시가 되면 집 안의 등을 다 끄고 아이가 잠든 후에 다시 켭니다.

이렇게 꾸준히 아이에게 낮과 밤을 알려주면 아이의 몸은 밤이 되면 저절로 잘 준비를 시작합니다. 이때 바로 재우면 아이가 수월하게 밤잠을 잘 수 있습니다. 생체적으로 인간의 몸은 저녁 7~8시 사이에 밤 모드로 전환하는데, 이 시간에도 조명이 밝게 켜져 있고 TV 소리가 시끄러우면 쉽게 전환되지 않습니다.

아이가 일찍 잠드는 것이 중요한 이유는 두 가지입니다. 먼저 성장호르몬 분비 때문입니다. 성장호르몬이 가장 많이 분비되는 시간은 밤 10시에서 새벽 2시 사이입니다. 이때 푹 잠들어 있어야 성장호르몬 분비가 원활하게 이루어집니다.

두 번째 이유는 가족의 원활한 사회생활을 위해서입니다. 보통 엄마, 아빠의 일과가 시작하는 시간에 맞춰 아이가 일어나야 가족의 일상생활에 지장을 주지 않습니다. 예를 들어 맞벌이 부부라면 엄마와 아빠가 출근하는 시간에 아이도 어린이집에 가야 하므로 일찍 자고 일찍 일어나는 습관이 매우 중요합니다. 이런 습관이 일찍부터 자리 잡히지 않으면 나중에 학교생활에 적응하기도 힘들어질 수 있습니다.

근래에는 부모의 퇴근 시간이 늦고, 수면 환경이 잘 조성되지 않아 아이들의 취침 시간이 점점 늦어지는 경향입니다. 퇴근 후에 사랑스러운 아이와 조금이라도 시간을 더 보내고 싶은 것은 모든 부모의 마음일 것입니다. 하지만 아이의 성장을 위하여, 그리고 훗날 아이의 사회생활을 위하여 적정 취침 시간을 지키려는 노력이 필요합니다.

03 아이가 밤에 자주 깨요

밤에 푹 잘 자는 것은 중요합니다. 특히 아이의 숙면은 보호자의 수면의 질에도 영향을 미치기 때문에 더 중요합니다. 그런데 자다가 자주 깨는 아이들이 있어 이 문제로 종종 소아과를 찾곤 합니다.

"선생님, 아이가 밤에 자주 깨서 너무 힘들어요."
"그래요? 두 돌이 지났으니 이제 푹 잘 수 있을 텐데요."
"지난달까지만 해도 잘 잤는데, 지금 2주째 밤에 두세 번씩 깨요."
"아, 2주나 되었군요. 많이 힘드셨겠어요."
"왜 이러는 걸까요?"
"빈혈이 있거나 코감기가 있을 때도 그럴 수 있어요."
"감기 기운은 없는데…. 빈혈 검사를 해봐야겠어요."
"한번 확인해봅시다."

아이가 밤에 자다가 자주 깨는 것은 수면 장애가 원인일 수도 있고, 다른 질환 때문일 수도 있습니다. 일단 아이에게 빈혈이 있으면 잠을 잘 못 이룰 수 있습니다. 한창 성장하는 아이들은 언제라도 빈혈이 올 수 있기에 갑자기 아이가 잠에서 자주 깨면 소아과에 내원하여 빈혈 여부를 확인해보는 것이 좋습니다. 코감기도 원인이 될 수 있습니다. 코가 막히면 잠에서 자주 깨기 때문입니다. 이 역시 소아과를 방문해 진찰을 받아보는 것이 좋습니다.

그 외에 너무 피곤할 때도 잠을 잘 자지 못하고 중간중간 깰 수 있으며, 낮잠에서 너무 늦게 깨어난 날에도 그럴 수 있습니다. 그렇지만 이런 상황은 어쩌다 한 번 일어나는 일이기에 만일 아이가 밤중에 깨는 일이 잦아지면 수면 장애가 있는지 살펴보아야 합니다.

대표적인 소아기의 수면 장애로 악몽과 야경증이 있습니다. 악몽은 주로 수면의 후반부에 발생하기 때문에 아침이 다가오는 새벽에 악몽을 꾸다 깨어나는 아이들이 많습니다. 이때 아이들은 꿈의 내용을 생생하게 기억합니다. 아이가 악몽을 자주 꾼다면 스트레스를 줄여주도록 노력해야 하며 무서운 내용의 영상이나 책은 보여주지 않는 것이 좋습니다.

야경증은 만 3세 전후에 많이 나타나는 증세로, 주로 수면의 초반부에 나타나기 때문에 잠들고 한두 시간 후에 발생하는 경우가 많습니다. 아이가 몹시 놀란 것처럼 보이며 비명을 지르기도 합니다. 보통 30분 이상 진정하지 못하는데, 아침에 일어나면 전날 밤 있었던 일을 기억하지 못합니다. 야경증은 커가면서 사라지는 경우가 대부분이므로 일단은 경과를 지켜봅니다. 하지만 빈도가 잦아지면 약물 치료를 해볼 수 있습니다.

알아두면 유용한 정보

먹는 양이 줄고 밤에 보채고 깊은 잠을 못 잘 때: 철 결핍성 빈혈

"아이가 이제 10개월인데 요즘 들어 먹는 양이 줄어든 데다 밤에 보채요. 잠을 깊게 자지 못하고 자주 깨곤 해요."

"최근 체중 변화는 어땠나요?"

"지난달부터 먹는 양이 줄면서 체중도 잘 늘지 않는 것 같아요."

"처음부터 이유식에 소고기를 섞어서 주었나요?"

"소고기가 들어가면 잘 안 먹는 것 같아서 아주 조금 넣고 있어요."

"생후 10개월경에 아이가 보채고 깊은 잠을 못 자고 식욕이 떨어지면 철 결핍성 빈혈을 의심해볼 수 있어요. 간단한 채혈을 통해서 빈혈 검사를 해보도록 하지요."

빈혈 검사 결과 헤모글로빈(hemoglobin) 수치가 9mg/dl, 페리틴(ferritin)이 6, 철 포화율(iron/TIBC)이 0.07 정도로 철 결핍성 빈혈이 있음이 나타났습니다. 아이에게 철분제를 처방했고, 약 두 달 정도 후에 다시 내원했을 때는 아이 상태가 많이 호전되었다는 얘기를 들을 수 있었습니다.

빈혈의 원인은 크게 적혈구 생산 저하, 적혈구 파괴 증가, 출혈에 의한 적혈구 손실 증가로 구분되지만, 가장 흔한 것은 조혈 물질이 부족하여 생기는 철 결핍성 빈혈로 아이들 빈혈의 주된 원인이기도 합니다. 아기는 엄마의 태반으로부터 철분을 공급받기 때문에 6개월 이내의 소아는 철 결핍성 빈혈이 생길 위험이 적지만, 미숙아인 경우에는 가지고 태어나는 철분량이 모자랄 뿐만 아니라 태어난 후 성장 속도가 정상아보다 빠르기 때문에 철분 결핍의 위험성이 높습니다. 출생 시 저장된 철분은 생후 4~5개월이 되면 모두 소모되고, 영아가 성장하는 동안 체중 증가에 따라 체내 철분 수요량도 서서히 증가하기 때문에 이 기간 이후에 아기에게 충분한 철분이 지속적으로 공급되지 않으면 빈혈을 초래하기 쉽습니다. 이 외에도 철분의 장내 흡수 저하에 의해 빈혈이 발생할 수 있습니다.

요즘에는 영양 상태가 좋아져 철 결핍성 빈혈의 발생 빈도가 많이 감소했지만, 철 결핍성 빈혈은 아직도 소아에게는 가장 흔한 빈혈입니다.

만삭 분만(임신 37주 이후 분만)된 신생아는 모체로부터 충분한 양의 철분을 이행받아 생후 6개월까지는 여분의 철분 섭취 없이도 철 결핍성 빈혈이 잘 발생하지 않으나, 생후 6개월 이후에 철분 결핍 상태가 지속되면 철 결핍성 빈혈이 발생합니다. 과거에는 1세 미만의 영아에게서 주로 발생하였으나 최근에는 이유가 지연되거나 이유시키는 과정에서 철분이 결핍된 음식을 먹이는 경우가 있어 유아기에 더 잘 발생한다고 보고되고 있습니다. 특히 우유에는 철분이 거의 함유되어 있지 않은데, 1세 미만의 영아에게 우유를 먹이거나, 1세 이후에도 하루에 700mL 이상 과량으로 우유를 먹이면 영유아의 장 점막에 상처를 주어 만성 위장관 출혈로 인한 철 결핍성 빈혈을 초래하게 됩니다.

철 결핍성 빈혈은 경미할 경우에는 대개 무증상이지만 심해지면 창백, 보챔, 피로, 빈맥 등의 비특이적인 증상이 나타납니다. 최근에는 영유아기의 심한 철 결핍성 빈혈이 발달 부전이나 성장장애를 초래할 수 있다는 보고도 있습니다. 발병 기전은 현재까지 명확히 알려져 있지 않으나 철 결핍이 발달 중인 중추신경계에 영향을 미쳐 정신 및 운동 발달 부전을 초래할 수 있다고 합니다. 이러한 발달 장애는 장기적인 경구 철분 요법에 의해 가역적으로 호전된다고 보고되고 있습니다.

일단 철 결핍성 빈혈로 진단되면 하루에 철분을 6mg/kg씩 투여하는데, 철 결핍성 빈혈의 진단이 애매한 경우에도 철분 투여 한 달 후 혈색소치가 1.0g/dl 이상 상승하면 철 결핍성 빈혈로 확진할 수 있습니다. 통상적으로 철분은 제일철염(ferrous salts)을 경구적으로 투여하는 방법이 가장 경제적이고 흡수 효과 면에서도 우수하므로 가장 많이 이용되는데, 식간에 먹는 것이 철분 흡수에 좀 더 도움이 됩니다. 철분 치료 후 혈색소가 정상으로 돌아와도 약 8주 정도 더 철분을 투여해야 합니다. 이는 고갈된 저장 철을 보충하기 위해서입니다.

철 결핍성 빈혈의 조기 진단 및 조기 치료를 위해 미국 소아과 학회에서는 생후 9개월, 5세, 14세의 아이들에게 혈색소 검사를 시행할 것을 권장하고 있으나 현재까지 우리나라에서는 특별한 지침이 없는 실정입니다. 보통 돌을 전후하여 보호자가 아이의 성장과 관련된 검사를 원하는 경우가 종종 있습니다. 사실 이 나이에는 별다른 검사가 필요하지 않으나 유일하게 확인해봐야 할 것이 철 결핍성 빈혈의 여부입니다. 여기에 비타민 D, B형 간염 항원항체 검사 정도를 추가로 권유합니다. 특히 철 결핍성 빈혈은 9~12개월 사이에 가까운 소아청소년과를 내원하여 반드시 확인하는 것이 좋습니다.

알아두면 유용한 정보

반드시 응급실에 가야 할 때

아이가 아프면 응급실로 가야 할지, 동네 병원으로 가야 할지, 아니면 집에서 지켜봐도 될지 판단하기 어려울 때가 많습니다. 특히 한밤중에 아이가 열이 나면 몹시 당황해서 일단 응급실부터 찾고 보는 경우가 꽤 있습니다. 하지만 응급실에 가도 의사를 만나기까지 1시간씩 기다려야 하기도 하고, 정작 의사를 만나도 특별한 조치 없이 약만 처방받고 귀가하는 경우도 허다합니다. 사람들이 북적이는 응급실에서 대기하느라 오히려 아이의 상태만 나빠진 것 같고, 허비한 시간과 결코 싸지 않은 진료비를 생각하면 괜히 갔다는 후회가 들기도 합니다. 그래서 반드시 응급실에 가야 하는 경우에 대해 정리해 보았습니다.

• 외상을 입거나 탈구나 골절이 의심될 때

아이들은 다치는 방식도 참 다양합니다. 떨어져서 다치고, 넘어져서 다치고, 아빠랑 놀다가 팔이 빠지기도 합니다. 일단 아이가 다쳐 응급실에 가야 할 경우로는 의식이 몽롱해지거나, 골절 또는 탈구가 의심될 때, 얼굴 부위에 열상이 있을 때 정도를 생각해 볼 수 있습니다. 특히 외상으로 인해 의식이 저하되고 있다면 바로 응급실을 찾는 것이 좋습니다. 뇌가 손상되거나 출혈이 있을 수 있기 때문입니다.

골절이 의심될 때는 정형외과 등을 방문해도 좋지만 응급실에 가면 곧바로 골절 여부를 확인할 수 있습니다. 팔이 빠졌을 때도 가까이에 정형외과가 없다면 응급실에 방문하면 쉽게 정복(整復)을 해줄 것입니다. 주로 팔꿈치 부위가 잘 빠지는데 아빠가 놀아주다가 아이의 양팔을 잡고 들어 올릴 때 탈구가 잘 일어납니다.

얼굴 부위에 찢긴 상처가 생겼을 때도 응급실을 찾는 것이 좋습니다. 특히 눈썹 주변부 열상이 흔한데 이 경우는 성형외과 의사가 있는 병원을 찾아서 봉합술을 받아야 하기 때문입니다. 동네 성형외과는 주로 미용 진료를 많이 하기 때문에 응급실에서 성형외과 의사의 진료를 받는 것이 좋습니다.

• 열이 날 때

생후 3개월이 안 된 아이가 열이 날 때는 집에서 해열제를 먹이지 말고 응급실에 가야 합니다. 물론 잠시 열이 났다 가라앉는 일시적인 경우가 흔하지만, 지속적으로 열이 난다면 반드시 패혈증이나 뇌수막염, 요로감염의 가능성을 생각해봐야 하기 때문입니다.

6개월이 지난 아이의 경우에는 단순 감기로 인한 발열이 제일 흔하긴 하지만, 열이 40.5도를 넘어서거나, 끙끙 앓으면서 심하게 보채고 몸이 처진다거나 발열과 함께 구토를 심하게 하거나, 목이 뻣뻣한 증상이 있으면 즉시 응급실을 찾아야 합니다. 특히 고열과 함께 귀 통증을 호소하거나, 복부 통증을 호소하며 심하게 보채도 응급실에 가야 하는 상황입니다. 즉 6개월 이후의 아이라면 발열과 동반되는 증상을 살펴 응급실을 가야 할지 결정하면 됩니다.

그럼 열이 나도 응급실을 찾지 않아도 되는 때는 어떤 상황에서일까요? 전신 상태가 좋고 잘 논다면 열이 나더라도 응급실까지 갈 필요는 없고 가까운 소아과를 찾으면 됩니다. 신체 활동이 많은 오후에는 정상적인 아이들도 37.5도 이상의 미열이 날 수 있으니 병적인 발열인지 정상적 체온 상승인지를 살펴보는 것도 매우 중요합니다.

• 구토할 때

구토를 하는 원인은 매우 다양합니다. 아이들에게는 설사보다 구토가 더 위험한 경우가 많습니다. 먹는 대로 토하고 주기적으로 보채며 혈변이 나온다면 장 중첩증을 시사하는 소견이므로 즉시 응급실에 가야 합니다. 토사물에 노란색 위액이 섞여 나온다면 위장염이나 장폐색이 의심되므로 역시 응급실에 가야 합니다.

구토가 지속되면 탈수가 우려되므로 탈수가 의심되는 소견을 알아두는 것이 중요합니다. 돌이 안 된 아이가 8시간 이상 소변을 못 보거나 돌 지난 아이가 12시간 이상 소변을 보지 못할 때와 피부가 차고 축축해 보인다면 탈수를 시사하므로 즉시 응급실에 가서 수액 치료를 받아야 합니다.

최근 3일 이내에 머리를 심하게 다친 아이가 분수처럼 뿜는 토를 하는 경우라면 뇌 손상이 우려되므로 응급실로 가야 합니다. 생후 3주 전후의 아이가 뿜는 토를 수차례 한다면 선천성 유문 협착증이 의심되므로 즉시 응급실로 가야 합니다.

그러나 토를 한다고 무조건 응급실에 갈 필요는 없습니다. 신생아가 게우는 정도의 구토는 대부분 급하게 먹거나 수유 중 공기를 들이마신 경우이므로 걱정할 필요 없이 트림만 잘 시켜주면 됩니다.

• 경련을 일으킬 때

가정에서 아이가 경련을 일으키면 보호자로서는 난감하기도 하고 무섭기도 합니다. 9개월에서 5세 미만의 아이라면 고열이 발생할 때 열성 경련을 일으킬 수 있습니다. 눈이 돌아가고 의식을 잃고 몸을 마구 떨거나 전신이 경직되기도 합니다.

발열과 동반된 경련이라면 사실 대부분 단순 열성 경련이므로 경련이 멈출 때까지 기도만 유지해준 채 지켜보고, 이후 전신 상태가 나아지고 열이 신속히 내린다면 응급실보다는 소아과에 가서 진료를 받는 것이 좋습니다. 하지만 경련 시간이 5분 이상 지속되거나 경련이 멈춘 이후에도 고열이 지속되고 전신 상태가 좋지 않아 보이면 응급실에 가야 합니다. 열이 없이 경련만 일으킨다면 이것은 단순 열성 경련보다는 뇌전증의 가능성이 있으므로 즉시 응급실로 가야 합니다.

• 낙상했을 때

보통 6개월에서 돌 사이 아이들에게 낙상 사고가 많이 발생합니다. 뒤집기를 잘 하고 잠시도 몸을 가만히 두지 않으며, 머리 무게가 신체 전체에서 차지하는 비중이 높아서 쉽게 넘어지고 특히 머리를 잘 다칩니다. 보통 집에서 낙상한 경우에는 앞으로 떨어졌는지 뒤통수로 떨어졌는지가 중요한데, 뒤통수로 떨어지는 경우가 더 위험하며, 높이는 대략 75cm 기준으로 이보다 더 높은 곳에서 떨어지면 뇌 손상이나 골절의 위험이 커집니다.

아이가 침대나 책상 등에서 떨어진 후 의식이 흐려지거나, 말을 잘 못하거나, 몸이 처지거나 보채고 구토를 한다면 뇌 손상이 의심되므로 즉시 응급실에 가도록 합니다. 특히 뇌 손상의 경우 36시간 이후에 증상이 발현되는 경우가 많으므로 아이를 유심히 살피는 것도 중요합니다. 낙상 시 머리만 다치는 것이 아니라 돌 이전 아이라면 쇄골 골절이나 척추 손상도 흔하므로 팔을 잘 못 쓰거나 목이나 팔다리의 운동이 저하되어 보인다면 역시 응급실에 가는 것이 좋습니다.

Tip 응급실 내원 시 주의사항

❶ 열이 나거나 열성 경련이 있는 경우에는 열이 나기 시작한 시점, 해열제 복용 횟수, 경련의 지속 시간, 경련의 양상, 눈이 어느 방향으로 돌아갔는지 등을 기록해둘 것
❷ 사고 등으로 다쳐서 방문하는 경우에는 사고 발생 당시를 관찰한 사람과 동행할 것
❸ 아이의 체중과 키를 정확히 알고 방문할 것 (신속한 약물 투여 시 필요함)
❹ 최근 아파서 병원에 다니고 있었다면 복용하는 약물과 최근의 증상을 정확히 전달할 것

PART Ⅳ

생후 13개월부터 24개월까지

3차 영유아 검진(18~24개월) 때 많이 하는 질문들

이 시기부터 기관 생활을 시작하는 아이들이 많아집니다. 그러면서 감기에 걸리는 횟수도 늘고 전염병에도 자주 감염됩니다. 또한, 아이들이 모여 지내다 보니 갖가지 사건 사고도 많이 발생합니다. 이와 관련한 것들에 대하여 정리해 보았습니다.

1

기관 생활

01 어떤 어린이집이 좋은 어린이집일까요?

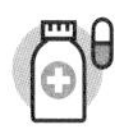

"10살까지의 5년은 40살 이후의 40년과 같다."

그렇다면 나이가 들면서 우리가 느끼는 마음 시간은 과연 얼마나 빨라질까요?

이와 관련해 1996년 미국에서 시행된 유명한 실험이 있습니다. 당시 연구진은 19~24세 25명과 60~80세 15명을 대상으로 마음속으로 3분을 재보도록 했습니다. 정확히 3분이 되었다고 생각할 때 얘기하도록 한 것입니다. 그 결과 나이가 적은 그룹이 3분이라고 생각한 시간은 실제로 평균 3분 3초였습니다. 반면 나이가 많은 그룹이 3분이라고 생각한 시간은 실제로 평균 3분 40초였습니다. 나이가 많은 그룹은 자신이 생각하는 것보다 시간이 22% 더 빨리 흘러간 셈입니다.

영국 배스대의 수리생물학 교수인 크리스티안 예이츠는 마음 시간을 대수 비례 함수로 설명합니다. 우리가 감지하는 시간은 우리가 이미 살았던 기간의 비율에 좌우된다는 것입니다. 즉 10세 아이에게 1년은 자신의 삶의 10%이며, 20세 청년에게 1년은 자신의 삶의 5%입니다. 2세 아이가 1년간 경험하는 것과 같은 비율로 20세 청년이 경험을 증가시키려면 30세까지 기다려야 합니다. 이런 관점에서 보면 5~10세, 10~20세, 20~40세, 40~80세 각 구간에서 겪는 경험은 결국 양적으로 같은 의미를 갖습니다. 5세부터 10세까지 5년 동안 겪는 경험이 40세부터 80세까지 40년간 겪는 경험과 같은 셈입니다.

마음 시간의 과학적 원리는 젊은 시절의 경험이 그만큼 소중하다는 것을 깨우쳐 주는 것 같습니다. 영유아 또는 유년 시절의 시간이 한 인간의 인생에서 얼마나 큰 의미가 있는지를 다시 한번 상기시켜줍니다. 예를 들어 현재 10세인 아이라면 어린이집에 다니던 시기인 3~7세까지는 인생의 절반에 가까운 시간입니다. 아마도 어린이집에서 생활했던 기억은 아직도 이 아이의 삶 전체에 매우 큰 영향을 미치고 있을 것입니다. 다시 말해 어떤 어린이집을 선택하느냐는 아이 인생 전반에 결코 무시하지 못할 중요한 의미를 가질 수도 있습니다. 결국 인생에서 영유아 시절 보육 기관에서 체험한 경험과 기억은 어쩌면 그 이후 학령기에 학교에서 경험하는 것들만큼 혹은 그 이상으로 중요한 의미를 가질 것입니다.

어린이집 등원 시기는 태어나서 처음으로 엄마, 아빠와 자신으로 이루어진 가정을 떠나 집 밖에서 사회화 과정을 겪는다는 점에서 중요한 의미를 가집니다. 이 시기를 통해 아이는 우리 가족 말고도 다른 존재들이 세상에 있다는 것을 알게 되고, 비슷한 나이의 친구들을 만나고 어울리면서 처음으로 또래 집단을 형성하게 됩니다. 어린이집의 선생님들은 아이에게 엄마, 아빠 이외의 또 다른 대리 부모의 역할을 하기에 엄마, 아빠 이외의 성인에게도 아이가 사랑과 보호를 받고 있다는 자아존중감을 형성하게 해줄 수도 있습니다.

그럼, 어떤 어린이집이 좋은 어린이집일까요? 국내에는 국공립 어린이집, 사회복지법인 어린이집, 법인단체 어린이집, 민간 어린이집, 가정 어린이집, 직장 어린이집, 협동 어린이집 등이 있습니다. 현재는 국공립 어린이집이 가장 인기가 있습니다. 국가나 지방자치단체가 운영하고 있어 가장 투명하게 관리될 것이라는 믿음 때문입니다. 그러나 운영의 주체가 누구냐에 따른 분류일 뿐 프로그램 면에서는 큰 차이가 없는 것으로 알려져 있습니다. 따라서 운영 유형 자체에 주목하기보다는 아이가 편안함을 느끼고 좀 더 잘 적응할 수 있는 어린이집이 어떤 유형인지가 선택 기준이 되어야 합니다.

요즘에는 협동 어린이집 형태를 선택하는 부모들이 늘고 있는데, 그중에서 공동육아 공동교육 어린이집에 대해 간략히 설명하겠습니다. 흔히 '공동육아 어린이집'이라고 하는 이 형태의 어린이집은 보호자 또는 보육 교직원 11인 이상이 조합원을 이루어 어린이집을 함께 운영해나가는 유형입니다.

이 경우 실제 어린이집 운영에 보호자가 참여합니다. 보호자들이 이사회를 설립하여 이사장과 각 이사 및 분과의 회원이 되어 실질적인 운영에 관여하므로 보호자들이 보육에 직접 참여할 기회가 많이 주어집니다. 이런 점에서 '아이들은 마을이 키운다'는 오래된 격언에 부합하는 보육 형태입니다. 실제로 아이들이 다양한 부모의 손길 속에서 같이 커나가기 때문에 아이들의 사회화와 자아존중감 형성에 많은 순기능을 합니다. 그러나 그만큼 보호자들의 노력과 수고가 요구되고 많은 에너지를 투여해야 하기에 이와 같은 순기능에도 불구하고 선불리 발을 내딛기 어려운 점도 있습니다.

결국, 어린이집의 선택은 아이의 성향과 부모의 형편, 교육철학을 모두 고려하여 신중하게 결정해야 할 문제입니다.

02 어린이집에 다닌 지 3개월 됐는데 감기를 달고 살아요

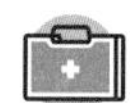

요즘에는 어린이집에 다니기 시작하는 나이가 점점 어려지고 있습니다. 아무래도 맞벌이 부부가 많은 탓인 것 같습니다. 빠르면 생후 100일 무렵부터 어린이집에 다니는 아이도 있습니다. 아이가 기관 생활을 시작하면 아무래도 감염성 질환에 자주 걸리게 됩니다.

"선생님, 아이가 또 콧물이 나요."
"아이고, 이번 달은 매일 출석 도장을 찍다시피 하네요."
"정말 속상해요. 약을 이렇게 오랫동안 먹어도 되나 싶기도 하고…."
"혹시 아이가 어린이집 다니나요?"
"아, 네! 지난달부터 다니기 시작했어요."
"그러면 앞으로도 몇 달 더 이럴 거예요. 마음을 느긋하게 가지세요."
"혹시 우리 아이가 면역력이 약한 건가요?"
"아니에요. 다른 아이들도 다 이래요."

아이가 어린이집에 다니기 시작하면 감기에 자주 걸리곤 합니다. 원래 아이들은 감기에 잘 걸리지만, 어린이집에 다니는 첫해에는 집에 있을 때보다 50% 더 감기에 잘 걸립니다. 보통 어린이집에 다니고 3개월 정도는 감기를 달고 살게 되고, 아이에 따라 길게는 6개월까지도 감기 때문에 소아과에 자주 옵니다.

아이는 생후 6개월까지는 엄마 몸에서 가지고 태어난 항체 덕에 감기에 걸리지 않습니다. 물론 이 시기의 아이들이라도 형제자매에게 옮아 감기에 걸릴 수는 있습니다. 생후 6개월이 지나서 가지고 태어난 항체가 줄어들면 이제 아이가 스스로 항체를 만들어내야 합니다. 항체를 만들기 위해서는 바이러스나 세균 감염에 노출되어야 하지요. 그래서 예방접종을 통해 능동적으로 치명적인 바이러스나 세균에 노출시켜 항체를 만들어줍니다. 하지만 세상의 모든 바이러스와 모든 세균을 예방접종할 수는 없습니다. 예방접종을 하지 않은 세균이나 바이러스에 대해서는 직접 감염되었다가 낫는 과정을 통해 항체가 만들어집니다. 그렇기에 돌이 지나면 감기에 자주 걸리는 것이지요. 보통 만 세 돌까지가 감기에 가장 자주 걸리는 시기입니다. 초등학교에 들어갈 때가 되면 감기에 걸리는 횟수도 많이 줄어듭니다.

어린이집에 다니면 그곳에 모인 아이들끼리 서로서로 감기 바이러스를 옮겨주게 됩니다. 그래서 어린이집에 다니는 첫해에는 감기가 끊이지 않습니다. 어린이집 등원 시기가 늦어지면 그만큼 감기 증상을 덜 앓을 수 있지만 그래도 집에 있을 때보다 감기에 자주 걸리는 것은 똑같습니다. 그러니 감기에 계속 걸린다고 어린이집을 그만 다니게 할 필요는 없습니다.

어린이집에 다니는 첫해에는 감기뿐만 아니라 수족구병, 구내염, 장염 같은 유행성 질병도 두루 앓게 됩니다. 그나마 감염성 질환에 덜 걸리게 하기 위해서는 잘 먹이고 잘 재우는 것이 가장 중요합니다. 그리고 비타민 D, 유산균, 아연 같은 면역기능 향상에 도움이 되는 영양제를 함께 복용하면 조금 도움이 됩니다.

어린이집에 아이를 처음 보내고 나서 몇 개월 동안은 '왜 이리 아이가 콧물이 그칠 날이 없는 것일까? 혹시 어린이집 환경과 위생이 열악해서 그런 건 아닐까?'라는 생각이 듭니다. 하지만 요즘은 어린이집끼리도 원아 유치 경쟁이 치열하기 때문에 시설과 환경 관리에 만전을 기하지 않을 수 없고, 실제 방문해보아도 아이들이 생활하기에 최적인 환경을 유지하려고 노력하고 있는 것이 눈에 보입니다. 그럼에도 불구하고 아이들에게 콧물, 기침이 끊이지 않는 이유는 도대체 뭘까요?

사실 아이들이 오랜 시간 지내온 자신의 집과 온도나 습도가 다른 새로운 환경에 적응하려면 상당한 시간이 걸립니다. 유달리 어린이집에 나쁜 호흡기 바이러스들이 만연해서라기보다는 가정과 어린이집의 환경이 기본적으로 달라 아이가 적응할 시간이 필요하기 때문이고, 이러한 환경 차이로 인한 알레르기 비염 때문에 콧물이 마를 날이 없는 경우가 대부분입니다. 물론 위생 관리가 철저한 가정에 비해서 다수의 아이들이 모여 지내는 어린이집에 알레르기 유발 물질이나 호흡기 바이러스가 더 많을 수밖에 없는 것도 한 가지 이유일 것입니다.

소아과학 교과서에는 대체로 6개월이 지나면 아이가 보육시설의 환경에 적응하면서 병원 내원 횟수가 줄어드는 것으로 되어 있습니다. 실제로 어린이집에 다닌 지 3개월 정도 지나면 어린이집 환경에 적응해서 잔병치레를 한다거나 소아과에 방문하는 횟수가 눈에 띄게 줄어드는 것을 어렵지 않게 확인할 수 있습니다.

그렇다면 잔병치레가 끊이지 않는 아이들은 어린이집에 보내지 않는 게 정답일까요? 물론 잠시라도 아이를 가정에서 돌볼 수 있는 여건이 된다면 일주일 정도 어린이집을 쉬게 하고 증상이 호전된 후 다시 등원시키는 것도 나쁘지 않은 선택입니다. 그러나 대부분의 위탁 보육아들은 엄마, 아빠가 맞벌이를 하고 있어 가정에서 돌볼 수 있는 여건이 안 돼 어린이집에 다닐 수밖에 없는 상황인 경우가 많습니다. 따라서 일주일간 집에서 아이를 돌보는 것이 그렇게 만만한 일이 아닙니다.

어린이집에 아이를 맡기는 것은 아이의 건강에 장기적으로 어떤 영향을 끼치게 될까요? 잔병치레가 끊이지 않는 것이 반드시 아이 건강에 해롭다고 해석할 수 있을까요? 위생가설에 따르면 과도한 위생이 오히려 질병을 만든다고 합니다. 위생가설의 원조격이라 할 수 있는 영국의 역학(epidemiology) 연구자인 데이비드 스트라찬은 1958년 3월 즈음에 태어난 아이들 17,414명을 23년간 관찰했습니다.*
이 연구를 통해 위생과 질병 사이의 재미있는 연관성이 도출되었습니다. 아이들은 같이 자라는 형제의 수가 많을수록 알레르기나 아토피에 덜 걸린다는 것입니다. 스트라찬은 20세기 동안 진행된 가족 수의 감소, 깨끗해진 환경과 개인위생이 서로 간의 교차 감염(cross infection)을 줄였을 것이고, 그것이 결과적으로 아토피를 확산시켰을 것이라 추측합니다. 여러 형제들과 함께 살면 서로 접촉이 많으므로 당연히 미생물에 더 많이 노출되고, 그것이 몸의 면역기능이 과도하게 치닫지 않도록 균형을 잡아준다는 가설이 성립하는 것입니다.

개인적으로 어린이집 생활의 가장 큰 의미는 위생의 역설에서 찾을 수 있다고 봅니다. 대부분의 아이들은 가정을 떠나 처음으로 어린이집을 통하여 단체 생활을 경험하고, 함께 생활하는 공간을 통하여 생애 처음으로 각종 바이러스와 알레르기원에 노출됩니다. 미생물과의 생애 첫 만남의 대가로 각종 호흡기 증상을 겪게 되고 이러한 증상들을 극복해내는 과정에서 면역이 형성되어 훗날 건강한 사회 구성원으로 살아갈 수 있는 것입니다.

이러한 위생가설 측면 외에 어린이집에 보내면 좋은 점이 또 뭐가 있을까요?

첫째, 어린이집에서 아이들은 발달에 도움이 되는 다양한 활동을 합니다. 이를 통해 다른 사람들과 관계를 맺는 방법을 배울 수 있습니다. 물론 아이 덕분에 부모도 다양한 관계를 형성할 수 있습니다. 아이들은 어린이집에서 일상적으로 다른 사람들과 접촉함으로써 사회적 행동이 무엇인지 배울 수 있으며, 또래 아이들과의 접촉은 지식을 쌓는 데 엄청난 도움을 줍니다. 그 외에도 자신이 부모 이외의

---

* D. P. Strachan, "Hay fever, hygiene, and household size", *British Medical Journal*, 1989 Nov 18; 299(6710): 1259–1260)

사람에게도 사랑받고 있다고 느낌으로써 자존감이 길러지고 의사소통 기술이 향상해 인지 및 학습 발달이 촉진됩니다. 또한, 사회적 관계를 형성해가는 과정에서 서로 다른 점을 배울 수 있으므로 정서 발달에 도움이 될 뿐만 아니라 무엇보다 취학 전 아동에게는 학교생활에 미리 대비하는 기회가 될 수 있습니다.

둘째, 아이는 어린이집에서 대부분의 시간을 뛰어놀면서 보내기 때문에 자신의 에너지를 발산할 기회를 얻습니다. 여기저기를 뛰어다니는 행위는 아이의 감각을 자극하고 균형감각을 키우는 데 도움을 줍니다.

셋째, 아이들은 어린이집에서 건강한 식사를 하고, 충분히 휴식을 취하며, 건강한 위생 습관을 배울 수 있습니다.

넷째, 아이들은 어린이집이라는 새로운 장소를 발견하고 탐험할 수 있습니다. 어린이집에서 하는 놀이, 동작 그리고 어린이집에서 제공하는 모든 물건들은 아이들의 지적 능력 발달에 도움을 줍니다.

이러한 장점을 고려한다면 어린이집 등원 후 잔병치레에 시달리는 몇 개월을 견뎌내는 과정은 일종의 통과의례가 아닐까 하는 생각이 듭니다. 물론 코로나19 같은 감염병이 만연하는 시기라면 어린이집에 보내느냐 마느냐는 부모에게는 어려운 선택일 수 있겠지만, 어린이집은 아이들의 생명력을 더욱 강화시키는 터전이라고 생각합니다.

03 아이의 면역력을 키워주려면 무슨 약을 먹여야 할까요?

"선생님, 아이가 감기에 너무 자주 걸리는데 혹시 면역력을 높여주는 주사 없나요?"

"글쎄요. 제가 볼 때는 감기에 자주 걸리는 것 자체가 몸이 면역을 키우는 과정인 것 같은데요."

"무슨 말씀이이세요?"

"감기는 외부의 호흡기 바이러스에 의한 감염인데 우리 몸은 바이러스에 감염되면서 자연스레 항체가 형성되고 면역체계가 작동하면서 저항력이 길러집니다. 따라서 감기에 걸린 뒤 회복되기까지를 면역체계가 작동하는 과정으로 볼 수 있습니다. 아이는 자연스럽게 건강해지고 있다고 보셔도 될 것 같아요. 질병에 잘 안 걸리면 면역력이 좋다는 뜻이라는 생각도 매우 잘못된 것입니다."

"그럼 면역력을 키우려면 한약이라도 먹여야 할까요?"

"애초에 의학적으로는 면역력이란 개념이 존재하지 않습니다. 면역력을 강조하는 사람이 있다면 사기꾼이라고 보셔도 무방합니다. 현재로서 면역력을 키우는 데 가장 좋은 것은 예방접종이고, 면역 강화를 위해 필요한 건 한약이 아니라 잘 먹고 잘 자고 잘 노는 것입니다. 건강하게 생활하는 게 면역을 키우는 가장 좋은 방법입니다. 한약 살 돈으로 고기를 사서 먹이는 게 더 좋지 않을까 생각합니다."

면역력이란 정확히 무엇일까요? 세균, 바이러스, 곰팡이 등 다양한 외부 균으로부터 우리 몸을 지켜주는 '인체 방어 시스템의 건강' 정도일 것이라고 막연히 추측해봅니다. 왜냐하면 의학적으로 '면역', '면역체계'라는 표현은 있지만 '면역력'이란 용어 자체가 존재하지는 않기 때문입니다. 일단 '면역력'을 강조하는 의료계 종사자가 있다면 의심의 눈초리로 바라볼 필요가 있습니다. 없는 개념을 강조하면서 부르짖는 데는 다른 목적이 있을 수 있기 때문입니다.

면역이란 면역을 담당하는 세포들이 저마다 제 역할을 잘함으로써 외부의 다양한 바이러스와 세균들의 공격에 대응해 저항하는 시스템 전체를 말합니다. 인체 면역을 담당하는 세포는 골수에서 만들어지는데 여기에는 대식세포, 수지상세포, 자연살해세포 등이 있습니다. 이 세포들은 우리 몸속에 들어온 물질을 실시간으로 인지해 몇 시간 내에 공격하는 역할을 합니다. 이 세포들의 공격에도 죽지 않고 계속 몸 안에 잔존하는 바이러스나 균을 찾아내 청소하는 역할을 하는 세포가 있는데 이를 임파구(lymphocyte)라고 합니다. 임파구는 균이 없어진 후에도 기억 세포로 바뀌어 지속적으로 우리 몸속을 돌며 같은 균이 침입했을 때 그 균의 모양을 기억하고 있다가 죽이는 기능을 합니다.

이렇게 우리 몸에 중요한 역할을 하는 면역 시스템을 활성화하는 일은 특별한 약을 먹는다고 가능하지 않습니다. 선천적으로 면역이 결핍된 경우를 제외하고는 대부분의 아이들은 정상적인 면역체계를 지니고 태어납니다. 일상생활에서 우리 몸이 건강하고 조화롭게 잘 유지될 때 자연스럽게 면역이 건강하게 작동하는 것입니다.

면역체계를 활성화하는 데 가장 손쉽고도 핵심적인 방법은 하루에 30분 이상 햇볕을 쬐는 것입니다. 면역과 관련이 있는 체내 비타민 D는 대부분 햇볕을 통해 합성되고, 나머지는 식품으로 보충됩니다. 비타민 D 농도가 떨어지면 면역기능이 떨어져 각종 호흡기 질환에 걸릴 위험이 높아진다는 연구 결과들이 있습니다. 한 연구 결과에 따르면, 비타민 D의 혈중 농도가 정상 범위보다 낮을 때 인플루엔자를 포함한 질병에 노출될 확률이 40% 이상 증가하는 것으로 알려져 있습니다.* 따라서 하루에 30분이라도 의식적으로 밖에 나가 햇볕을 쬐는 것이 매우 중요합니다.

또한, 수면 부족으로 몸이 피곤하면 면역이 저하될 수 있으므로 적정한 수면 시간을 유지하는 것도 면역 활성화에 좋은 방법입니다. 규칙적인 운동도 면역 증강에 좋습니다. 다만, 운동 강도가 지나치게 높거나 1시간을 초과하여 운동하는 것은 오히려 면역계 활동을 억제할 수 있으므로 적당히 운동하는 것이 중요합니다. 아이들에게는 즐겁게 뛰어노는 과정 자체가 면역체계를 강화하는 중요한 수단이 됩니다.

특정 식품의 섭취가 면역체계 강화에 도움이 된다는 것은 미신에 불과합니다. 오히려 모든 영양소가 골고루 들어간 균형 잡힌 식단이 면역에 매우 중요합니다.

채소에는 섬유질과 비타민 A, B, C, 칼슘, 칼륨, 인, 철분 등의 무기질이 함유돼 있어 우리 몸의 신진대사를 원활하게 해주는 효과가 탁월하고 항산화 작용, 특히 몸에 유해한 활성산소의 발생과 작용을 억제하는 효과가 뛰어납니다. 특히 비타민 C가 면역기능에 중요한 역할을 하며, 충분한 양의 비타민 C 섭취는 감기 또는 독감 증상 예방 및 완화에 효과가 있다고 알려져 있습니다.

현재 과학적으로 입증된 면역 강화 수단은 예방접종입니다. 적절한 시기에 가까운 소아청소년과에 내원하여 무료로 국가 예방접종을 시행하는 것은 아이 본인의 면역은 물론 집단 면역 형성에 기여하여 다른 아이들의 건강에도 이롭습니다.

---

* J. Cannell, "Epidemic influenza and vitamin D", *Epidemiol Infect*: Dec, 2006

04 수족구병일 때는 언제 다시 등원해도 되나요?

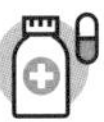

여름에는 수족구병과 구내염이 많이 유행합니다. 날이 따뜻해지면 이 같은 질병의 원인인 엔테로바이러스가 활발해지기 시작하기 때문이죠. 수족구병과 구내염은 전염력이 세서 어느 정도 호전될 때까지 다른 아이들과 격리해야 합니다.

"선생님, 저희 아이 손발에 발진이 생겼고 밥도 잘 못 먹어요."
"어디 한번 볼까요? 아, 수족구병이네요."
"네? 수족구병이에요? 그럼 어린이집에 가면 안 되나요?"
"네, 수족구병은 전염력이 세서 전염력이 사라질 때까지는 친구들을 만나면 안 돼요."
"수족구병일 때는 일주일간 격리해야 한다고 알고 있는데, 그 기간을 반드시 다 채워야 하나요?"
"그건 아니에요. 수족구병은 열이 내리고 입안의 물집이 사라지면 전염력이 사라져요."

수족구병은 이름 그대로 손과 발에 발진을 일으키며, 입안에도 궤양성 병변이 생기게 합니다. 입안의 병변은 입천장이나 혀, 잇몸, 입술, 후인두 등 어느 곳에나 생길 수 있으며, 손발의 병변은 손바닥과 발바닥보다는 손등과 발등에 더 많이 나타납니다. 대개 일주일 이내에 수포 내의 액체가 흡수되며 팔과 다리에도 수포가 나타날 수 있습니다.

수족구병은 손발의 병변은 크게 문제 되지 않으나 입안의 병변으로 아이들이 잘 먹지 못해 탈수가 진행되면 위험할 수 있습니다. 이때는 씹어 먹는 음식이나 뜨거운 음식을 거의 먹지 못하므로 죽을 식혀서 주거나 우유나 요구르트 같은 액상 유제품을 먹이는 것이 도움이 됩니다. 하루에 한 번 정도 차가운 아이스크림으로 통증을 가라앉히는 것도 좋습니다. 입안의 병변은 보통 3, 4일이면 호전됩니다.

구내염은 수족구병과 원인 바이러스가 많이 겹칩니다. 그렇기에 초반에 손발의 병변이 없다면 수족구병과 감별하기가 쉽지 않습니다. 구내염은 입안에만 병변이 생기므로 주로 편도와 연구개, 목젖, 인두벽 등에서 병변이 관찰됩니다. 구내염에 걸렸을 때 역시 잘 먹지 못하여 탈수가 오면 문제가 될 수 있습니다. 구내염도 주로 3, 4일이면 호전되는 경우가 많습니다.

수족구병과 구내염은 같은 엔테로바이러스에 의해 발생하는 사촌 같은 질병입니다. 이 두 질병은 잠복기가 3일에서 일주일 정도입니다. 수족구병과 구내염은 둘 다 전염력이 강해서 발병하면 아이를 격리해야 하는데, 그 기간은 입안의 물집이 사라질 때까지입니다. 손발의 물집은 여기에 해당하지 않습니다. 흔히 일주일간 격리해야 한다고 알고 있지만 법정 격리 지침에는 기간이 정해져 있지 않습니다. 아이의 열이 떨어지고 먹는 것이 어느 정도 회복될 때 소아과 의사의 진찰을 받은 후 격리 해제 여부를 판단하면 됩니다.

05 농가진에 걸리면 무조건 어린이집에 보내면 안 되나요?

여름철에 수족구병과 구내염 못지않게 잘 걸리는 질병이 있습니다. 바로 농가진입니다. 농가진은 피부에 발생하는 세균 감염입니다. 농가진도 전염력이 있으므로 격리가 필요한 질환입니다.

"선생님, 아이 코 주변에 생긴 이것이 농가진인가요?"
"아이고, 그렇네요. 많이 긁었나 봐요."
"그렇게 만지지 말라고 해도 계속 만지더니…."
"농가진은 세균 감염이라서 항생제를 먹어야 해요. 그리고 하루 격리해야 하니 내일은 어린이집에 보내지 마세요."
"하루만 안 가면 되나요?"
"네, 항생제 복용하고 하루 지나면 전염력이 없어져서 괜찮아요."

농가진은 주로 여름철에 소아의 피부에서 잘 발생하는 얕은 화농성 감염을 말합니다. 크게 물집 농가진과 물집이 없는 비수포 농가진 두 가지 형태로 나타납니다. 황색 포도알균이 주 원인균이나 간혹 화농성 사슬알균에 의해서도 발생합니다.

비수포 농가진은 전체 농가진의 70%를 차지하며 처음에는 작은 반점이나 잔물집으로 시작합니다. 그러다가 농포 또는 물집으로 변하고, 이것이 터지면 맑은 진물이 나옵니다. 그 진물이 마르면 황갈색 딱지를 형성합니다. 농가진은 얼굴, 특히 코와 입 주위, 팔다리에 잘 생깁니다.

농가진은 초등학교에 들어가기 전의 소아에게서 잘 발생하고, 전염력이 매우 강해서 형제나 친구 사이에 쉽게 전염됩니다. 팔, 다리, 얼굴, 몸통 어디서나 발생할 수 있고 가려움증을 유발해 아이가 자주 긁습니다. 긁다 보면 몸의 다른 부위로 다시 전염되어 계속 새로운 병소가 발생하는 경우가 많습니다.

농가진은 세균 감염이기에 항생제를 복용해야 합니다. 다만 항생제를 복용한 지 24시간이 지나면 전염력이 사라집니다. 그러므로 농가진일 경우에는 하루만 다른 아이들과 떨어져 지내면 됩니다.

06 독감 걸린 우리 아이, 언제까지 격리해야 하나요?

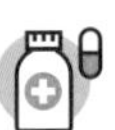

한 엄마에게서 매우 다급한 목소리로 전화가 걸려왔습니다.

> "원장님, 가온이 엄마인데요. 어린이집에서 아직 콧물이 나고 기침을 하는 아이를 왜 등원시켰냐고 해요. 그래서 소아과 원장님이 격리 보호가 필요 없다는 소견서를 써주셨다고 했더니 그래도 호흡기 증상이 있으면 전염성을 무시하지 못하므로 등원하지 말아야 한다는 거예요. 어떻게 해야 할까요?"

이 얘기는 사실 독감 철에 매우 흔하게 듣는 하소연입니다. 맞벌이 부부들이 많아지면서 집에서 종일 아이를 돌볼 수 있는 가정이 많지 않다 보니 위와 같은 상황일 때 어쩔 수 없이 '어린이집 등원 가능합니다'라는 문구가 들어간 소견서를 써 달라고 요구하는 엄마들이 많습니다. 하지만 아직 충분히 회복되지 않은 아이가 등원할 경우 다른 아이에게 전염되면 어린이집 책임이 될 수 있어 어린이집에서 아픈 아이의 등원을 반기지 않는 것도 당연합니다.

양쪽의 고충을 모두 이해하기에 의사에게도 이것은 그리 간단한 문제가 아닙니다. 물론 아이 한 명 한 명의 상태를 정확히 진료하여 등원 가능 여부를 판단하는 게 가장 알맞겠지만, 앞에서 언급한 현실적인 이유를 고려하지 않을 수 없어 고역일 때가 많습니다. 따라서 질병관리청의 지침에 따라 객관적인 기준에 근거하여 소견서를 써드리고 있습니다. 그것이 이후의 분쟁을 막기 위한 가장 현실적인 대안이라고 생각하기 때문입니다. 가온이 어머니에게는 아래와 같이 답변해드렸습니다.

"어머님, 질병관리청의 지침에 따르면 독감 증상 발병 후 닷새가 경과하면 열이 떨어지고 이틀이 경과하면 등원 중지를 해제할 수 있습니다. 가온이는 이 기준에 해당하기 때문에 등원 가능하다고 판단되어 소견서에 써드린 것이고요. 어린이집에 그렇게 말씀하시면 될 겁니다."

독감에 걸리면 열이 떨어진 후에도 콧물과 기침은 며칠 더 지속됩니다. 따라서 형편이 된다면 어린이집 등원을 보류하고 가정에서 좀 더 보살핀 후 증상이 완전히 회복되면 등원시키는 것이 가장 좋습니다. 그러나 이것은 현실적으로 너무 어려운 일입니다. 직장을 다니는 부모라면 휴가를 내야 할 테고, 휴가를 낸다고 해도 일주일 내내 아이를 돌보다 보면 지치기 마련입니다.

수족구병이 유행하는 시기에는 이 문제에 더 민감해집니다. 왜냐하면 수족구병의 특성상 열이 떨어졌다 하더라도 몸 전체에 수포성 발진이 퍼져 있어서 보기에 거북스러울 수 있고, 보육시설 입장에서는 이런 아이를 다른 아이들과 함께 지내게 하기가 매우 꺼려질 수 있기 때문입니다. 문제는 수족구병의 수포성 발진이 대략 한 달까지 지속되는 경우도 있다는 것입니다.

결국 등원 가능 여부에 대해 보육 시설과 보호자의 견해가 상충하는 경우에는 다음과 같은 정부에서 제시한 지침에 따르는 것이 가장 현명한 판단입니다.

인플루엔자로 인한 등교 중지 기간 적용 안내

> 인플루엔자에 걸린 경우, 학교보건법 제8조 및 같은 법 시행령 제22조에 따라 감염병 환자 및 의사 환자 등에 대하여 등교 등을 중지할 수 있습니다.
> ※ 인플루엔자 관리 가이드라인에서의 인플루엔자로 인한 등교 중지 기간은 '발병 후 5일이 경과하고 해열 후 2일이 경과할 때까지'이며, '발병 후 5일 경과'와 '해열 후 2일 경과'를 모두 충족할 경우 등교 가능(아무리 빨리 열이 내리더라도 최소한 발병 후 5일간 출석이 정지되며, 열이 내려간 날에 따라 출석 정지 기간이 연장됨)

위 내용은 2017년에 발표된 독감 격리 기간의 기준입니다. 그런데 2019년에 이 기준이 개정되었습니다. 개정된 기준에 따르면 증상 발생 5일 후 또는 열이 떨어지고 해열제 없이 24시간 동안 열이 오르지 않으면 격리를 해제할 수 있습니다.

2

사고

01 고막이 찢어졌어요
: 고막천공

"선생님, 저희 아이가 친구한테 맞은 이후로 귀가 아프대요."

"어떻게 맞았다고 해요?"

"서로 다투다가 신발로 귀를 맞았나 봐요."

"고막천공일 수도 있으니 귀 내시경으로 한번 볼게요."

(잠시 후)

"고막이 터졌네요."

"어떡해요. 청력에 문제가 생기는 건 아닐까요?"

"일단 염려는 놓으세요. 고막천공은 드물지 않게 일어나는 상황이고 대부분 별문제 없이 낫습니다."

고막천공은 말 그대로 고막이 찢어진 상태를 의미합니다. 대부분 외상성, 즉 맞아서 생깁니다. 귀를 맞을 때 순간적으로 외이도를 통하여 압력이 가해지고 이 압력에 의해 고막이 찢어지게 되는 것입니다. 물론 면봉이나 귀이개로 귀를 너무 깊게 파서 고막을 직접 건드릴 때도 찢어지는 경우가 있습니다.

고막이 찢어지면 대부분은 귀 통증, 즉 이통(耳痛)을 느끼게 됩니다. 가끔은 이명이 들리기도 하여 귀에서 바람 소리가 난다고 하는 환자도 있습니다. 그러나 청력 감소가 동반되는 경우는 매우 드뭅니다. 고막의 일부만 찢어졌다면 나머지 고막으로 충분히 그 기능을 유지하므로 청력에는 거의 영향을 주지 않기 때문입니다. 따라서 외상을 당한 후 귀 통증을 호소하며 내원했다가 귀 내시경으로 고막을 진찰하고 나서야 고막이 찢어져 있는 것을 발견하는 경우가 많습니다.

물론 고막 대부분이 파열되었다면 청력에 문제가 발생할 수도 있겠지만, 외상성 고막천공의 경우에는 거의 그럴 일이 없다고 보면 됩니다. 외상에 의해 찢어진 고막은 대부분 하루에 약 0.05mm씩 재생되므로 두 달 정도면 완치되는데, 일반적으로 나이가 어릴수록 고막의 재생 속도가 더 빠릅니다.

하지만 2차 감염이 있는 경우에는 회복이 더디고 심하면 수술도 필요하기 때문에 일단 병원에서 치료를 받고, 귀에 물이 들어가지 않도록 조심하는 등 일상생활에서 주의를 기울이는 것이 좋습니다. 나이가 많을수록 고막의 재생 속도가 떨어지기 마련이므로 청소년이나 성인의 경우에는 고막에 패치를 대주는 시술을 하여 고막이 패치를 따라 매끈하게 재생되도록 유도해주기도 하지만, 소아나 영유아의 경우에는 이런 시술이 불필요합니다. 그저 2차 감염만 주의하면서 정기적인 진찰을 통해 고막의 재생 상태를 지켜보는 것으로 충분합니다.

고막이 파열되었다고 하면 으레 상당히 위중한 상태라고 생각하여 당황하기 마련입니다. 하지만 앞서 언급했듯 대부분 두 달 이내에 자연 치유가 되므로 너무 걱정하지 말고 이비인후과나 소아청소년과에서 귀 상태를 진료받은 후 의사의 지시에 따라 관리하며 기다리면 됩니다.

02 화상을 입었을 때는 어떻게 해야 하나요?

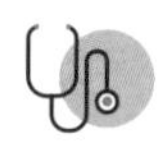

아이를 키우다 보면 순간의 방심이 사고로 이어지기도 합니다. 그중 부모의 마음을 가장 아프게 하는 사고가 화상일 것입니다. 상처가 심하고 치료에도 오랜 시간이 걸리기 때문이죠. 혹시라도 흉이 남지 않을까 걱정스럽기도 합니다.

화상은 정도에 따라 진단이 달라집니다. 가장 약한 1도 화상은 표피에 국한된 화상으로, 빨갛게 홍반이 생기고 국소적인 통증은 있으나 수포는 발생하지 않습니다. 흔히 말하는 물집이 잡히지 않는 화상이지요. 대부분 흉터 없이 자연스럽게 치유됩니다. 이 경우 보통 화상을 입은 후 일주일 이내에 피부 재생이 이루어집니다. 주로 장시간 햇볕에 피부가 노출돼 생기는 일광 화상이나 가벼운 열탕 화상에 의해 발생합니다.

2도 화상은 표재성과 심재성으로 나뉩니다. 표재성 2도 화상은 표피와 진피 일부에 국한된 화상으로 진물이 흐르고 수포가 발생합니다. 그러면서 통증이 매우 심해집니다. 보통 2주 이내에 피부 재생이 이루어지고 대부분 흉터는 발생하지 않지만, 간혹 색소 침착을 보이는 경우가 있습니다. 주로 열탕 화상, 가벼운 불 화상, 전기 스파크에 의한 화상, 약한 화학물질에 의한 화상 등에 의해 발생합니다.

심재성 2도 화상은 표피와 진피 상당 부분까지 침범한 화상으로, 진물이 흐르고 수포가 발생하나 오히려 통증은 덜합니다. 진물이 흐르면서 화상 부위에 부종이 진행되고 시간이 경과하면 수포 밑에 가피가 형성됩니다. 피부가 두꺼운 부위라면

3, 4주 정도에 걸쳐 피부 재생이 부분적으로 이루어지지만, 피부 이식 수술이 필요한 경우가 많으며 치료 후 흉터가 남습니다. 오랜 시간 접촉에 의한 열탕 화상이거나 대부분의 불 화상, 화학 화상에 의하여 발생합니다.

3도 화상은 가장 심한 화상으로 표피와 진피 전 층을 모두 침범한 화상입니다. 화상 부위는 피부 탄력성을 소실하여 건조해 보이며 통증은 아예 없고 절대 자연 치유되지 않습니다. 가피를 제거한 뒤에 피부 이식 수술을 시행해야 하며 치료 후 흉터가 생기고, 관절 부위나 피부가 얇은 부위에서는 화상이 다 나은 후 피부가 수축하여 운동이 제한적일 수 있습니다. 주로 불 화상, 전기 화상, 강한 화학물질에 의한 화상 등으로 발생합니다.

화상을 입었을 때는 먼저 이물질을 제거하는 것이 중요합니다. 심한 화상이 아니라면 화상 부위의 옷을 바로 벗겨내야 합니다. 옷이 몸에 달라붙어 잘 벗겨지지 않으면 가위로 잘라서 제거합니다. 옷이 너무 달라붙어 있다면 물로 씻으면서 제거하기도 합니다.

옷을 벗겨낸 후에는 즉시 화상 부위를 차갑게 냉각시키는 것이 중요합니다. 이렇게 하면 통증을 줄일 수 있습니다. 흐르는 차가운 물에 15~20분 정도 충분히 화상 부위를 식히도록 합니다. 얼음물을 사용해도 되지만 이때 얼음이 직접 화상 부위에 닿지 않도록 주의해야 합니다. 화상 부위가 광범위할 경우에는 체온이 저하될 수 있으므로 섣불리 냉각하지 말고 바로 병원으로 환자를 이송해야 합니다.

화상을 입은 부위는 물로 깨끗이 씻고 잘 건조한 후 깨끗한 천으로 덮어주는 것이 좋습니다. 이렇게 하면 화상 부위에 공기가 닿으면서 생기는 통증을 줄일 수 있습니다. 소독할 때 통증이 심하다면 미리 진통제를 투여할 수 있으나 화상 부위에 직접 진통제를 바르거나 주사해서는 안 됩니다. 되도록 화상 부위의 수포는 터트리지 않는 것이 좋으며, 이미 터진 수포라면 소독 후 항생제 연고를 바르는 것이 좋습니다.

체표면적의 10% 이상에 2도 화상을 입은 경우, 얼굴이나 기도, 손, 회음부에 화상을 입은 경우, 3도 화상을 입은 경우, 흡입 화상인 경우에는 바로 화상 전문 병원에 내원해야 합니다. 전기나 번개에 의한 화상이나 화학물질에 의한 화상을 입은 경우에도 마찬가지입니다.

03 열 경기를 일으키면 어떻게 대처해야 하나요?: 열성 경련

열성 경련은 소아에게 가장 흔한 경련 질환입니다. 만 3개월에서 만 5세 사이의 소아가 중추 신경계통의 감염이나 대사 질환 없이 열을 동반하여 경련을 일으키는 것을 가리킵니다. 열성 경련의 발생 빈도는 전체 소아의 5% 정도로 20명 중에 한 명은 경험하는 흔한 질환입니다. 보통 양호한 예후를 보이지만 패혈증이나 뇌수막염 같은 급성 감염과의 감별이 필요합니다. 열성 경련은 흔히 우리가 경련이라고 생각하는 팔다리를 떠는 양상의 전신 강직 간대성 경련으로 발생하며, 짧으면 수초에서 길면 10분까지도 지속될 수 있습니다. 경련 후에는 아이가 졸려 하면서 자려고 할 수 있습니다.

열성 경련은 단순 열성 경련과 복합 열성 경련으로 나뉩니다. 단순 열성 경련은 보통 고열이 지속되는 시기보다 정상 체온이 갑자기 39도 이상으로 상승할 때 발생하는 경우가 많습니다. 경련이 15분 이상 지속되거나, 하루에 두 번 이상 경련을 일으키거나, 부분 발작이나 경련 후 국소적 징후가 보이면 복합 열성 경련이라고 합니다. 복합 열성 경련의 경우 반드시 뇌전증과 감별해야 하므로 뇌 MRI와 뇌파 검사를 해봐야 합니다.

대부분의 열성 경련은 15분 이내에 멈추기 때문에 약물을 투여할 필요가 없으나, 5분 이상 경련이 지속되는 경우에는 반드시 병원에서 조치를 취해야 합니다. 열성 경련을 일으킨 아이 중 50%는 두 번 이상 열성 경련이 재발할 수 있습니다.

열성 경련이 자주 재발하는 아이에게는 열이 나는 동안 예방적 약물 치료를 할 수도 있습니다.

만 5세가 되면 뇌가 어느 정도 성숙하기 때문에 열성 경련이 거의 사라집니다. 하지만 열성 경련을 일으킨 적이 있는 만 5세 미만의 아이라면 체온이 미열 37.5도만 넘어도 바로 해열제를 복용하여 갑작스럽게 고열이 나는 현상을 예방하는 것이 좋습니다.

아이가 열성 경련을 일으킬 때 팔다리를 주무르거나 손가락을 따는 것은 위험합니다. 가끔 팔다리를 잡아 누르면 경련이 멈출 것이라고 생각하고 힘으로 제압하는 보호자들이 있는데, 팔다리의 경련은 외부 힘으로 멈추지 않을뿐더러 골절의 위험이 있습니다. 마찬가지로 팔이 계속 경련하는 상황에서 손가락을 따려고 바늘을 들이대는 것은 매우 위험합니다.

아이가 경련을 일으켰을 때는 아이를 바닥에 눕히고 다칠 만한 물건들을 모두 치운 후 고개를 옆으로 돌려서 기도를 확보하는 것이 중요합니다. 경련 중에 입에 거품을 물거나 토하는 경우가 종종 있는데, 이때 고개를 똑바로 하고 있으면 분비물이 기도로 넘어가 호흡곤란이 일어날 수 있기 때문입니다. 또한, 벨트나 단추 등 아이의 몸을 압박하는 의상은 느슨하게 해주는 것이 좋습니다.

아이가 경련을 처음 일으킨 경우나 경련 시간이 5분을 넘어가는 경우에는 바로 구급차를 불러야 합니다. 경련 후 아이가 잠들 수 있는데, 이때 깨워도 아이의 반응이 모호하여 경련이 멈춘 것인지 아닌지 잘 모르겠다면 바로 병원으로 내원하는 것이 좋습니다. 간혹 열성 경련 후 무긴장 발작으로 넘어가는 경우가 있기 때문입니다.

진료실 이야기

갑자기 경련을 일으킨 아이

일요일에는 문을 여는 병원이 많지 않아 멀리서도 아이들이 찾아오기 때문에 병원이 환자들로 북새통입니다. 첫 방문인 경우나 생소한 증상의 환자들도 유독 일요일에 많아 사고도 많이 발생합니다.

어느 일요일이었습니다. 잘 먹고 놀던 아이가 갑자기 고열이 나더니 창백해졌다면서 한 할머니가 아이를 안고 왔습니다.

"언제부터 열이 났나요?"

"어제까지는 멀쩡했어요. 방금 아침 먹고 잘 놀다가 갑자기 아이가 창백해지고 처지길래 열을 재 봤더니 39도였어요. 그래서 얼른 안고 왔어요."

할머니 얘기대로 아이의 얼굴은 창백했고 몸이 쳐진 상태였으며 체온이 39.5도였습니다. 청진 소견은 정상이었지만 목이 상당히 부어있는 것으로 보아 바이러스성 인두염으로 판단되어 처방전을 작성하고 있는데 아이가 갑자기 경련을 시작했습니다. 눈이 위로 돌아가고 거품을 물고 사지를 떠는 전형적인 열성 경련의 양상이었습니다. 할머니는 몹시 당황하여 어쩔 줄을 모르고 어떻게 좀 해달라고 애원하였습니다.

일단 아이 턱을 약간 위로 들어 고개를 옆으로 돌려서 기도를 확보해주었습니다. 그 후 아이가 경련을 멈추기를 기다리며 시간을 쟀습니다. 약 3분쯤 경련이 이어지다가 이내 멈추었습니다. 아이는 할머니 품에서 소변을 봤고 새근새근 잠이 들었습니다. 체온은 여전히 39도였지만 호흡이나 심박수는 정상이었습니다. 간호사에게 구급차 호출을 지시하고 동시에 주사실로 아이를 조심스럽게 옮겨 정맥 혈관 주사를 시행하였습니다. 수액 처치를 마치자 곧 응급 구조사가 도착했습니다. 병원 내에서 응급 차량을 호출하여 환자를 이송할 경우 의료법상 의료진이 반드시 동승하도록 되어 있어서 간호사가 동승하여 아이를 병원까지 인도하였습니다.

약 2시간 정도 지나 간호사가 돌아왔습니다. 아이는 응급실에서 기본적인 혈액 검사와 엑스레이 촬영 등을 마치고 잘 입원했다고 전했습니다. 이런 경우 열이 떨어질 때까지 병원에서 안정을 취한 뒤 뇌파 검사나 필요하면 뇌 MRI 촬영 등을 한 후 별문제가 없으면 퇴원합니다.

아이가 병원 진료실에서 경련을 시작해 응급실을 거쳐 입원하기까지 일사천리로 잘 진행되었기에 망정이지 만일 집에서 놀다가 경련을 일으켰다면, 그날 아마 그 아이의 가족들은 충격과 두려움으로 아비규환이었을 것입니다.

사실 열성 경련은 소아과 의사들에게 그리 우려되는 상황은 아닙니다. 흔히 경험하는 드물지 않은 질환이고 대부분 예후도 매우 좋은데다가, 의사들은 대학병원 수련 과정 시절부터 열성 경련을 수없이 보고 치료해왔기 때문입니다. 그런데도 경련을 일으킨 아이를 볼 때면 언제나 긴장의 끈은 늦출 수 없습니다. 왜냐하면 경련이 지속되는 시간이 길어지면 자칫 뇌에 손상이 올 수도 있고 중환자실에 입원해야 하는 경우도 더러 있기 때문입니다. 그래서 약 3분 정도 지켜보다가 경련이 멈출 기미가 보이지 않는다면 바로 항경련제를 주사로 투여하여 경련을 멈추게 하는 것이 매우 중요합니다. 다행히 이 아이는 약 3분 뒤에 경련을 멈추었기에 항경련제를 투여할 필요는 없었지만, 조금만 더 오래 경련이 지속됐다면 바로 항경련제를 투여했을 것입니다.

아이는 병원에 입원한 이후 다행히 추가적인 경련 없이 열이 잘 내려 뇌파 검사를 시행하고 바로 퇴원했습니다. 뇌파 검사 결과 특별한 소견은 나타나지 않아 단순 열성 경련으로 진단받았고 이후 잘 회복되었다고 전해왔습니다. 만일 그날 하루 2회 이상 경련을 일으켰다면 아마 아이는 뇌 MRI 검사까지 받아야 했을 것입니다. 하루 2회 이상 경련을 일으키면 복합 열성 경련에 해당하므로 반드시 뇌 MRI 검사를 시행해 뇌에 이상이 있는지 여부를 확인해야 합니다. 아직까지는 아이가 또 경련을 일으켰다는 소식은 없습니다. 그러나 한 번 열성 경련을 일으킨 아이는 만 5세가 될 때까지는 언제든지 경련이 재발할 수 있으므로 5세까지는 열이 나면 언제나 경련의 가능성을 염두에 두고 열이 오르기 전에 미리 해열제를 투여함으로써 급작스러운 체온 상승을 예방하는 것이 매우 중요합니다.

04 팔이 빠진 것 같아요
: 팔꿈치 탈구

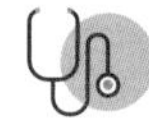

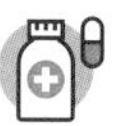

"선생님, 아이가 팔이 빠진 것 같아서 데리고 왔어요."

"어떤 상황에서 그렇게 됐나요? 아이가 지금 팔을 전혀 못 움직이나요?"

"제가 침대 위에서 아이와 놀아주다가 양 손목을 잡고 들어 올리는 순간 아이가 발버둥을 쳤는데 우두둑 소리가 났어요. 그때 아마 팔이 빠진 것 같아요. 이후 아이가 심하게 울고 팔을 만지지도 못하게 하고 빠진 쪽 팔을 움직이려 하지 않아요."

"네, 팔이 빠진 게 맞아 보이네요. 팔꿈치 탈구는 굉장히 흔하게 일어나는 상황이에요. 불안해하실 필요 없습니다. 팔꿈치는 상완골, 요골, 척골로 이루어져 있는데, 이 중에서 원 모양으로 생긴 인대에 둘러싸여 있는 요골의 머리 부분이 인대에서 일시적으로 빠진 거예요. 어렵지 않게 제자리로 찾아 들어가도록 맞출 수 있으니 염려하지 마세요."

팔꿈치 탈구는 팔꿈치를 구성하는 상완골, 요골, 척골 중 원 모양 인대로 둘러싸여 있는 요골 머리 부분이 인대에서 부분적·일시적으로 빠진 상태를 말합니다. 주로 요골 머리의 발달이 완전하지 않은 5세 이전의 유아에게서 발생합니다. 5세 이상이면 요골 머리를 둘러싸는 인대가 강해지기 때문에 팔꿈치 탈구가 드뭅니다.

팔꿈치 탈구는 팔꿈치가 펴진 상태에서 아이의 팔을 갑자기 잡아끌거나 아이의 손을 잡고 들어 올릴 때, 아이가 팔을 짚으면서 넘어질 때 주로 일어납니다. 팔꿈치 탈구가 발생하면 갑자기 아이가 자지러지게 울면서 팔을 움직이지 않으려 하고, 팔을 펴지 못한 채 굽히고 있으며, 통증을 호소합니다. 이럴 때는 당황하지 말고 정형외과나 응급실 혹은 소아청소년과에 가면 어렵지 않게 뼈를 맞춰줍니다.

팔을 맞추는 과정을 간단히 정리하면 다음과 같습니다. 빠진 요골 머리를 제자리로 맞추는 과정(정복술)인데, 한 손으로는 환아의 팔꿈치를 잡고 다른 손으로는 환아의 손을 잡아 손바닥이 하늘을 향하도록 팔(전완부)을 돌려주면서 팔꿈치를 굽혀주면 됩니다. 이때 팔꿈치를 만지는 손으로 정복된 것이 느껴집니다. 이 과정에서, 통증으로 아이가 잠시 울기도 하지만 일단 잘 맞춰지고 나면 팔을 돌리거나 팔꿈치를 굽힐 때 통증이 없으므로 문제없이 손과 팔을 사용할 수 있습니다.

간단한 기술이긴 하지만 집에서 보호자가 함부로 팔을 맞추려 하는 것은 위험할 수 있으니 즉시 아이를 병원으로 데려가는 것이 현명한 선택입니다. 탈구될 때나 팔꿈치를 맞출 때 자칫하면 신경과 혈관에 손상이 있을 수 있고, 골절이 동반된 탈구인 경우엔 부러진 뼛조각을 확인하지 않고 무리하게 팔을 맞추려다 오히려 상태를 악화시킬 수 있기 때문입니다. 또한 관절이 탈구된 상태가 지속되면 원래 위치로 맞추는 것이 힘들어질 수 있으며 이는 관절 변형으로 이어질 수 있습니다.

탈구가 의심되면 아이가 팔을 못 움직이게 간단히 고정한 후 가까운 정형외과나 응급실 혹은 소아청소년과를 찾아야 합니다. 만일 팔을 맞춘 이후에도 팔을 사용하기 힘들어한다면 엑스레이 검사를 통해 골절 등의 추가 질환 여부를 확인할 필요가 있습니다. 간혹 너무 자주 팔이 빠지거나 빠진 지 오래된 아이의 경우에는 팔꿈치를 맞춘 뒤에도 통증이 계속되고 탈골이 재발할 우려가 있습니다. 이 경우 1, 2주 정도 팔걸이나 부목 등으로 팔을 보호해주는 것이 좋습니다. 팔이 한 번 빠지면 재발할 우려가 있으므로 가급적 손목을 잡고 당기는 행위는 피해야 합니다.

3

감염성 질환

01 같은 질환인데 왜 병원마다 진단과 처방이 다를까요?

02 수족구병인데 목감기로 진단한 의사, 오진일까요?

03 항생제를 반드시 써야 하는 감기도 있나요?

04 폐렴에 걸리면 반드시 입원해야 하나요?

05 몸에 붉은 반점이 돋았는데 수두 아닐까요?: 모낭염

01 같은 질환인데 왜 병원마다 진단과 처방이 다를까요?

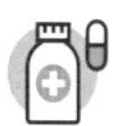

하루는 한 엄마가 매우 화난 얼굴로 찾아와서는 다짜고짜 약 봉투를 꺼냈습니다.

"선생님, A 소아과에 갔더니 모세기관지염 초기 같다면서 약을 이렇게 지어주더라고요. 그런데 우리 아이는 제가 보기에는 모세기관지염은 절대 아닌 것 같거든요."

"처방받은 약을 보니 아기 상태가 상당히 안 좋았나 봐요. 어젯밤에 잘 잤나요? 별일은 없었고요?"

"네, 단지 코가 좀 막혀서 새근거리는 것 빼고는 기침도 심하지 않았어요. 제가 볼 때는 단순 감기인 게 분명한데 왜 모세기관지염이라고 진단하셨는지 지금도 의문이에요. 오진 아닌가요?"

소아청소년과 진료실에서 매우 흔하게 벌어지는 대화입니다. 이런 보호자를 만날 때면 참 난감해집니다. 오진이란 과연 무엇일까, 스스로 묻곤 합니다.

소아과 의사로서 1차 의료 기관에서 오진하는 의사는 거의 없다는 것이 제 생각입니다. 오진은 잘못된 진단 내지는 틀린 진단을 의미할 텐데 아이들의 증상은 매우 연속적이면서도 가변적이라 내원 시점에 따라 A로 진단할 수 있고 B로 진단할 수도 있습니다. 결론적으로 B라는 진단이 맞을지라도 어제까지는 A라는 질환에 더 가까운 양상을 보였을 수도 있는 것이 소아들의 질병 양상인 경우가 허다합니다.

의사는 내원 당시 아이의 상태 및 진료실에서 보호자와의 대화를 통해 얻는 증상 변화에 관한 정보를 근거로 진단을 내립니다. 진단하기 모호할 경우에는 일단 증상에 초점을 맞추고 증상 완화를 위한 약을 처방하여 경과를 관찰할 때도 많습니다. 어제까지는 A라는 질환에 가까운 양상을 보여 A라는 질환에 잘 듣는 약을 처방해주었더라도 하루가 지나 돌연 B라는 질환의 양상을 보이며 전날 처방한 약이 잘 안 듣게 되는 경우도 많습니다. 따라서 정확한 진단을 위해서는 아이를 소아과에 자주 데리고 가서 의사에게 아이의 증상에 대한 정확한 정보를 전달하는 것이 중요합니다. 소아과 의사라면 누구라도 아이가 잘 낫기를 바라고 빨리 회복하기를 바랍니다. 중요한 것은 보호자와 의사의 협력입니다. 의사소통이 원활해야 정확한 처방이 가능합니다.

그러나 여기에는 변수가 있는데, 의사 개개인의 임상 경험과 진료 철학입니다. 교과서적인 진료를 추구하는 의사도 있고 본인의 임상 경험을 더 중시하여 교과서적 진료보다는 경험에 기반해 진료하는 의사도 있습니다. 만일 소아과에서 진료하는 질환들이 성인들처럼 만성질환 혹은 증상 변화가 더딘 질환이라면 정확한 진단에 기반한 교과서적 진료가 매우 중요할 것입니다. 하지만 소아 진료는 성인 진료와 다른 측면이 많습니다. 보통 소아과에 내원하는 아이들은 질병 때문이라기보다는 증상 때문인 경우가 더 흔합니다. 따라서 질병 치료보다는 증상 완화와 관리의 측면에서 진료가 이루어질 때가 더 많습니다.

그러나 단순 증상에서 시작하여 질병으로 발전하는 경우도 매우 많습니다. 대표적인 것이 콧물감기입니다. 단순히 콧물감기로 시작했는데 시간이 지나면서 부비동염, 흔히 축농증이라 불리는 질병으로 진행하는 경우를 예로 들 수 있습니다. 처음에는 콧물, 가래 등의 증상을 관리하는 측면에서 처방하지만, 이러저러한 이유로 증상이 오래되어 부비동염으로 진행되면 꽤 오랫동안 항생제 처방을 해야 합니다. 따라서 콧물 증상이 오래갈 경우에 A라는 소아과에서는 항생제를 처방하지 않지만 B라는 소아과에서는 처음부터 항생제를 처방하기도 합니다. 문제는 아이가 언제 병원을 방문했느냐입니다.

어디까지나 진단은 의사의 몫이니 의사의 처방에 대한 믿음이 필요하지만, 최소한 왜 항생제를 처방하는지에 대해서는 보호자도 의사에게 물어볼 수 있고 의사도 이유를 설명해줄 의무가 있습니다. 대부분의 소아과 의사가 이유 없이 항생제를 처방하지는 않습니다. 때로는 명확한 부비동염이나 중이염으로 판단돼 항생제를 처방하기도 하지만, 조만간 세균성 질환으로 이환될 것이 예상된다면 예방 차원에서 항생제를 처방하는 경우도 많습니다.

특히 항생제의 사용에 있어서는 항생제 사용의 필요성에 대한 이른바 'Gray Zone'이 존재합니다. 항생제를 써야 할지 말아야 할지 명확하게 기준이 서지 않는 경우를 가리킵니다. 이때는 철저히 의사의 경험과 진료 철학에 기반하여 항생제를 처방할 수밖에 없습니다. 항생제 처방에 대한 결정권은 의사에게 있으므로 일단 의사의 처방을 믿고 따르는 것이 정답입니다. 하지만 이에 앞서 의사에 대한 신뢰가 있어야 하고, 의사와 보호자 사이에 믿음이 생기려면 상당한 시간 동안 노력과 교류가 필요합니다.

그런 의미에서, 엄마들이 자주 하는 "우리 아이에게 맞는 소아과는 따로 있는 것 같아요"라는 말도 일리가 있습니다. 이 말에는 단순히 치료 효과뿐만 아니라 의사와 환자, 보호자 간의 신뢰 관계까지 포함되어 있습니다. 따라서 아이에게 맞는 소아과를 선택하기 위해서는 보호자도 의사의 진료 철학을 이해하려는 노력이 필요합니다. 결국 소아과 진료에는 매우 서사적인 측면이 있습니다. 의사와 보호자 그리고 환자인 아이가 의사소통과 믿음을 통해 같이 만들어가는 일종의 예술작품과 같은 측면이 존재한다고 말할 수 있겠습니다.

02 수족구병인데 목감기로 진단한 의사, 오진일까요?

2020년은 소아청소년과 역사상 전례가 없는 한 해였습니다. 보통 2~4월에 많이 걸리는 B형 독감이 유행하지 않았고, 5월 말부터 여름철 동안 기승을 부리는 수족구병 내지는 포진성 구협염, 이른바 바이러스성 구내염이라고 일컬어지는 질환도 유행하지 않았기 때문입니다. 아마도 코로나19의 유행으로 마스크 착용과 손 씻기가 생활화되어 소아 바이러스성 질환을 예방하는 역할을 한 덕분일 것입니다.

그중에서도 수족구병이나 구내염은 여름철 소아과 발열 질환에서 거의 절대적인 위치를 차지하므로 이러한 질환이 유행하지 않은 것은 매우 이례적입니다. 수족구병이나 구내염은 엔테로바이러스, 흔히 장바이러스라고 불리는 바이러스가 원인입니다. 엄밀히 말하면 둘은 서로 다른 질환이지만은 사실상 사촌지간으로 입안에 수포 양상의 발진과 발열이 생기는 것이 공통된 특징입니다. 손발에 발진이 생기면 수족구병, 그렇지 않으면 바이러스성 구내염인 셈입니다.

수족구병이나 바이러스성 구내염이 아이들에게 문제가 되는 것은 사실 전염성 때문입니다. 이 질환으로 진단받으면 어린이집이나 유치원에 가지 말고 집에서 쉬어야 합니다. 따라서 보호자는 단순 목감기냐, 아니면 수족구병이나 구내염이냐에 상당히 예민해질 수밖에 없습니다. 맞벌이 가정의 아이가 보육 기관에 가지 못하고 가정에서 격리해야 할 경우 부모 중 한 사람이 직장을 며칠 쉬어야 하니 말입니다. 이런 이유로 의사들에게 수족구병이나 구내염인지, 아니면 단순 목감기인지를 명확히 판단해달라고 요청하는 보호자들이 많습니다.

목감기는 급성 인두염이나 급성 편도염을 지칭하는데, 대부분 바이러스성 질환으로 수족구병이나 구내염과는 달리 콧물이나 기침 같은 호흡기 바이러스성 증상들을 동반합니다. 기본적으로 목구멍에 생기는 발진이 수포성이냐 아니냐의 차이와 호흡기 증상을 동반하느냐 아니냐로 목감기와 이들 질환을 구분할 수 있습니다. 문제는 감염 초기에 수족구병이나 구내염을 목감기와 감별하기 어렵다는 점입니다. 수족구병이나 구내염은 증상 초기에는 감기처럼 발열과 목의 발적만 있고 다른 증상은 없다가 시간이 경과하면 목의 발적이 수포성 발진으로 변하고 추가로 손발에 수포성 발진이 발생하는 경우가 많기 때문입니다. 목감기 역시 처음에는 목의 발적과 발열 이외에 다른 호흡기 증상을 보이지 않는 경우가 많습니다.

따라서 처음에는 목감기로 진단했더라도 다음번에는 수족구병이나 구내염으로 바뀌기도 하고, A 병원에서는 목감기라고 했는데 B 병원에서는 구내염이라고 할 때도 많습니다. 이럴 때 보호자가 A 병원에서 오진했다고 생각할 수 있지요.

따라서 수족구병이나 구내염 유행 철에 발열과 목의 발적을 이유로 내원하는 경우라면 "지금은 목감기로 보이지만 하루 이틀 지나서 수포성 발진으로 변해 구내염이 생길 수도 있으니 경과를 잘 지켜봐야 합니다. 아이가 잘 못 먹고 침을 많이 흘리고 목 통증을 호소하는 듯하면 다시 내원해서 진료를 받아보시기 바랍니다"라고 보호자에게 명확히 설명해주어야 합니다. 소아 질환은 하루만 지나도 전혀 다른 양상으로 증상이 전개되기 마련이라 어느 단계에 병원을 내원했느냐에 따라 진단이 달라져 어떤 의사는 명의라는 소리를 듣고, 어떤 의사는 오진을 일삼는 돌팔이라는 소리를 듣습니다. 아이의 질환은 보호자와 의사의 협조 가운데 증상에 관한 정확한 정보를 공유할 때 잘 낫기 마련입니다. 병원을 자주 옮겨 다니기보다는 한 병원을 꾸준하게 다니면서 의사가 증상의 변화를 잘 파악할 수 있게 해주는 것이 아이의 회복을 위한 가장 현명한 대처입니다.

03 항생제를 반드시 써야 하는 감기도 있나요?

"선생님, 아이가 한 달 동안이나 콧물이 멈추질 않아요."

"혹시 약을 계속 먹었는데도 그런가요?"

"네, 사실 여기 오기 전에 병원 두 군데를 다녔는데 거기서도 약을 계속 처방받아 먹었어요."

"지금 어린이집 같은 보육 기관에 다니고 있나요?"

"네, 어린이집 다닌 지는 이제 한 달 좀 더 되어가요."

"혹시 항생제를 먹었나요?"

"네, 처음 열흘 정도는 항생제 없는 콧물약을 먹었는데 두 번째 병원에서 항생제를 넣어준다고 했어요."

"그러면 항생제를 며칠 동안 먹었나요?"

"처음엔 나흘 치를 처방해주셨고 다음 내원했을 때 사흘 치 정도를 더 처방해주셔서 그걸 먹고 좋아지는 듯해 끊었어요."

콧물로 내원하는 아이의 보호자와 나누는 전형적인 대화 패턴입니다. 사실 동네 병원에서 콧물감기에 처방하는 약의 종류는 몇 개 되지 않습니다. 처방 약의 성분들이 대동소이합니다. 그래서 개수는 한두 개 차이가 날 수 있지만 구성 약물들의 조합은 대부분 크게 다르지 않습니다. 그런데 약을 먹어도 콧물이 멎지 않고 지속되는 이유는 무엇일까요? 이 경우에 항생제를 처방하는 게 맞을까요? 항생제를 처방한다면 어떤 종류의 항생제를 며칠간 복용해야 할까요?

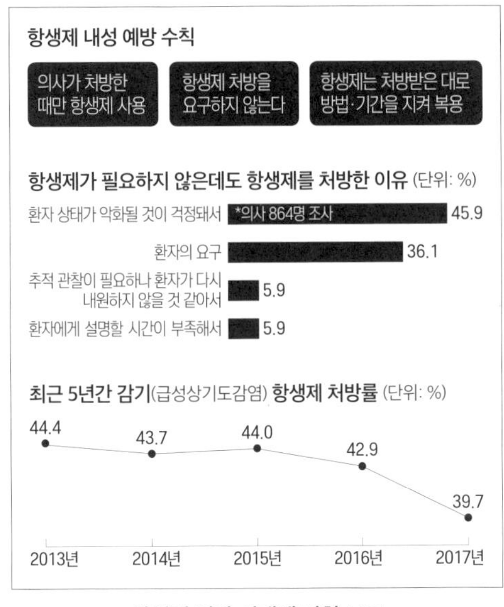

항생제 처방 실태에 관한 보도

언론에서는 잊을만하면 항생제 과잉 처방에 대한 기사를 내보내곤 합니다. 왼쪽 기사는 2019년 한 신문에서 보도한 내용으로, 의사들이 항생제를 처방하는 이유가 나타나 있습니다. 과연 감기에 항생제를 꼭 처방해야 할까요? 항생제를 반드시 처방해야 하는 상황은 어떤 경우들일까요?

결론적으로 말해서 동네 병원에서 아이들에게 항생제를 처방해야 하는 경우는 크게 두 가지로 나뉩니다. 첫째는 감기의 원인이 세균이라는 것이 명확한 경우, 둘째는 감기로 인해 생긴 합병증이 세균성 질환인 경우입니다.

첫 번째 경우는 그렇게 흔하지는 않습니다. Group A Streptococcal Pharyngitis, 즉 'A형 사슬알균 인두염'이라고 명명하는데, 목 통증이 심하고 39도 이상의 고열이 수반되며 목 안에 하얀색 삼출물이 끼는 감기로서, 주로 5세 이상의 아이들에게 자주 발생합니다. 이 경우라고 해서 항생제를 처방하지 않으면 절대 낫지 않는 것은 아닙니다. 대략 5일 전후로 자연스럽게 회복되기도 합니다. 다만 항생제를 복용하지 않으면 2, 3주 정도 경과했을 때 사구체신염이나 류마티스열 같은 합병증이 나타나 병세가 더 심각해지는 상황이 생길 수 있습니다. 따라서 애초에 항생제를 복용해 원인균을 치료할 필요가 있습니다. 이 감기는 항생제를 처방하면 즉각적으로 호전되는 경우가 많습니다.

문제가 되는 것은 두 번째인데, 바이러스성 감기로 시작해 세균성 합병증이 생기는 경우입니다. 대표적인 것이 축농증이라 일컫는 부비동염, 중이염, 인두편도, 농양, 기관지염, 폐렴 등입니다. 이 중에서도 콧물과 관련된 경우는 대부분 부비동염에 해당합니다. 대부분의 콧물감기는 항생제 처방 없이도 대략 1~3일간 누런 콧물이 지속되다가 호전되는 양상을 보이지만, 부비동염이 진행되면 일주일 이상 누런 콧물이 지속되기도 합니다.

미국 소아과학회의 소아 부비동염 진단 기준은 다음과 같습니다.

① 10일 이상 콧물이나 주간 기침이 호전되지 않고 지속되는 경우

② 처음 호전된 이후에 다시 콧물이 나오거나 주간 기침이 더 심해지는 경우

③ 최소 3일 이상 누런 콧물이 지속되고 39도 이상의 고열을 동반하는 경우

보통 소아과에 내원할 때는 위의 진단 기준에서 첫 번째에 해당하는 경우가 많습니다. 즉 10일 이상 콧물이나 주간 기침이 호전 없이 지속되어 내원하는 경우에는 임상 증상만으로 소아 부비동염 진단을 내릴 수 있습니다. 물론 비내시경을 통해 부비동으로 가는 입구에 누런 콧물이 끼어있는 것을 확인하거나, 엑스레이 사진을 찍어 부비동 점막이 부어있는 것을 확인한 경우에도 부비동염으로 진단할 수 있습니다.

세균성 부비동염 진단이 내려지면 최소 10일 이상 항생제를 복용할 것을 권고합니다. 1차 항생제로는 여느 병원에서 처방하고 있는 아목시실린-클라불란산(amoxicillin-clavulanate)이라는 하얀색 냉장 보관 항생제를 씁니다. 보통 10~14일간 복용하는 것이 원칙입니다. 물론 이 항생제에 대한 내성이 있거나 효과가 없는 경우 항생제를 바꾸어 처방하기도 합니다.

그러나 10일 이상 지속적으로 항생제를 복용해야 한다고 처방하면 보호자들이 거부감을 갖기 십상입니다. 그래서 보통 4일만 처방하고 반드시 다시 내원하라고 권유하는데, 증상이 호전되면 내원하지 않고 자의적으로 항생제 복용을 중단해버리는 경우가 많습니다. 하지만 항생제를 처방받았으면 약을 모두 복용한 이후 반드시 의사에게 더 처방을 받아야 할지 중단해도 될지를 확인받아야 합니다.

보통 콧물이 한 달 이상 지속되면 약 복용 과정에서 문제가 있는 경우가 많습니다. 약을 지속적으로 복용하지 않았거나 용량이 적절하지 않았거나 혹은 다른 환경적인 이유가 있곤 합니다. 이런 것들을 종합적으로 고려해 원인을 판단합니다.

항생제는 필요할 경우, 그러니까 항생제가 치료의 최선일 경우 충분한 양을 지속적으로 복용해야 합니다. 무분별하게 남용하는 것이 문제가 될 뿐입니다. 실제 임상에서는 앞서 소개한 신문 기사의 내용처럼 여러 가지 이유로 항생제가 남용되는 경우가 많습니다. 다만 우리나라의 경우 선진국처럼 약을 복용하지 않고 가정에서 병세가 회복할 때까지 충분히 휴식을 취하고 호전에 만전을 기할 만한 시간적 여유가 주어지지 않는 것도 항생제 처방률이 높은 현실적인 이유라는 것을 알아주시면 좋겠습니다.

04 폐렴에 걸리면 반드시 입원해야 하나요?

"선생님, 아이가 얼마 전부터 열이 나서 병원에 갔는데 엑스레이 촬영 후 폐렴이니 입원을 시키라고 권하시네요. 제가 볼 때는 아이 상태가 그렇게 나쁜 것 같지 않은데 꼭 입원해야 하나요?"

"아이가 기침이 심해서 밤에 잠을 잘 못 이루거나 잘 못 먹나요?"

"밤에 잘 때 기침은 좀 하는 편인데 열이 없을 때는 잘 먹고 잘 놀아요."

"폐렴이라고 다 입원해야 하는 건 아닙니다. 호흡곤란이 올 정도로 상태가 나쁘거나 잘 못 먹어서 탈수 우려가 있을 정도라면 입원해서 치료를 받아야 하지만, 정상적인 생활이 가능하다면 굳이 입원할 필요는 없습니다. 통원 치료로 충분할 것 같습니다."

아마도 우리나라에서 병원에 입원하는 아이들의 질환 중 가장 많은 부분을 차지하는 게 소아 폐렴이 아닐까 생각될 정도로 폐렴은 입원 치료가 당연한 것처럼 여겨집니다. 소아 폐렴이 문제가 되는 것은 처음에는 감기로 진단했는데 급격하게 진행하여 폐렴으로까지 이어지는 경우가 다수이기 때문입니다. 처음 내원한 병원에서 단순 목감기 진단을 받았다가 아이의 상태가 나빠져서 다른 병원에 내원하면 폐렴으로 진단이 바뀌는 경우를 종종 경험한 적이 있을 것입니다. 이 경우 첫 번째 병원의 담당 의사는 폐렴을 목감기로 진단한 돌팔이로 매도될지도 모릅니다. 하지만 이것은 오해입니다. 아이들은 어른과 다르게 증상의 변화가 심하여 하루 만에 호전되거나 혹은 반대로 급격히 악화되는 경향을 보이는 경우가 많습니다. 소아 폐렴도 마찬가지입니다. 보호자로서는 단순 목감기라는 말을 듣고 열이 내기리만 기다렸는데 하루 이틀 사이에 아이 상태가 나빠져 폐렴으로 입원 치료가 필요하다는 말을 들으면 당황스럽기도 하고 처음 내원했던 병원에 배신감을 느끼기도 할 것입니다. 어쨌든 소아 폐렴은 성인 폐렴과 달리 감기에서 폐렴으로 진행되는 연장선에 있는 질환으로 매우 흔하게 접할 수 있는 소아 질환입니다.

아이가 폐렴에 걸리면 의사의 권유대로 무조건 입원 치료를 해야 하는지 의구심이 들 수 있습니다. 실손의료비 보험이 보편화하면서 아이의 입원이 경제적 부담을 주지 않는 시대가 된 데다 입원실을 갖춘 병원이 늘어나면서 입원을 권하는 분위기가 없지 않은 것도 사실입니다. 하지만 결론적으로 말하면 소아 폐렴 진단을 받더라도 반드시 입원해야 하는 것은 아닙니다. 아이가 잘 먹고 잘 놀고 일상생활에 문제가 없다면 굳이 입원하지 않아도 됩니다. 다만 아이가 기운이 없고, 잘 못 먹어서 탈수 가능성이 있고, 기침을 심하게 해 호흡곤란의 가능성까지 보인다면 입원 치료를 받는 것이 마땅합니다.

입원 치료와 통원 치료의 가장 큰 차이는 수액 치료에 있습니다. 의사의 정기적인 회진을 통해 아이의 상태를 명확하게 평가받는 것이 입원의 목적이지만, 더 큰 목적은 수액 치료에 있다고 해도 과언이 아닙니다. 대부분의 바이러스성 폐렴은 수액만 잘 맞아도 금세 회복됩니다. 수액은 잘 못 먹고 기운이 없고 탈수 증세가 있는 아이들을 빠르게 회복시킵니다. 따라서 수액을 맞을 필요가 있는지를 판단하여 입원 여부를 결정하면 됩니다.

항생제를 복용하고, 호흡기 치료를 받고, 증상에 대한 판단을 받는 것은 통원 치료로도 충분합니다. 물론 부모가 가정에서 아이를 보살피기 어려운 현실적인 이유가 있다면 당연히 입원을 통해 지속적으로 의료진의 도움을 받는 것이 아이에게 더 좋습니다. 다만 경제적·시간적 이유로 아이를 입원시키는 것이 부담스럽다면 다른 병원을 찾아 입원 치료의 필요성 여부를 다시 한번 확인받는 것도 좋습니다. 과거에는 의사의 말이라면 무조건 따르는 것이 일반적이었지만, 근래에는 정보가 넘쳐나고 정보에 대한 접근성이 좋아지면서 환자들도 의사의 말을 맹목적으로 순응하지 않는 경향입니다. 어쩌면 환자들에게도 의사들이 하는 의학적 권유의 타당성을 스스로 비판적으로 생각하려는 노력과 의지가 필요한 시대인 것 같습니다. 소아 폐렴은 모든 경우에 입원 치료가 필요한 질환은 아니라는 것을 꼭 알아두시기 바랍니다.

05

몸에 붉은 반점이 돋았는데 수두 아닐까요?
: 모낭염

"선생님, 어제 목욕을 시키다 아이 몸에서 수포성 발진을 봤어요. 혹시 수두 아닐까요?"

"발진이 어제부터 생겼나요? 어제와 오늘을 비교하면 어떤가요?"

"어제보다 더 번지거나 하진 않은 것 같아요."

"다른 증상이 동반되진 않았나요? 예를 들어 두통이나 미열이나 가려움증 같은 증상이요."

"네. 따로 두통을 호소하거나 열이 있진 않았고, 딱히 가려워하지도 않는 것 같아요."

"혹시 주변에 수두에 걸린 아이는 없었나요?"

"아직 어린이집에서 그런 얘기는 듣지 못했어요."

"일단 수두 가능성이 높아 보이진 않아요. 하루 정도 경과를 지켜보겠습니다. 내일 다시 한번 보도록 할게요."

수두는 단면적으로 진단하기 어려우므로 일정 기간 경과를 파악한 뒤 진단을 내려야 하는 질환 중 하나입니다. 보통 하루 정도 경과를 지켜보며 수두인지 여부를 판단하는 것이 일반적입니다. 수두는 공기를 통해 전파되는 매우 전파력이 센 바이러스 감염성 질환이므로 수두에 걸렸다면 분명히 주변에 수두에 걸린 사람이 있기 마련입니다. 바이러스 질환의 특성상 발진 이외에 발열, 두통 등의 증상도 함께 나타납니다. 따라서 격리가 필요하고 다른 바이러스 질환과 마찬가지로 증상이 완화하기까지 시간이 필요할 수밖에 없습니다.

엄마들이 아이가 수두에 걸리는 것을 특히 염려하는 이유는 예로부터 전염력이 매우 강하고 심하면 사망에 이르게 할 수 있는 무서운 질환으로 알려져 있기 때문입니다. 다행히 우리나라에서는 2005년부터 수두가 국가필수예방접종 질환으로 지정되어 돌 무렵 반드시 예방주사를 맞아야 하므로 대부분의 아이들이 수두 예방접종을 받습니다. 따라서 수두에 걸리더라도 예방접종 덕택에 과거처럼 증상이 심각하게 나타나는 경우는 별로 없으므로 그렇게 두려워할 필요는 없습니다.

발진이 나타나기 24~48시간 전부터 발진이 나타난 후 일주일 정도는 전염성이 있기 때문에 수두 진단 후 일주일 정도는 단체 생활을 하지 말고 가정에서 격리하는 것이 보통입니다. 가피가 형성된 후에는 전염성이 사라지므로 딱지가 앉으면 바로 소아과에 내원하여 소견서를 받아 보육시설에 등원할 수 있습니다. 따라서 이때는 격리 기간 일주일을 반드시 준수하지 않아도 됩니다.

위에서 소개한 아이는 일반적인 수두의 진행과는 다른 양상을 보였습니다. 수두의 경우 으레 함께 나타나는 두통이나 발열도 없었고, 하루 사이에 몸통에서 사지 말단으로 번지는 수두 발진의 일반적인 전개 과정과 달리 국소 부위에만 발진이 나타났습니다. 주변에 수두에 걸린 환아도 없다는 것을 보면 수두의 가능성은 적어 보였습니다. 그러나 이는 어디까지나 문진을 통하여 얻은 정보이므로 실제로 하루 정도 경과 후 발진 양상에 따라 보다 정확한 진단이 가능합니다.

수두와 혼동하기 쉬운 질환이 모낭염입니다. 주로 수영장이나 워터파크를 자주 찾는 여름철에 많이 발생하는데 수두와 여러 면에서 다른 양상을 보입니다.

'모낭'은 털이 나오는 구멍인 '모공' 내부에서 털을 감싸고 있는 주머니를 이르는 말입니다. 모낭염은 세균 감염이나 화학적·물리적 자극으로 인해 모낭에 염증이 생기는 현상을 말합니다. 모낭염은 주로 황색 포도알균, 녹농균 등 세균에 의해 발생하는데 녹농균은 주로 수영장이나 워터파크와 같이 습하고 어두운 곳에 서식하고 피부, 눈, 코 등을 통해 감염되는 특징이 있습니다. 실제 많은 사람이 이용하는 수영장에서는 녹농균, 레지오넬라 등 다양한 세균, 박테리아, 기생충에 노출될 수 있습니다. 이 균들 중 일부는 종종 염소 처리를 해도 생존하기 때문입니다. 따라서 최대한 아이들이 수영장 물을 먹지 않도록 해야 하며, 물놀이 후에는 꼭 샤워를 하는 등 철저히 위생 관리를 해야 합니다.

모낭염이 발생하면 발생 부위가 붉게 변하고 고름이 나옵니다. 침범한 모낭의 깊이에 따라 얕은 고름물집 모낭염, 깊은 고름물집 모낭염으로 나뉘는데 얕은 고름물집 모낭염은 주로 얼굴, 가슴, 등, 엉덩이에 발생하며 병변이 나은 후 대개 흉터를 남기지 않지만, 깊은 고름물집 모낭염은 윗입술 부위에 잘 발생하며 병변이 나은 후에도 흉터가 남을 수 있습니다.

모낭염은 피부 증상이 다양하게 나타나므로 정확한 진단이 중요하며 반드시 수두와 감별해야 합니다. 모낭염은 수두와 달리 세균성 질환이므로 수두처럼 강한 전파력을 갖지 않고, 걸렸을 때 수두처럼 전신으로 번지는 양상을 보이기보다는 국부적으로 발생하는 경우가 대부분입니다. 모낭염으로 판단될 경우 가장 중요한 것은 청결이므로 최대한 땀에 젖지 않도록 해야 합니다. 치료는 상태에 따라 연고 도포나 항생제 복용 등으로 이루어집니다.

이 아이는 다음날 내원했을 때 발진이 몸의 다른 부위로 번지는 양상을 보이지는 않았고 수두에 동반되는 일반적인 두통, 발열 등의 증상도 없었습니다. 다음날 문진 결과 3일 전에 워터파크에 다녀왔다는 것을 확인했습니다. 따라서 모낭염으로 진단하였으며, 항생제 치료 후 바로 좋아졌고 후유증은 없었습니다.

4

발달

01 또래보다 말이 늦어요, 언어치료가 필요할까요?

02 안짱걸음이면 교정 치료가 필요한가요?

03 다리 모양이 O자인데 교정해야 하나요?

〈알아두면 유용한 정보〉

영유아의 발열 기간별 원인 분류와 대처법

열이 날 때 해열제가 필수인 경우와 미온수 마사지의 효과

01

또래보다 말이 늦어요, 언어치료가 필요할까요?

"선생님, 아이가 만 세 살인데 어린이집에서 저희 아이가 다른 애들보다 말이 좀 늦대요. 어떻게 해야 할까요?"

"아이가 어린이집에서 또래 아이들과 어울리는 데 문제가 있거나 짜증을 많이 낸다든가 하나요?"

"네, 어린이집 선생님 말씀으로는 또래 애들과 잘 어울리지 못한대요. 그래서인지 퇴근 후에 보면 아이가 화내거나 짜증 낼 때가 많아요."

"아, 혹시 맞벌이하세요?"

"네, 그래서 할머니가 돌봐주고 계세요. 혹시 할머니가 돌보다 보니 말이 늦는 걸까요?"

"꼭 그렇다고는 볼 수 없지만 평소 부모와 보내는 시간이 적으면 언어 훈련이 부족해서 그럴 수도 있어요."

부모가 아이의 성장 과정을 지켜보며 가장 기뻤던 순간은 아마도 아이가 세상에 나와 처음 눈이 마주쳤던 순간, 아이가 두 발로 걷기 시작하는 순간 그리고 아이의 입에서 '엄마, 아빠'란 단어가 처음 나오던 순간일 것입니다. 그만큼 아이가 말을 하는 순간은 부모에게는 매우 특별한 의미를 갖습니다.

코로나 팬데믹의 시기를 겪으면서 아이들의 언어발달에도 많은 환경적 변화가 생기고 있습니다. 마스크의 착용이 생활화되면서 입 모양 모방을 통한 언어의 습득 기회가 줄어들었습니다. 어린이집의 보편화로 아이들 간 언어 습득 시기의 차이가 드러나기 시작하면서 엄마들은 아이의 언어발달에 더욱 관심도가 높아지고 있기도 합니다. 친구 딸은 18개월에 벌써 두 단어 문장을 구사하는데, 우리 딸은 13개월인데도 말 한마디 못 하는 것을 보며 더욱 걱정이 커집니다.

정상적인 언어발달의 기준은, 아이에 따라 차이가 있긴 하지만 일반적으로 대략 12개월에 1~3개의 의미 있는 단어를 말하기 시작하고 18개월이면 두 단어를 연결하기 시작합니다. 2세가 되면 두 단어로 이루어진 문장을 구사하며, 3세가 되면 보통 200개 이상의 언어표현이 가능하고 세 단어 이상의 문장을 구사합니다. 4세부터 상호 간의 대화가 되며 5세부터는 복잡한 문장을 만들 줄 알고 숨어있는 의미까지 이해할 수 있게 됩니다.

이러한 일반적인 기준으로 또래 친구와 비교했을 때 6개월 정도 늦은 경우를 지연으로 보고 7개월 이상 늦은 경우를 장애로 봅니다.

더욱 구체적으로는, 6개월에 뒤에서 들리는 소리에 눈이나 머리를 돌리지 않거나, 10개월에 이름을 불러도 반응이 없거나, 15개월에 '안 돼', '바이 바이' 등의 단어를 이해하지 못하거나, 18개월에 단어 10개를 말하지 못하거나, 만 2세에 신체 부위를 가리키지 못하거나, 2세 중반이 되어도 아이가 말하는 것을 가족이 알아들을 수 없거나, 3세가 되어도 단순한 문장을 구사하지 못하고 질문하지 못하며 아이가 말하는 것을 가족 이외의 다른 사람이 알아들을 수 없고, 3세 중반이 되도록 받침 발음을 하지 못한다면 언어발달이 느린 것으로 봅니다. 이때는 전문가와의 상담이 필요합니다.

소아과학 교과서에서는 언어발달 지연을 만 2세가 되어서도 말을 하지 못하는 경우로 정의합니다. 지적장애, 자폐증, 뇌성마비, 청력장애, 교육 부족, 정서장애 등이 언어발달 지연의 원인이 됩니다. 그러한 원인이 없이 나타나는 경우는 발달성 언어장애(developmental language disorder)에 해당합니다.

한편, 언어 표현만 늦는 경우를 표현성 언어장애, 언어의 이해와 표현 모두가 늦는 경우를 혼합된 수용성·표현성 언어장애라고 합니다. 혼합된 수용성·표현성 언어장애는 표현성 언어장애보다 나아지는 속도가 느립니다.

언어발달은 단순히 의사소통의 도구를 넘어서 인지능력이나 심리 발달, 사회성 등과 연관되어 있으므로 매우 중요합니다. 또한, 의사 표현 능력이 좋아야 또래 집단에서 유대감이 잘 생기고 여러 활동을 할 때 자신감을 가질 수 있어 단체활동에도 적극성을 갖게 됩니다. 아이가 단체활동을 시작할 때 언어발달이 느려 자신의 의사를 충분히 표현하지 못하면 또래와의 관계 형성에 심리적인 불편감을 느낄 수 있습니다.

언어발달 장애는 조기 발견의 예후가 좋은 것으로 알려져 부모가 1차적으로 아이의 언어발달 상황을 체크하는 것이 중요합니다. 이를 위해서 평소에 아이의 의사소통을 잘 살펴보아야 합니다. 아이가 말은 느리지만 본인의 의사 표현을 몸짓언어로 표현하는지, 또 엄마가 하는 말을 듣고 이해하는지 등 상호작용 여부를 확인합니다. 이것이 잘 되고 있다면 단순히 말이 늦는 경우일 확률 높아 크게 걱정할 필요는 없습니다. 원하는 것을 달라고 손을 끌거나 손가락으로 가리킬 때 말로 할 수 있도록 도와주면 됩니다. 예를 들어 물을 달라고 정수기로 엄마를 데려가거나 손으로 가리키는 식으로 표현한다면 "물 주세요"라고 말하도록 연습시키면 됩니다. 즉 아이가 필요한 것을 표현할 수 있는 나이가 되었다면 아이가 원하는 것을 표현하도록 하고 그것을 도와주는 것이 중요합니다.

또한 생후 14일부터 생후 71개월까지 모든 영유아 건강검진을 다 받아보아야 합니다. 영유아 건강검진에서는 언어발달뿐만 아니라 인지, 대근육, 소근육발달, 사회성, 자조 영역까지 일반적 영역에 대한 검사와 조언을 받을 수 있습니다. 아이가 단순히 말이 늦은 것인지 전체적으로 발달이 느린 것인지 알아볼 수 있으니 시기별로 반드시 받아보아야 합니다.

이 검사로 전반적 발달이 느린 것 같다는 소견이 나오면 상급병원에서 정식 발달검사를 받도록 제안합니다. 이 제안을 받는다면, 회피하거나 방관하지 말고 검사를 받아야 합니다.

친구들보다 말이 느린데 불안하지 않을 부모는 없을 것입니다. 그런 불안감은 아이들에게 고스란히 전해집니다. 그러니 아이의 언어발달상황이 궁금할 때는 언제든지 가까운 소아청소년과나 발달센터에 방문하여 전반적 발달검사나 언어검사를 받아보고, 아이의 상태를 객관적으로 파악하여 치료의 기회를 놓치지 말아야 합니다.

언어발달 장애는 초기에 발견하면 저절로 회복될 수 있습니다. 치료는 짧게 6개월, 길게 5년 정도 소요되므로 치료에 대한 인내심과 가족의 관심이 꼭 필요합니다. 언어발달 장애는 만 3세 이전에 치료를 시작해야 예후가 좋습니다. 만 2세가 되어도 말이 늦거나 또래에 비해 의사소통에 어려움이 있다고 느껴지면 전문센터나 병원을 통해 검사를 받아보는 것이 좋습니다.

언어장애의 평가는 발달센터나 소아심리센터를 통해서 많이 이루어지는데, 최근에는 소아청소년과 의원에서 SELSI(Sequnced Language Scale for Infants: 영유아 언어발달검사) , PRES(취학 전 아동의 수용 및 표현언어검사, 만 2~6세) 등을 이용하여 평가합니다. 언어발달검사 결과지와 발달 재활 서비스 의뢰서를 가지고 소아과에 내원하면 의사가 진단서를 써줍니다. 이를 주민센터에 제출하면 언어발달 바우처 서비스를 이용할 수 있으므로 언어치료 경비를 지원받게 됩니다.

02 안짱걸음이면 교정 치료가 필요한가요?

만 5세 여자아이가 엄마 손에 이끌려 진료실로 들어왔습니다. 걸어 들어오는 모습을 보니 한눈에도 안짱걸음임을 알 수 있었습니다. 걸을 때 발이 안쪽으로 돌아가고 양 무릎이 부딪히는 등 걸음걸이가 부자연스러웠습니다.

"선생님, 저희 아이가 안짱걸음을 걸어요. 보기에도 좋지 않고, 자꾸 양쪽 다리가 부딪혀 넘어지곤 해서 교정을 받아야 하나 궁금해서 데리고 왔어요."

"네, 진료실에 들어오는 모습을 보니 안짱걸음을 하네요. 안짱걸음은 크게 엉덩이뼈, 정강이뼈, 발의 변형이 원인인데 대부분은 엉덩이뼈가 안으로 돌아가서 생기는 대퇴골 내염전 때문입니다. 대략 90%가 엉덩이뼈 변형이 원인인 것이죠. 이 경우는 보조기나 특수신발 같은 것으로는 교정이 안 되고 오히려 아이에게 스트레스만 줄 수 있어요. 보통 10세쯤까지는 자라면서 자연스럽게 교정이 됩니다. 저절로 교정되지 않아 수술해야 하는 경우는 1% 이하로 알려져 있어요. 혹시 앉을 때 더블유(W) 모양 자세를 많이 취하진 않던가요?"

"네, 앉을 때 거의 항상 그렇게 앉아요."

"그럼 대퇴골 내염전이 원인일 가능성이 커요. 그렇다면 말씀드렸듯이 10세 이전에 자연스레 교정이 되니 크게 염려 안 하셔도 될 것 같아요.

자세한 건 소아정형외과에서 상담을 해보시면 더 정확하게 아실 수 있어요."

안짱걸음은 '내족지(in-toeing)'라고 하며 걸을 때 발끝이 안쪽으로 향하는 것을 가리킵니다. 안짱걸음의 문제는 걸을 때마다 유난히 발이 안쪽으로 돌아가서 빨리 걸으면 오리처럼 뒤뚱거리고 무릎과 무릎이 부딪히거나 발끝이 부딪혀 넘어지기도 하는 것입니다. 엉덩이뼈(대퇴골)가 안쪽으로 뒤틀려서 생기는 경우가 제일 많고, 정강이(경골)의 변형, 발 자체의 문제로 인해 생기기도 합니다.

안짱걸음은 소아에게 흔한 현상으로 대부분 시간이 지나면서 저절로 호전됩니다. 일부 아이들의 경우 호전되지 않고 심한 안짱걸음 상태가 계속되기도 하나 그 비율은 매우 적습니다. 이때는 보조기로 교정이 되지 않아 수술 치료가 필요합니다. 부목, 보조기, 교정 신발 등의 보장구 치료는 효과가 거의 없는 것으로 알려져 있습니다.

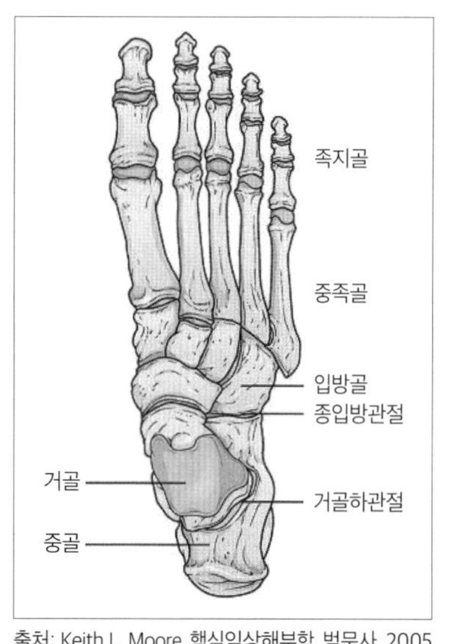

출처: Keith L. Moore, 핵심임상해부학, 범문사, 2005

발 뼈의 구조

안짱걸음의 원인에 대해 구체적으로 살펴보면, 우선 발의 변형으로 인한 경우, 즉 중족골(발가락뼈의 안쪽에 있는 다섯 개의 뼈) 내전의 경우에는 발끝이 안쪽으로 휘어져서 발의 내측이 오목하고 외측은 볼록하게 보입니다. 심하지 않으면 생후 6개월 이내에 저절로 호전되고 심한 경우엔 정형외과에 의뢰하여 도수 치료 후 석고붕대 교정을 받아야 합니다.

또 다른 원인인 경골 내염전은 무릎관절에서 경골(무릎 아래 다리 부분)이 안쪽으로 휘어진 증상입니다. 출생 후 O자형 다리가 함께 나타나는 경우가 가장 흔하고, 만 2세까지 자연 교정되며 생리적으로 정상 발달 과정이므로 교정 치료가 불필요합니다. 매우 드물기는 하나 만 2세가 지나도 호전되지 않고 심한 보행 이상을 보이면 경골 정렬을 위한 수술이 필요하기도 합니다.

대퇴골과 골반뼈가 엉덩이 관절을 이루는 부위를 대퇴골두라고 하고, 그 바로 밑부분을 대퇴골목이라고 부르는데, 이 부분이 그 아래 대퇴골에 비해 앞으로 지나치게 휘어있는 경우를 대퇴골 내염전이라고 부릅니다. 이 역시 안짱걸음의 원인으로, 3세 이후 소아 안짱걸음의 가장 흔한 원인입니다. 이 경우 아이가 앉을 때 다리를 벌린 채 무릎을 꿇는 더블유(W)자 모양의 자세를 자주 취합니다. 교정을 위해서는 다리를 쭉 뻗고 앉도록 하거나 양반다리 또는 의자에 앉도록 하는 게 좋습니다. 대부분 6~8세까지는 호전되어 일자 혹은 약간 팔자로 보행하게 됩니다.

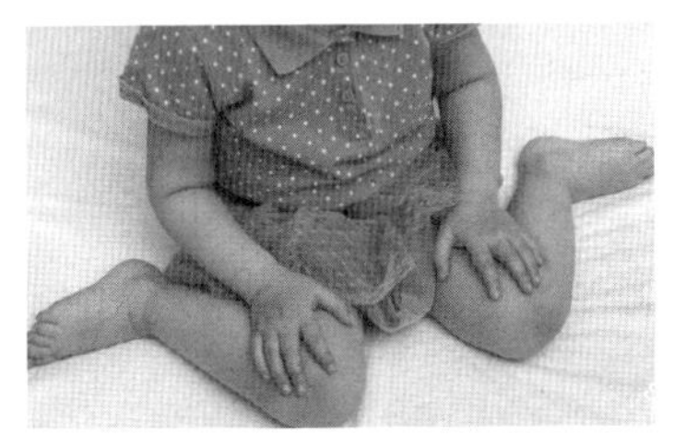

더블유(W) 모양 앉는 자세

사실 안짱걸음 자세는 미용상의 문제가 대부분으로 관절염이나 기타 심각한 문제와는 거의 관련이 없습니다. 성장하면서 대부분 자연스럽게 교정이 되니 너무 염려할 필요도 없습니다. 단, 보조기나 경락, 추나요법 등 근거 없는 운동요법을 시행할 경우 아이에게 스트레스만 유발할 수 있으니 주의해야 합니다.

03 다리 모양이 O자인데 교정해야 하나요?

"선생님, 아이 다리가 O자인데 교정이 필요하지 않을까요?"

"아이가 지금 16개월이군요. 아이들은 나이가 들면서 다리 모양이 변한답니다. 돌 전후 때는 일자형에 가까운 O자형 다리가 일반적인 모양이에요. 혹시 걸음마를 시작할 때보다 더 심하게 O자형이 되었나요?"

"그렇지는 않은 것 같아요."

"걸을 때 힘들어한다든지 다리를 저는 것 같지는 않고요?"

"네, 걷는 것은 잘해요."

"그럼 좀 지켜보시면 돼요. 돌 지나면서는 O자형 다리 모양을 하다가 두 돌 무렵 일자형 다리로 바뀌고, 세 돌 지날때는 X자형으로 바뀌기도 하고 일곱 살 정도 되면 일자형 다리로 곧게 펴지는 게 일반적이에요."

외모에 대한 관심이 커지면서 아이들의 다리 모양에 신경 쓰는 엄마들도 더 많아진 듯합니다. 특히 돌 전후의 아기들의 다리 모양이 O자형이라고 걱정하는 분들이 많지만, 이 무렵 아이들의 일반적 다리 모양입니다. 출생 직후부터 돌이 지날 무렵까지는 O자형을 유지하다가 두 돌 전에 곧은 일자형 다리로 변하고, 이후 3~4세까지는 반대로 X자형 다리 모양으로 바뀌게 됩니다. 다시 말해 세 돌 된 어린이의 다리 모양은 X자가 정상입니다. 이때부터 다시 조금씩 곧게 펴져 초등학교 입학 전까지 일자형 혹은 약간의 X자형으로 고정됩니다. 그러나 다리 모양이 또래의 정상 범위를 벗어난 다음과 같은 경우라면 치료가 필요합니다.

우선, 비만 아동이 늘면서 유아 경골(정강이뼈) 내반증을 앓는 어린이가 늘고 있습니다. 정상 범위의 O자형 다리지만 체중이 불어 무릎 안쪽에 무게가 많이 실리면서 바깥쪽만 많이 자라게 된 경우로, 결과적으로 O자형이 악화합니다. 주로 뚱뚱하면서 걸음마를 빨리 시작하는 아이에게서 많습니다. 선천성 뼈 질환이 있거나 외상으로 인해 성장판 일부가 다친 경우에도 다리가 휘면서 변형됩니다.

다음은 뼈가 뒤틀린 안짱걸음으로, 걸을 때마다 발이 안쪽으로 돌아가는 경우입니다. 안짱걸음은 무릎이나 발끝이 서로 부딪혀 잘 넘어지는 게 특징인데, 가장 흔한 원인은 허벅지뼈(대퇴골)가 앞쪽으로 뒤틀린 경우입니다. O자형 다리와 함께 정강이뼈(경골)가 안으로 돌아가도 안짱걸음을 합니다. 대개 자라면서 제 모양을 찾지만, 8세가 돼도 교정되지 않으면 뒤틀린 뼈를 잡아주는 수술이 필요합니다.

태어날 때부터 발 자체가 안쪽으로 돌아간 중족골 내전증은 발 마사지, 신발 좌우로 바꿔 신기, 보조 신발, 깁스 등으로 대부분 교정됩니다. 드물지만 3~4세 이후에도 호전이 안 된 채 안짱걸음을 할 땐 수술로 교정해야 합니다.

다리가 잘 벌려지지 않는 경우는 허벅지뼈와 엉덩이뼈가 연결된 부위의 관절이 어긋난 발달성 고관절 탈구입니다. 기저귀를 갈 때 다리가 잘 안 벌어지며 엉덩이와 허벅지의 피부 주름이 비대칭인 게 특징입니다. 걸음마를 시작하면 다리를 절게 돼 병원을 찾습니다. 이 질환은 조기 발견 및 치료가 중요합니다. 6개월 이내에 발견하면 보조기만 사용해도 탈구된 뼈를 제자리에 오게 할 수 있습니다.

양다리의 길이가 다른 경우도 있는데, 골절, 감염, 종양, 선천성 등이 원인입니다. 길이 차이가 2cm 미만이면 신발 굽을 조절하는 정도로 교정하지만 2~5cm 차이가 날 땐 일정 기간 긴 쪽 다리의 성장을 억제해 비슷하게 자라도록 치료합니다. 차이가 5cm 이상일 땐 짧은 다리의 뼈를 길게 해주는 수술이 필요합니다.

알아두면 유용한 정보

영유아의 발열 기간별 원인 분류와 대처법

"선생님, 아이가 일주일째 열이 나요."

"네? 일주일째 열이 이어지고 있다고요? 정확히 열이 나기 시작한 게 언제부터인가요?"

"지난주 화요일 오후부터 난 것 같아요."

"그럼 오늘이 월요일 오전이니까 만 5일이 더 지났네요. 혹시 그사이 다른 병원은 안 가보셨어요?"

"당연히 가봤죠. 한 이틀 지켜보다 열이 떨어질 기미가 없어서 동네 이비인후과에 갔더니 목이 부었대요. 그래서 처방받은 항생제와 해열제를 먹였는데 열도 안 떨어지고 기침도 더 많이 하는 것 같아서 금요일 새벽에 대학병원 응급실에 갔어요. 소변검사, 혈액검사, 엑스레이 검사까지 다 했는데 뚜렷한 원인은 없이 목만 부어있대요."

"네, 그 정도 검사면 할만한 건 다 한 거예요. 눈이 좀 충혈되었고 눈곱이 끼어 있군요. 그 외에 발진이라든지 다른 증상은 없었나요?"

"네, 기침과 발열 이외에 다른 증상은 없어요. 열이 내리면 잘 놀고요."

"일단 아데노바이러스에 의한 인두결막열이 의심되네요. 종종 일주일 가까이 열이 나기도 하는 고약한 바이러스예요. 혹시 몸이 처지거나 잘 안 먹지는 않나요?"

"처음 고열이 지속될 땐 잘 안 먹고 몸도 처졌는데 아이도 이젠 익숙한지 열이 내리면 잘 놀고 잘 먹어요. 그럼 대학병원 입원은 필요 없을까요?"

"네. 보통 만 5일 이상 열이 지속될 경우는 대학병원에 가서 검사해보는 것이 일반적이긴 한데 아이 상태를 보니 입원까지는 필요 없을 것 같고 하루 이틀 더 지켜보시죠."

이 아이는 내원한 다음 날인 만 7일째 열이 내렸고 바로 회복했습니다. 아데노바이러스에 의한 인두결막열의 사례로 추정됩니다.

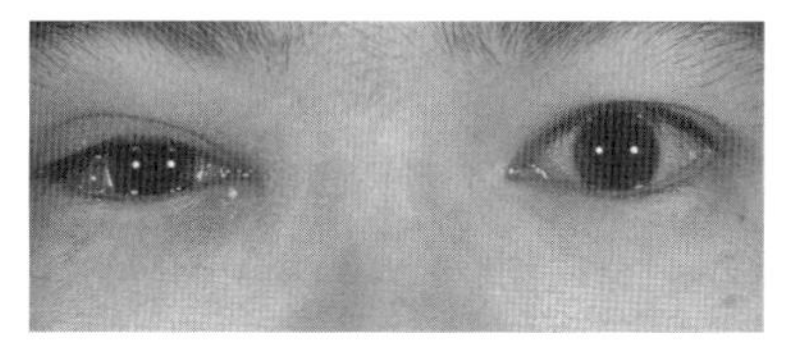
아데노바이러스에 의한 인두결막열

일반적으로 생후 3개월 이전 신생아에게 발열이 있다면 빨리 병원을 찾아 진찰을 받아야 합니다. 이 아이들에게 열이 나면 패혈증이나 요로감염, 또는 뇌수막염이 원인일 가능성이 상대적으로 높습니다. 단순 감기가 확실하다면 추가적인 검사가 필요하지 않겠지만 감기에 동반되는 콧물, 기침 등의 증상이 없고, 아이가 끙끙거리기며 앓는 소리를 내고 열만 난다면 즉시 대학병원 응급실을 찾아야 합니다.

3개월 이후 영유아의 경우 열이 난 지 하루에서 이틀 정도 되었는데 아이의 상태에 문제가 없다면 그냥 경과를 관찰하면 됩니다. 물론 이 경우에도 39도 이상의 고열이라면 병원을 방문해야 합니다. 열이 38도 이하로 그리 높지 않은데 보채고 밥도 잘 못 먹는 등 상태가 좋지 않다면 소아과 의원에 가서 진료를 받아야 합니다. 발열 기간에 따라 구체적으로 원인을 살펴보겠습니다.

• 열이 난 지 하루에서 이틀이 지났다면

열과 함께 콧물, 기침이 동반된다면 감기일 뿐입니다. 감기로 인한 발열은 대부분 72시간을 넘기지 않습니다. 열이 나면서 기침을 하고 콧물을 흘린다면 오히려 예후가 가장 좋은 경우라고 생각해도 좋습니다.

수족구병이 원인일 때는 하루 정도면 열이 내립니다. 마른 장작이 불에 활활 잘 타지만 오래가지는 못하듯 수족구병은 40도에 육박하는 고열로 치닫다가도 하루가 지나면 열이 단번에 떨어집니다. 입안에 수포성 발진이 생기고 손과 발에 발진을 동반할 경우 수족구병을 의심할 수 있습니다.

포진성 구협염, 즉 흔히 구내염이라 일컫는 허판자이나(herpangina)의 경우에는 입안 발진이 대표적인 증상이고, 입안 발진으로 인한 통증 때문에 아이가 침을 잘 못 삼키고 흘립니다. 역시 수족구병과 마찬가지로 39도 이상의 고열이 하루 이틀 지속되다 맙니다. 고열이 나는 아이가 보채고 몸도 처진다면 단순 목감기인 인두염이나 편도염, 장염, 독감 등을 의심해볼 수 있습니다. 편도염이면 아이가 목이 아프다는 신호를 보입니다. 잘 알려져 있듯이 편도염이나 인두염 등의 목감기가 영유아 발열의 가장 흔한 원인입니다. 병원에 가면 목부터 진찰하는 이유가 여기에 있습니다.

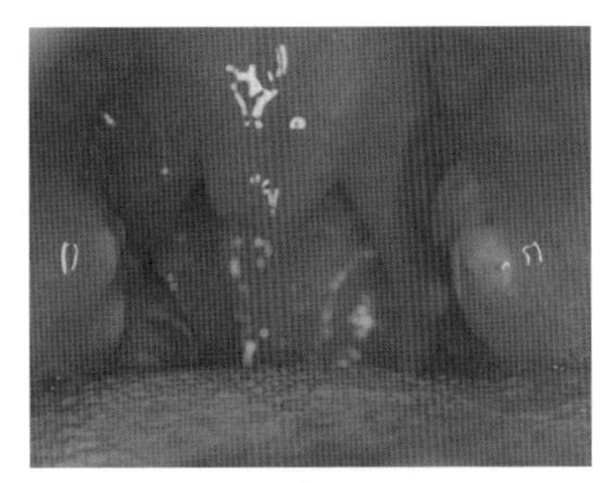

아데노바이러스에 의한 편도염

장염은 일반적으로 설사나 구토를 동반하는데 그런 증상 없이 고열만 나는 경우도 있습니다. 이 경우 열이 내린 다음에 구토와 설사 등이 나타나기도 합니다.

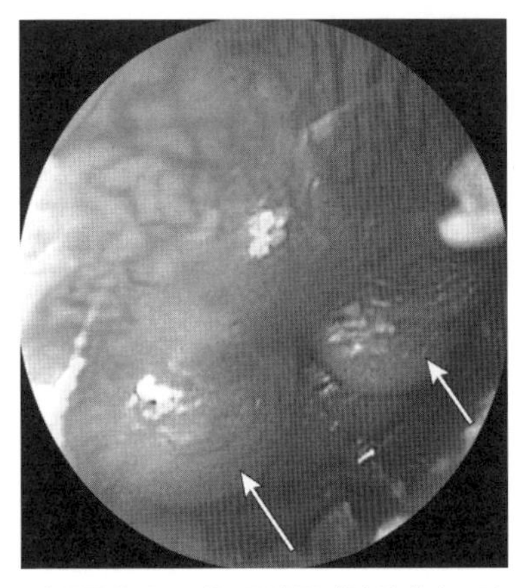

귀 통증을 호소하는 급성 중이염 상태의 고막

중이염도 종종 발열의 원인인데 열은 오래가지 않습니다. 중이염 증상이 심할 경우 고막 통증을 호소하기도 합니다. 그러나 아이들은 통증을 표현하는 데 서투르기 때문에 귀 부위를 정확히 특정하여 아프다고 표현하지 못합니다. 단순히 머리가 아프다거나 막연하게 아프다면서 울기만 하는 경우도 종종 있으니 유심히 살펴야 합니다.

뇌수막염이 원인일 수도 있습니다. 뇌수막염은 세균성이냐 바이러스성이냐에 따라 다른데 무균성 뇌수막염, 즉 바이러스성이 흔합니다. 이 경우 극심한 통증과 함께 뇌압 상승으로 인한 구토가 동반되며 고열이 납니다. 뇌수막염에 걸린 아이들은 극심한 두통으로 내원 시 인상을 찌푸린 경우가 많습니다. 뇌수막염은 의사의 신체 진찰과 함께 요추천자 검사를 통하여 확진하게 되므로 병원에서 요추천자 검사가 필요하다고 하면 반드시 응하도록 해야 합니다.

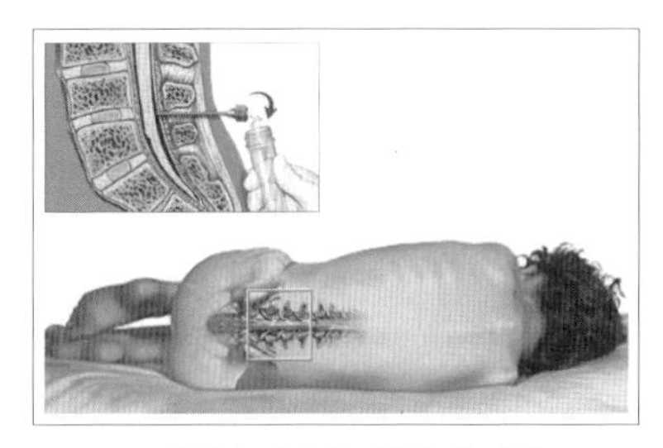

요추천자 검사와 뇌척수액 채취

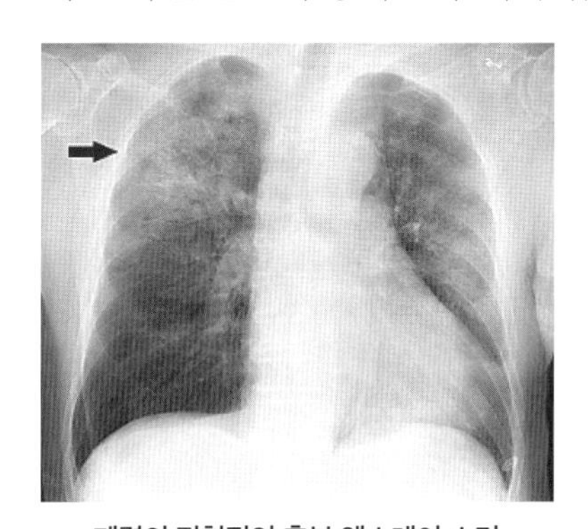

폐렴의 전형적인 흉부 엑스레이 소견

매우 흔하지만 애매한 경우가 단순 감기에서 폐렴으로 진행하는 경우입니다. 처음에는 단순 목감기로 내원하고 기침도 없다가, 이틀에서 사흘 정도 지나 갑작스레 기침을 하기 시작하면서 고열이 내릴 생각을 안 한다면 폐렴을 의심해야 합니다. 아이들은 폐렴으로의 진행이 매우 빨라서 종종 의사들조차도 이를 놓치는 경우가 있습니다. 앞서 이야기했듯이 단순 감기는 열이 72시간을 넘기는 경우가 매우 드뭅니다. 따라서 이유 없이 열이 내리지 않고 처음에 없던 기침까지 동반된다면 무조건 폐렴을 의심해보고 엑스레이를 찍어 확인해야 합니다.

요로감염인 경우에는 고열은 지속되지만 보채거나 몸이 처지지도 않으며 별다른 증상을 보이지 않을 때도 많습니다. 그래서 요로감염에 의한 발열일 때는 발열 원인을 찾기가 가장 어렵습니다. 아이가 별다른 증상이 없는데 열만 난다면 반드시 소변검사를 해봐야 합니다. 이럴 때 혈액을 통해 염증 수치(CRP)를 확인해보면 정상 수치보다 높은 경우가 대부분입니다. 따라서 발열 원인이 명확치 않다면 혈액검사를 통한 염증 수치를 확인하고 소변검사를 하게 되는 경우도 많습니다. 소변검사 시 소변 간이검사는 결과가 즉시 나오거나 늦어도 하루 이내에 나오지만 균배양 검사는 최소 이틀 이상 걸립니다. 소변 간이검사에서 염증 세포의 존재를 확인하면 대부분 요로감염을 추정할 수 있지만 반드시 균배양 검사를 통해 확진한다는 것을 기억해야 합니다.

그 밖에 아이가 가래가 낀 기침을 하면서 감기가 급성 기관지염으로 진행하여 열이 나는 경우도 많고, 콧물이 뒤로 넘어가고 누런 콧물이 흐르기만 하면서 열이 나는 부비동염에 의한 발열도 종종 있습니다.

• 열이 난 지 만 3일, 즉 72시간이 되었다면

이 시간까지 열이 계속된다면 이제는 전반적 신체 검진과 함께 의사의 소견을 잘 들어야 할 때입니다.

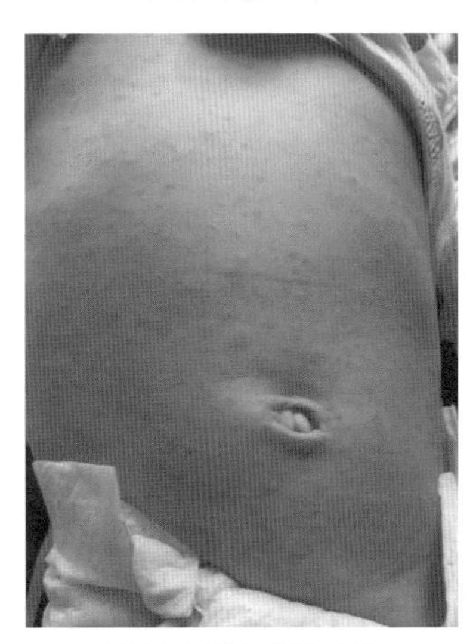
돌발진 환아의 전형적인 열꽃

3일간 목이 아파 밥을 잘 못 먹는다면 급성 편도염이나 급성 인두염이 원인입니다. 목이 심하게 붓고 열이 날 때는 흔하지는 않지만 72시간 이상 혹은 일주일까지 열이 나기도 합니다. 대표적인 예가 아데노바이러스에 의한 목감기입니다. 이때는 의사의 진찰이 매우 중요하며 항생제 처방이 필요한 경우가 많습니다.

만 3일간 40도까지 오르는 고열이 지속되었으나 아이의 목이 심하게 부어있지도 않고 열이 내린 후의 컨디션이 나쁘지 않다면 이것은 돌발진일 경우가 많습니다. 돌발진은 언제나 후향적으로 진단이 내려집니다. 돌발진은 열이 내린 후 전신에 열꽃이 피는 특징이 있습니다. 돌발진은 돌 전후뿐만 아니라 생후 6개월에서 26개월까지도 발생할 수 있다는 것을 기억해야 합니다. 또 다른 돌발진의 특징은 열이 내리고 열꽃이 필 무렵 아이가 보채고 잘 안 먹고 변이 묽어지는 양상이 나타난다는 점입니다.

만 3일 동안 열만 나고 다른 증상은 전혀 없다면 앞서 언급했듯이 소변검사를 반드시 해봐야 합니다. 같은 기간 동안 기침이 심하고 숨소리가 거칠다면 폐렴을 의심해야 하고 독감도 종종 원인일 수 있습니다. 이 경우 독감 간이검사를 받아야 하고, 폐렴이 의심되면 반드시 엑스레이를 찍도록 해야 합니다.

열은 나는데 뚜렷한 원인을 찾기 힘들 때는 아이의 무릎이나 고관절에 염증이 생긴 것은 아닌지도 의심해봐야 합니다. 특히 관절을 만질 때 아이가 자지러지게 울거나 잘 걷던 아이가 최근 들어 보행에 문제가 발생했다면 더욱 그럴 가능성이 커집니다. 종종 관절에서 활액을 천자해서 검사해야 할 수도 있습니다.

• 열이 난 지 만 4일째가 되었다면

열이 지속된 지 72시간이 넘어가면 이제 원인이 매우 좁혀집니다. 4일 동안 고열이 오르락내리락하고, 눈에 눈곱은 없는데 갑자기 충혈이 발생하고, 입술이나 혀가 빨개지고, 전신에 애매한 양상의 발진이 돋기 시작한다면 가와사키병을 의심해야 합니다. 가와사키병은 5일간의 고열, 결막충혈, 림프절 비대, 부정형의 전신 발진, 딸기 혀 등을 특징으로 하는 질환입니다.

가와사키병 이외에도 4일 이상 이유를 알 수 없이 발열이 지속될 때는 종양성 발열도 의심해야 합니다. 대표적인 것이 소아 백혈병입니다. 백혈병일 때도 다른 증상 없이 열만 나는 경우가 있기 때문입니다. 이때는 혈액암을 의심해봐야 하므로 혈액검사가 필요합니다. 혈액검사 외에도 흉부 엑스레이, 소변검사 등 전신에 관한 검사가 필요하므로 대학병원에 내원하는 것이 더 나은 선택입니다.

• 열이 난 지 만 5일이 지났다면

발열이 만 5일간 지속되면 가급적 대학병원에 내원하는 것이 좋습니다. 대학병원에서는 바로 외래 진료를 해주지 않기 때문에 가까운 소아청소년과에서 의뢰서를 받아 가면 좀 더 빨리 진료를 받을 수 있습니다.

만 5일, 사실상 일주일간 발열이 지속된다면 분명 뭔가 문제가 있다고 보는 것이 타당합니다. 앞서 언급했듯이 독감 바이러스나 아데노바이러스 같은 호흡기 바이러스도 열이 일주일 이상 지속되기는 해도 뚜렷한 기침, 콧물 등의 증상이 동반되거나 목 안에 염증이 발견되기 때문에 일주일간 방치되는 경우는 드뭅니다.

원인을 모른 채 열이 일주일간 지속되었다면 종양, 결핵, 전염성 단핵구증, 소아 류마티스양 관절염 등을 의심해보아야 하므로 대학병원 진료가 필요합니다. 물론 검사하는 도중 열이 내려서 별다른 검사나 처치 없이 퇴원하는 경우도 종종 있지만, 이렇게 오랜 기간 열이 지속된다면 원인을 명확히 밝히는 것이 중요합니다.

알아두면 유용한 정보

열이 날 때 해열제가 필수인 경우와 미온수 마사지의 효과

"선생님, 아이가 열이 날 때는 열 자체가 좋은 것이기 때문에 해열제를 먹이지 말고 지켜보라는 말도 있던데 맞나요?"

"네, 열이 나는 것이 반드시 아이에게 해가 되는 것만은 아닙니다. 발열 자체가 아이에게 유익한 점도 있습니다. 하지만 고열이 지속되는 것이 아이에게 좋을 이유가 없죠. 일정 체온이 되면 해열제를 먹이는 것이 좋습니다."

"그럼 어느 정도 체온이면 지켜보고, 얼마 이상일 때 해열제를 먹여야 할까요?"

"네, 좋은 질문인데요, 사실 딱 정해져 있지는 않아요. 일반적으로 38도 이상일 때 해열제를 먹이라고 하지만 이것도 그때그때 다릅니다. 아이가 38도대 열이 지속되어도 컨디션이 좋고 잘 놀고 잘 먹으면 굳이 해열제를 안 먹여도 돼요. 다만 아이들은 상태가 급변할 수 있기 때문에 38도 이상의 열이 지속적으로 난다면 가급적 해열제를 먹여서 열을 내려주는 것이 아이에게는 더 유익합니다."

1세 미만 영유아들이 열이 나면 어떻게 해야 할지 판단이 서지 않을 때가 많습니다. 이 시기 아기들은 의사소통이 원활하지 않으므로 철저하게 엄마의 관찰과 판단에 의존해야 하기 때문입니다. '지켜볼까?', '검사라도 받으러 응급실에 갈까?',

'입원시켜야 하는 것 아냐?' 하며 혼란에 빠집니다. 그래서 이럴 때는 무조건 가까운 소아청소년과에 내원하는 것이 우선입니다.

열이 나는 것은 체온조절중추의 발열점(Thermoregulatory Set Point)의 상승으로 인해 중심 체온이 증가하는 현상입니다. 사람의 정상 체온은 측정 부위와 측정 시간에 따라 다를 수 있습니다*

보통 신체 부위마다 온도가 제각기 다르기 때문에 진정한 의미의 중심 체온을 측정하기는 어렵습니다. 직장(항문 안쪽) 체온이 중심 체온을 잘 반영하지만 측정 시의 불편함 때문에 제한적으로 사용합니다. 신생아의 경우에는 겨드랑이 체온이 직장 체온과 일치하는 편입니다. 흔히 사용하는 고막 체온은 고막에 적외선을 쏜 다음 반사되는 적외선을 측정하여 온도로 변환한 것입니다. 고막은 체온조절중추와 동일한 동맥으로부터 혈액을 공급받기 때문에 고막 체온이 중심 체온을 잘 반영한다고 여겨집니다. 따라서 아이들의 체온은 귀 체온을 기준으로 합니다.

신생아 때는 36.7~37.5도, 1세 미만은 36.5~37.3도, 3세 미만은 36.6~37.5도, 5세 미만은 37도, 7세 미만은 36.6~37도 정도가 정상 체온으로 알려져 있습니다. 이렇게 연령별로 정상 체온에 다소 차이가 있으며, 무엇보다 37도대 초반은 미열이라고 보지 않고 정상 체온의 범주에 속한다는 것을 알아두어야 합니다.

아이들은 성인보다 쉽게 열이 오르고 정상 체온을 상회하는데 이것은 체온조절 기능이 아직 미숙하기 때문입니다. 바깥에서 뛰어놀다 오거나, 투정 부리며 울고 난 뒤에도 체온이 잠시 높아집니다. 병과 연관 없는 일시적 발열의 경우에는 수분을 충분히 섭취하고 휴식을 취하면 대부분 얼마 지나지 않아 정상 체온으로 돌아

* Dimopoulos G, Falagas M, E. "Approach to the febrile patient in the ICU", *Infectious disease clinics of North America*, 2009; 23(3): 471~484).

옵니다.

그런데, 열은 항상 아이에게 나쁘기만 한 것일까요? 그렇지 않습니다. 열은 유익하기도 합니다. 단, 열이 적당한 경우라면 말입니다. 열이 나면 면역 세포의 기능이 더 증가하고 세균은 기능이 떨어지게 됩니다. 항체나 백혈구는 고온에서 더 활발히 작용해서 40도 미만의 발열은 아이에게 유익한 작용을 하기도 합니다. 반면 세균은 체온이 올라감에 따라 성장과 이동성이 약화하고 자기파괴는 증가합니다. 세균의 세포벽이 손상되어 세포가 스스로 죽기도 합니다. 바이러스 또한 주위의 온도에 민감해서 체온이 증가함에 따라 복제 속도가 느려집니다. 이상은 분명 유익한 점입니다.

그렇다면 어떤 점에서 열은 해로운 것일까요? 체온이 1도 증가할 때마다 대사율은 10% 증가합니다. 발열로 인해 증가한 대사율은 아이의 몸에 스트레스를 증가시키고 많은 에너지를 필요로 하게 만듭니다. 그래서 열이 나면 아이들은 몸이 처지고 힘들어합니다. 발열에 요구되는 에너지에 맞추어 아이가 잘 먹고 잠도 푹 자야 하는데 열로 인해 그러지 못하면 몸이 더 가라앉게 되고 피곤해지며 탈수가 생겨 오히려 면역기능이 저하합니다. 아이들이 수액만 맞아도 활력을 되찾는 이유가 바로 여기에 있습니다. 그래서 열이 나고 처질 때 아이들에게 생리식염수를 급속으로 정맥 주사하는 것입니다.

매우 드물기는 하지만 40도 이상의 열이 지속되면 비가역적 세포 손상의 위험이 커지고 43도 이상의 열에서는 신경 손상이 일어나기도 합니다. 물론 일상에서 40도 전후의 열이 날 때 가장 무서운 것은 열성 경련일 것입니다.

그럼 언제 해열제를 먹여야 할까요? 소아청소년과 의사들은 대개 38도가 넘으면 해열제를 먹이라고 권하는데 38도가 넘어가면 열로 인해 발생하는 해악이 유익한 점보다 많기 때문입니다. 대표적으로 몸이 처지고 잘 못 먹는 증상이 나타납니다. 따라서 아이 상태에 문제만 없다면 39도가 넘지 않는 선에서는 해열제를 안 먹이고 지켜봐도 별문제는 없습니다.

그렇다면, 열을 떨어뜨리는 민간요법으로 알려져 있는 미온수 마사지의 효과는 어떨까요? 해열제에 추가하여 미온수 마사지를 하는 것은 초기에 열을 떨어뜨리는 데 효과가 있을 수 있습니다. 그러나 궁극적으로 체온이 내려가지는 않습니다.

한 연구에서 체온이 38.3도 이상인 입원 아동을 대상으로 미온수 마사지와 함께 해열제를 투여한 집단과 해열제만 투여한 집단의 체온 감소와 불편감을 측정하는 무작위 대조군 연구를 시행했습니다.* 미온수 마사지와 더불어 해열제를 투여한 집단이 해열제만 사용한 집단보다 초기에 체온이 더 빨리 내려갔지만 2시간 후 두 집단의 체온 차이는 없었으며 불편감은 미온수 마사지와 함께 해열제를 투여한 집단이 해열제만 투여한 집단보다 통계적으로 유의미하게 더 큰 것으로 나타났습니다.

결론적으로 미온수 마사지는 열이 나는 아이에게 유익한 대처법이 아닙니다. 고체온증과 같은 특별한 상황에서 즉각적인 체온 저감이 필요할 때 선별적으로 사용할 수는 있으나, 일상적 상황에서 미온수 마사지는 아이에게 불편감만 증가시킬 뿐 해열에 도움이 되지 않는다는 것을 분명히 알아두어야 합니다.

---

* 출처: 강혜숙, 윤오복 (2010), 소아 응급실을 내원한 환자보호자의 미온수 마사지 경험실태, 간호학의 지평 제7권, 제1호, 서울대학교병원

PART V

생후 25개월부터 36개월까지

4차 영유아 검진(30~36개월) 때 많이 하는 질문들

이 시기에는 보통 감기 같은 전염성 질환 외에도 알레르기성 질환을 많이 앓게 됩니다. 그래서 알레르기성 질환의 검사와 치료에 대하여 묻는 경우가 많아 관련 질문들을 정리해 보았습니다.

1

감염성 질환

01 새벽이면 기침이 심해져요: 크룹/후두염

02 열이나 기침 증상이 없는데 폐렴일 수 있나요?: 소아 폐렴

03 콧물이 계속 나오는데 이비인후과에 가야 할까요,
소아과에 가야 할까요?

01

새벽이면 기침이 심해져요

: 크룹/후두염

아이가 새벽에 아프면 당장 응급실에 가야 하나, 그냥 지켜봐야 하나 고민하게 됩니다. 특히나 숨이 넘어갈 듯 기침을 심하게 하면 더더욱 안절부절못하게 되지요. 꼭 새벽에 기침이 심해지는 질환이 있습니다. 바로 크룹(croup), 일명 후두염입니다.

"선생님, 어제 새벽에 아이가 '컹컹' 기침을 하느라 잠을 못 잤어요."
"아, 그랬군요. 혹시 열은 안 났나요?"
"다행히 열은 없었어요. 응급실에 가야 하나 많이 고민했어요."
"어디 봅시다. 아, 후두염이네요. 크룹이에요."
"다음에 또 새벽에 그러면 응급실에 가야 하나요?"
"이 병의 특징이 새벽에 기침이 심해지는 것인데, 그럴 때는 창문을 열고 차가운 밤공기를 한 번 쐬게 해주세요. 그러면 좋아지는 경우가 많아요."

흔히 후두염이라고 부르는 크룹의 정식 한글 명칭은 '급성 폐쇄성 후두염'입니다. 바이러스나 세균에 의한 후두의 염증이 원인인 질환으로, 흔히 파라인플루엔자바이러스(Parainfluenza Virus)에 의하여 발생합니다. 만 1세부터 3세까지 흔하게 발생하며 우리나라에서는 보통 10월부터 3월까지 많이 유행합니다.

크룹은 후두에 부종을 유발하여 기도가 좁아지게 합니다. 기도가 좁아지면서 후

두 아래쪽으로 공기가 고이게 되어 기침할 때 마치 항아리가 울리는 듯한 '컹컹' 소리를 내거나 개 짖는 소리와 비슷하게 들립니다. 아이의 목소리가 쉬고, 숨을 들이마실 때 '힉~' 하는 소리가 납니다.

크룹은 증상만으로도 진단이 가능합니다. 진단하기 애매한 증상일 때는 엑스레이 촬영을 시행합니다. 크룹인 경우라면 엑스레이상으로 기도가 좁아져 있고 그 아래에 공기가 고여있는 것을 관찰할 수 있습니다.

크룹에는 호흡기 치료와 약물 치료가 도움이 됩니다. 그리고 집에서 가습기를 이용해 습도를 올려주는 것이 좋습니다. 만일 아이가 새벽에 기침이 심해 힘들어하면 차가운 밤공기를 잠시 쐬어주는 것이 기침을 멈추는 데 도움이 됩니다. 또한 충분한 수분 섭취를 위해 물을 많이 마시게 해주어야 합니다.

02 열이나 기침 증상이 없는데 폐렴일 수 있나요?: 소아 폐렴

"선생님, 아이가 4일 전부터 열이 나요. 기침은 하지 않고요. 처음 찾아간 병원에서는 돌 전후에 한 번쯤 고열이 날 수 있으니 약을 먹이고 지켜보자고 했어요. 그런데 계속 열이 나요. 혹시 다른 원인은 없을까요?"

"목이 부어 있긴 하네요. 보통 돌 전후에 39도 이상의 고열이 3일 이상 지속되면서 다른 증상이 없을 경우 돌발진을 의심해봐야 해요. 그런데 열이 나기 시작한 지 72시간이 지났는데도 열이 떨어질 기미가 없다면 반드시 폐렴을 의심해봐야 합니다."

"폐렴이면 기침을 하지 않나요? 기침을 안 해도 폐렴일 수 있나요?"

"소아 폐렴은 기침 없이 찾아오는 경우도 있어요. 단순한 목감기에서 시작하여 폐렴으로 진행되는 경우도 꽤 많이 있습니다. 엑스레이를 한 번 찍어보죠."

(엑스레이 촬영 후)

"흉부 엑스레이 사진에서 우(右)하엽에 폐렴이 관찰되네요. 아이가 어리고 컨디션이 좋지 않으니 의뢰서를 써드릴게요. 대학병원에 며칠 입원하는 게 좋겠어요."

사실 영유아나 소아의 경우 발열의 원인을 찾기 힘든데, 기본적으로 72시간 이상 열이 지속되면 반드시 한 번쯤 폐렴을 의심해봐야 합니다. 폐렴일 때는 으레 기침을 한다고 생각하기 쉽지만, 아이들은 폐렴을 앓아도 기침 증세가 없는 경우가 종종 있습니다. 더욱이 영유아들은 청진할 때 심하게 우는 경우가 많아 청진만으로 폐렴을 진단하기 어려울 때도 많고, 실제로 폐렴 특유의 청진 소견이 없을 때도 많아 반드시 엑스레이를 찍어서 폐렴이 아닌지 확인해야 합니다.

소아는 건강한 성인에 비해 폐렴에 더 잘 걸립니다. 영유아가 폐렴에 잘 걸리는 이유는 면역체계가 아직 덜 완성되어 있고, 호흡기계가 덜 성장했기 때문입니다. 그런 상태에서 어린이집이나 유치원 등 단체 생활을 하기 때문에, 보육 기관에 폐렴에 걸린 아이가 한 명만 있어도 쉽게 옮습니다. 하지만 증상이 다양해서 부모가 아이의 폐렴을 알아채기가 쉽지 않습니다.

영유아는 특히 단순 목감기로 시작하여 폐렴으로 이어지는 경우가 많습니다. 성인은 감기에 걸리더라도 면역력 덕분에 큰 문제 없이 낫지만, 아이들은 그렇지 않습니다. 감기 때문에 가래가 생기면 이를 배출하는 능력이 부족해서 가래가 폐포에 점점 쌓여 염증을 유발합니다. 즉, 감기 합병증으로 폐렴에 걸리는 것입니다. 이런 폐렴을 바이러스성 폐렴이라고 하는데, 소아 폐렴의 대부분을 차지합니다. 일반적으로 기침 가래가 심하다가 갑자기 고열이 나고, 해열제를 먹여도 열이 잘 안 떨어지면 감기가 폐렴으로 이행된 것이라 추측해볼 수 있습니다. 이때 가래를 잘 없애야 증상이 빨리 좋아지므로 등을 두드려주어서 기침을 유발함으로써 가래 배출을 돕는 것이 치료에 도움이 될 수 있습니다. 물을 많이 마시면 호흡기가 촉촉해지고 가래가 묽어져서 가래를 배출하는 데 도움이 됩니다. 입원했을 때 수액을 맞으면 금방 낫는 것도 몸속에 수분이 공급돼 호흡기의 상태가 좋아지기 때문입니다.

세균성 폐렴은 바이러스성 폐렴에 비해 드물게 나타나지만 제때 치료하지 않으면 폐농양, 패혈증 같은 심각한 합병증으로 이어질 수 있습니다. 특히 세균성 폐렴은 바이러스성과 다르게 기침을 하지 않고 바로 고열이 나는 경우가 많은데, 가래가 생길 틈 없이 폐에서 세균이 심한 염증을 일으키기 때문입니다. 고열과 함께 잘 먹지 못하거나 숨쉬기 힘들어하거나 축 처지는 등의 증상이 나타납니다. 이 경우는 아이 상태를 보고 가능한 한 입원 치료를 하는 것이 좋습니다.

5세 이후에는 마이코플라즈마균(Mycoplasma Pneumoniae)에 의한 폐렴이 잦은 편입니다. 마이코플라즈마 폐렴 증상은 고열이 났다가 떨어지면 심한 기침이 나는 식으로 진행되는데, 환자에 따라 기침을 하지 않는 경우도 상당히 많습니다. 마이코플라즈마균은 피부염, 뇌수막염, 관절염 위험을 높이고, 감기를 유발하는 라이노바이러스(Rhino Virus) 등에 취약해지게 하기 때문에 제대로 치료해야 합니다. 이 폐렴에 대한 항생제는 한 종류뿐인데, 내성이 있는 경우가 많아서 치료가 어렵기도 합니다. 따라서 가급적 빨리 진단하여 약을 처방해야 항생제 사용 기간을 그나마 줄일 수 있습니다.

이처럼 아이들은 기침을 하지 않더라도 폐렴 진단을 받는 경우가 적지 않으므로 별다른 증상 없이 최소 4일 이상 열이 떨어지지 않고, 처음에 목감기 증세가 있었다면 반드시 폐렴일 가능성을 염두에 두고 엑스레이를 찍어보아야 합니다.

03 콧물이 계속 나오는데 이비인후과에 가야 할까요, 소아과에 가야 할까요?

"선생님, 아이가 콧물이 날 때는 이비인후과에 가는 게 맞나요, 소아과에 가는 게 맞나요?"

"아이가 아플 때는 기본적으로 소아과에 가는 게 맞습니다."

"이비인후과에 가면 안 되는 특별한 이유라도 있나요? 어차피 진찰하고 약을 처방해주시는 건 같을 텐데요."

"네, 물론 이비인후과에 가셔도 됩니다. 다만, 소아과는 아이의 질환 전체는 물론 성장까지 종합적으로 살펴보는 등 소아 진료에 특화된 곳이므로 일차적으로는 소아과에 가는 게 맞습니다."

사실 대학병원에서 소아청소년과와 이비인후과는 매우 성격이 다릅니다. 소아청소년과는 소아 및 청소년의 질환 전체와 성장과 발육까지 종합적으로 살펴보는 데 반해, 이비인후과는 과거에는 두경부외과라고 했을 정도로 수술에 특화된 외과계열입니다. 그런데 이른바 동네 병원이라고 일컬어지는 1차 의료계에서 이비인후과는 소아청소년과와 마찬가지로 감기 등 호흡기 질환을 진료하는 곳으로 인식되는 게 보통입니다.

이비인후과에서도 장기간 근무해보고 소아청소년과 수련 과정도 겪어본 전문의 입장에서 두 과를 객관적으로 비교해보겠습니다.

의대를 졸업하고 의사 면허를 취득하면 모든 과의 진료를 할 수 있는 자격이 주어집니다. 의대 6년은 모든 과에 대한 방대한 지식을 습득하는 과정이고, 인턴과 레지던트 과정을 거치면서 특정한 과에 관한 전문성을 갖추어갑니다. 즉, 전공의로서 3~4년 동안 특정 분야에 대해 집중적으로 수련하기 때문에 이에 관한 전문성을 갖춘 것일 뿐이지 다른 과의 진료를 하지 못하는 것은 아닙니다.

이비인후과는 4년의 수련 과정 동안 주로 귀, 코, 목에 대한 수술 위주의 수련을 받습니다. 이비인후과는 영어로 otorhinolaryngology라고 하는데 귀, 코, 인후두 전문과라고 해석할 수 있습니다. 따라서 귀와 코 및 인후두 관련 질환의 전문가가 이비인후과 전문의입니다. 외과계열로 편제되어 있고 수술이나 검사, 처치 위주의 수련 과정이 주를 이룹니다. 따라서 나이를 막론하고 귀, 코, 목에 외과적 처치나 수술이 필요하면 이비인후과를 찾는 게 맞습니다.

그런데 동네 이비인후과는 주로 감기와 중이염을 진료하는 감기과로 변신하곤 합니다. 왜냐하면 1차 의료계의 귀, 코, 목 질환은 감기나 중이염 등의 호흡기 질환이나 감염 질환이 주를 이루기 때문입니다. 물론 수술이나 검사를 위주로 하는 이비인후과도 있지만 대부분은 주로 감기를 진료한다고 해도 과언이 아닙니다.

동네 이비인후과 진료의 문제점은 귀, 코, 목, 쉽게 말해 5개의 구멍 이외의 영역에는 크게 관심을 갖지 않는 데 있습니다. 특히 기관지나 폐의 문제로 기침을 하거나 귀, 코, 목 이외의 다른 원인으로 열이 나는 경우 이비인후과의 진료 방식이라면 지나치기 쉬운 부분들이 있습니다. 특히 소아 진료 시 이런 문제가 쉽게 발생할 수 있는데 '소아는 작은 어른이 아니다'라는 소아과 경구에서 알 수 있듯 소아 질환의 특성은 성인과 매우 다르기 때문입니다. 소아들은 목이 붓지 않아도 열이 날 수 있으며, 코와 목의 문제가 아니더라도 기침을 할 수 있습니다. 반드시 청진을 해야 하며, 필요할 경우 혈액검사를 통해 염증 수치를 확인하고, 소변검사를 통해 발열의 원인을 확인해야 합니다. 또한 약을 쓰지 않아도 시간이 지나면 자연스레

열이 내리거나 기침이 호전되기도 합니다. 무조건 약을 써야 열이 내리고 기침이 잦아든다는 생각은 상당히 위험합니다.

하지만 이비인후과에서는 으레 약물 처방을 합니다. 문제는 이비인후과 수련 과정에서 약물에 대해 심도 있고 체계적으로 배울 기회가 많지 않다는 점입니다. 특히 소아에 대한 약 처방의 전문성은 소아청소년과에 비해 높지 않은 편입니다.

반면 소아청소년과는 기본적으로 내과계열로 편제되어 있습니다. 수술이나 처치보다는 약물 치료가 주를 이루는 경우가 많고, 약물 치료 시에도 가급적 소아의 특성을 고려하는 것을 원칙으로 합니다. 수련 과정 내내 약물 치료 위주로 훈련을 받기 때문에 약을 쓰는 경우에 관한 한 이비인후과보다 전문성이 있습니다.

흔히 소아과 약은 잘 안 듣고 이비인후과 약은 빨리 듣는다는 말들을 하는데, 이것은 경험적으로 볼 때 소아과의 경우 약물 치료를 단계적으로 하거나 약을 최소화하는 것을 원칙으로 하여 자연 경과에 따른 치유를 중하게 여기는 반면, 이비인후과에서는 소아의 특성을 고려하기보다는 기본적으로 일정 수준의 약물을 조기에 투여하여 증상을 완화하는 데 관심이 있기 때문입니다. 따라서 기본적으로 약을 써야 하는 내과적 질환의 경우에는 1차적으로 소아과를 방문하는 것이 적절하고, 소아청소년과 의사의 판단에 따라 이비인후과적 처치가 필요한 경우, 예를 들어 중이염이 만성화되어 이관 삽입술이 필요하다거나 고막이 파열되어 고막 패치술이 필요한 경우, 또는 코피가 잘 멎지 않아 비중격 소작술이 필요한 경우 등에 의뢰서를 가지고 이비인후과를 방문하는 것이 더 바람직합니다.

다만 이비인후과는 주로 귀, 코, 목 등의 이른바 '구멍'을 중심으로 진료하는 과이므로 귀, 코, 목에 이물이 들어가서 제거가 필요할 경우 소아과보다는 이비인후과를 우선적으로 방문할 것을 권합니다.

2

알레르기성 질환

01 알레르기 MAST 검사에서 양성이 나온 음식은 먹으면 안 되나요?

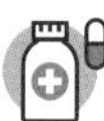

"선생님, 얼마 전에 어떤 병원에서 알레르기 MAST 검사를 했는데 복숭아에 양성 반응이 나왔거든요. 결과지를 보니 별이 두 개였어요. 그러면 2단계에 해당한다고 하더라고요. 그런데 그동안 복숭아를 먹었을 때 별일이 없었거든요. 정말 복숭아에 알레르기가 있는 것인가요?"

"아, 네. MAST 검사는 특정 음식이나 물질에 대해 알레르기가 있는지 확인하는 검사인데 이 검사의 한계가 민감도가 높지 않다는 것이에요. 따라서 양성이 나왔다고 해도 실제로 먹었을 때 알레르기 반응이 없었다면 알레르기가 없다고 봐도 돼요. MAST 검사는 그냥 참고만 하시면 될 것 같습니다."

알레르기 반응은 몸에서 어떤 물질에 대해 항체를 만들었다가 다음에 그 항체에 반응할 물질이 몸에 들어왔을 때 그에 대항해서 반응을 보이는 것을 의미합니다. 이런 알레르기 반응은 항원항체 반응인데, 항원이 들어왔을 때 항체가 있어야 그런 반응이 나타나므로 항체가 없으면 알레르기 반응이 일어나지 않습니다. 마치 자라를 보고 놀란 후에야 솥뚜껑을 보고 놀라는 것이지, 자라도 보지 않은 사람이 솥뚜껑 보고 놀랄 일은 없는 것과 마찬가지입니다.

특이항원 검사에 대한 양성 반응은 그 특이항원에 감작(특정 항원을 생체에 투여하여 항체를 생산시키는 유도 작업)되었다는 것을 의미하는 것이지 알레르기 질환이 있음을 의미하는 것은 아닙니다. 특이항원에 대한 감작은 실제로는 아무 증상이 없는 경우에도 반응이 나타날 수 있으므로 증상과 원인 항원과의 상관성을 판단하는 것이 중요합니다.

소량의 채혈을 통하여 알레르기 유발 물질을 확인하는 MAST(Multiple Allergen Simultaneous Test) 검사는 알레르기 질환의 1차 선별검사로 널리 이용되고 있습니다. MAST 검사는 혈중 특이 IgE(면역글로블린) 검사로서, 시험관 내 검사에 속하고 수검자의 혈액을 이용하여 특이 IgE 항체를 측정합니다. 즉, 혈액을 통해 특정 항원에 반응하는 IgE가 수검자의 혈청에 존재하는지를 확인합니다. 예를 들어 토마토 항원에 반응하는 IgE가 수검자의 혈청 내에 있다면 해당 수검자는 토마토에 반응하는 IgE가 혈청 내에 있다는 것을 의미하고, 이는 토마토를 일정 수준 이상 섭취했을 때 알레르기 반응이 일어날 가능성이 있다는 것을 의미합니다. MAST 검사 결과는 보통 class(단계)로 보고되는데, class 숫자가 높을수록 알레르기 반응이 더 심각함을 의미합니다.

MAST 검사는 기존의 피부 자극 검사(Skin Prick Test)보다 수검자에게 안전하고 민감도와 특이도가 상대적으로 우수하며 소량의 채혈만으로 검사가 가능합니다. 검사 시 전신 부작용의 위험이 없고 피부질환이 있거나 항히스타민제를 사용한 경우에도 검사할 수 있어 편리하며, 영아나 임산부에게도 시행할 수 있어 실용적입니다. 또한, 숙련된 검사자가 필요하지 않고 표준화가 잘 되어 재현성이 높다는 장점이 있습니다.

그러나 무증상 감작의 경우, 즉 MAST 검사에서 양성 반응을 보인 알레르겐(allergen: 알레르기성 질환의 원인이 되는 항원)일지라도 반드시 알레르기 반응을 일으키지는 않으므로 민감도가 떨어지는 단점이 있습니다. 보다 민감도가 높은 검사로 Immuno CAP 검사가 있으니 MAST 검사에서 양성이 나온 경우 Immuno

CAP 검사를 통하여 확진 검사를 시행해보는 것이 도움이 될 수 있습니다.

결론적으로 알레르겐 특이 IgE 검사는 알레르기 증상을 유발하는 것이 의심되는 항원에 대한 감작 유무를 확인하는 선별검사로서 가치가 있는 검사이긴 하나 알레르기 증상이 없이 감작만 있는 무증상 감작군이 존재하므로 실제 증상과 원인 알레르겐의 상관성을 판단해야 합니다. 다시 말해, 특정 음식이나 물질에 대해 MAST 검사에서 양성이 나왔다면 실제로 그 음식을 먹었을 때 알레르기 반응을 보이는지를 확인해보는 것이 중요합니다. 이를 Food Challenge 검사라고 하는데 음식 알레르기에 대한 확진은 Food Challenge 검사를 거쳐야 합니다. 그 결과 실제로 알레르기 반응을 보였다면 그 음식이나 물질에 알레르기를 가지고 있다고 해석할 수 있습니다. 정리하자면, MAST 검사에서 어떤 음식물에 양성 반응이 나왔더라도 실제로 먹었을 때 특별한 반응이 없다면 먹어도 괜찮은 것으로 판단해도 됩니다.

02

얼굴이 빨갛게 달아올랐어요
: 아토피 피부염

어느 날 한 엄마가 양볼이 빨개진 아이를 데려왔습니다. 딱 봐도 아토피 피부염을 오래 앓아온 아이였습니다. 엄마의 표정에는 깊은 그늘이 드리워져 있었습니다. 말하지 않아도 아이가 어떤 과정을 겪어왔는지 소아과 의사들은 한눈에 알 수 있습니다.

> "아이가 어릴 적부터 아토피가 있었는데 이 병원 저 병원 다녀봐도 낫지를 않아요. 비싼 한약도 먹여봤는데 전혀 듣지 않고요. 어린이집 친구들이 놀린다고 같이 어울리려고 하지도 않아요."

오랜 기간 아토피 피부염을 앓아온 아이를 둔 엄마들의 전형적인 이야기입니다. 이제 아토피 피부염은 단순한 치료 대상으로서의 질환을 넘어 아이들 인생의 한 시기 전반에 걸쳐 가족 전체에게 영향을 미치는 멍에와 같은 대상이 되었습니다.

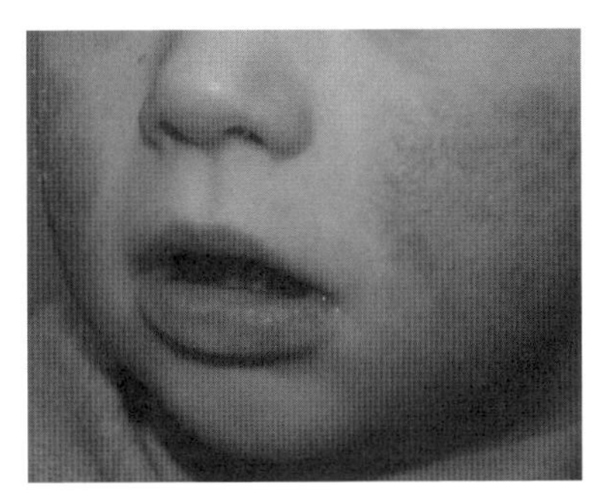
아토피 피부염

암도 마찬가지지만 명확한 치료법이 없는 난치병의 경우에는 각종 근거 없는 사기꾼이나 장사꾼들이 끼어들기 마련입니다. 이들은 환자나 보호자의 간절한 마음에 빌붙어 비싼 약으로 현혹하여 판단력을 흩트려 놓는 경우가 매우 많습니다. 아토피의 경우도 그렇습니다.

사실 아토피 피부염은 완치보다는 관리를 목적으로 해야 하므로 약도 약이지만 환경 관리 등이 매우 중요합니다. 그러나 이러저러한 일로 바쁜 보호자들이 아이들의 관리에만 신경을 쓸 수는 없는 노릇이고 급기야 이 병원 저 병원 다니다 실망하고 값비싼 한약에까지 기대는 경우가 다반사입니다. 어느 질병이나 마찬가지지만 성분 표시가 확실하지 않고, 효능이 과학적으로 입증되지 않은 약으로 이익을 보는 경우는 많지 않습니다. 특히 보험 적용이 안 되고 매우 비싼 약이라면 일단 의심해보아야 합니다. 자고로 좋은 약은 절대 비싼 법이 없습니다. 약이 비싸다는 것은 오히려 떳떳하게 약의 성분과 효과를 밝힐 만한 입장이 아니기 때문일 가능성이 높습니다.

이 아이의 경우도 엄마로부터 몇 년에 걸친 치료 과정을 듣고 나니 딱히 해줄 말이 없었습니다. 어느 병원에서나 들었을 만한 교과서적인 이야기 외에는 떠오르지 않았습니다. 다만, 아토피에 가장 좋은 약은 '시간'이기에 조금 더 기다려보자고 했습니다. 이 약 저 약 쓰기보다는 기본적인 보습에 충실하고 온도와 습도 관리에 만전을 기하면서 초등학교에 입학할 때까지 시간을 갖자고 했지요. 1년쯤 뒤에 아이는 이전과는 전혀 다른 말끔한 얼굴로 병원을 다시 찾아왔습니다. 그사이 무슨 일이 있었던 걸까요?

최근 들어 어린이 환자가 급증하고 있는 아토피는 달라진 환경과 식습관으로 인한 과민 체질이 주요 원인입니다. 소아 아토피는 대개 자라면서 사라집니다. 실제로 어릴 때는 아토피로 병원을 자주 찾곤 했는데 초등학교 들어가면서 급속도로 호전된 아이들이 많이 있습니다. 이 아이도 초등학교에 입학할 무렵 자연스럽게 아토피가 사라진 경우입니다. 결국 아토피 치료에 가장 중요한 것은 '기다림'입니다. 그렇더라도 마냥 기다리기만 할 수는 없습니다. 조금이라도 빨리 아이를 아토피로부터 해방시켜주고 싶은 것이 엄마들의 공통된 마음이니까요.

아토피는 알레르기 질환이므로 단기간에 완치시키겠다는 생각으로 약에 의존하기보다는 가렵고 발진이 일어날 때마다 호전될 수 있도록 꾸준히 증상을 관리한다는 생각으로 접근해야 합니다. 피부 장벽의 손상을 최소화하고 회복시키는 것을 목적으로 해야 하는데 이를 위해 가장 중요한 것은 보습과 연고 사용, 그리고 목욕 관리라 할 수 있습니다.

뜨겁거나 따뜻한 물로 목욕하는 것은 오히려 피부를 건조하게 하고 더 큰 자극을 줄 수 있기 때문에 미지근한 물로 가볍게 샤워하는 정도가 좋고, 너무 잦은 목욕보다는 하루에 한 번이나 2~3일에 한 번 정도가 적당합니다. 또한, 때를 밀지 않고 그냥 가볍게 문질러주는 게 좋은데, 때를 밀면 피부 장벽을 손상해 증상이 더 심해질 수 있기 때문입니다.

• 목욕법

- 바디 샤워 등 목욕용 제품의 사용을 금합니다. 비누를 사용하되 향이 첨가된 비누보다는 성분이 순한 거품이 덜 나는 비누가 좋습니다.
- 샤워 후 수건으로 세게 문지르듯 닦지 말고, 물기를 찍어내듯 닦아줍니다.
- 물기가 마르기 전 3분 이내에 보습제를 발라줍니다.
- 알코올이 들어있지 않은 순한 성분의 보습제를 전신에 발라줍니다.
- 목욕 후 몸이 뽀드득거리기보다는 부드럽고 미끌미끌한 상태가 가장 좋습니다.
- 너무 자주 씻는 것이 좋지 않을 뿐 목욕을 안 해도 된다는 말은 아닙니다.
- 외출 후에는 미지근한 물로 반드시 샤워하는 것이 좋은데 밖에서 묻어온 먼지, 애완동물의 털, 꽃가루 등은 아토피를 악화시킬 수 있기 때문입니다.

• **관리법**

- 아이가 체질적으로 알레르기 반응을 보이는 음식은 식단에서 제외합니다.
- 모유는 면역력을 증진시키고 알레르기 체질에서 멀어지게 하는 방법 중 하나입니다. 모유를 먹이기 힘들다면 우유보다는 두유가 좋습니다.
- 대다수의 보호자들이 음식이 아토피 피부염을 악화시킨다고 생각하나 과학적으로는 입증된 것이 별로 없습니다. 이유식은 6개월 이후로 미루는 것이 좋고 지나친 식이 제한은 불필요합니다.
- 아토피 환아의 습윤 드레싱 방법

① 미지근한 물에 30분 몸을 담근다.

② 온몸에 바셀린을 발라준다.

③ 붕대로 감고 7시간 정도 있게 한다.

(이 방법은 바셀린을 밀폐시킴으로써 피부 보습과 염증을 가라앉히는 데 도움을 줍니다. 실제로 아토피 피부염을 앓고 있는 환아에게 5일간 이 방법을 적용해 증상이 많이 완화되기도 했습니다.)

• **약물 치료**

① 히드록시진(hydroxyzine) 성분의 항히스타민을 복용하면 가려움증을 억제할 수 있습니다. 체중 1kg당 1mg 기준으로 1일 1회 복용하며, 취침 1시간 전에 복용하는 것이 가장 효과적입니다. 가려움증이 심하다면 레보세티리진(levocetirizine)을 복용하면 도움이 되는데 6세 미만은 2.5mg 또는 5mL 복용합니다. 6세 이상이라면 아침에 10mL를 추가 복용합니다.

② 가피와 진물이 동반되고 감염이 의심되는 경우 황색포도상구균에 효과가 좋은 먹는 항생제를 1일 3회, 10일 정도 복용하는 것이 좋습니다.

③ 바르는 연고는 1차적으로는 히드로코르티손 2.5%나 데소나이드 0.05% 정도

로 시작하고, 중증이라면 강도가 조금 높은 스테로이드 연고로 바꾸어봅니다.

• 표적 치료

최근에는 리놀레산이 함유된 달맞이꽃 종자유(에보프림)가 가려움증 억제에 효과가 있는 것으로 확인되었으며, 생체 조직에서 추출한 하이알루론산도 도움이 됩니다. 이들은 피부를 보호하는 기름 막의 주성분입니다.

마지막으로 표적 치료가 있습니다. '듀피젠트'라는 것으로 알레르기 반응에 관여하는 IL-4와 IL-13을 차단하는 주사입니다. 이 치료는 중증 아토피 환자일 경우에 보험이 적용됩니다. 보험이 적용되더라도 주사 한 번에 40만 원 이상으로 굉장히 비쌉니다. 만 12세 이상부터 사용할 수 있으나 아직 만 18세 미만 환자들에게는 보험이 적용되지 않고 있습니다. 보통 2주 간격으로 꾸준히 맞아야 하기 때문에 비용 부담이 상당합니다. 그래도 효과가 좋은 만큼 건강보험 적용이 확대되어, 특히 만 12세 이상 청소년들도 쉽게 치료받을 수 있게 되었으면 합니다.

03 아토피 피부염일 때 스테로이드 연고는 어떻게 사용해야 하나요?

"선생님, 스테로이드 연고가 부작용이 많다고 해서요. 가능하면 민간요법이나 보습제 정도로만 아이를 치료하고 싶어요."

"네, 스테로이드에 대한 공포감은 충분히 이해합니다. 다만, 아이들 아토피 피부염에 스테로이드 연고는 반드시 써야 하는 좋은 치료제입니다. 사용 방법만 정확히 따르면 아무 문제가 일어나지 않습니다. 오히려 안 쓸 때 더 문제가 커집니다."

"그럼 어떻게 사용해야 하나요? 책이나 인터넷을 찾아봐도 자세한 설명이 없어서요."

"네, 제가 오늘 자세히 설명해드릴게요."

스테로이드 연고에 대한 거부감이나 반감이 매우 큰 것이 사실이지만, 스테로이드 연고는 잘 쓰면 매우 유용한 약입니다. 오히려 너무 안 쓰면 피부염을 방치하여 악화시킬 때가 더 많습니다. 일반적으로 아이들의 아토피는 성인들과 치료 방법은 물론 그 결과도 다릅니다. 아이들의 아토피는 대부분 예후가 무척 좋아서 초등학교에 들어갈 무렵이면 저절로 좋아지는 경우가 많습니다. 문제는 피부염을 치료하지 않고 방치하거나 적극적으로 치료하지 않아 2차 세균감염을 유발하거나 만성 태선화되어 초등학교 때까지 지속되는 경우입니다. 의사의 처방에 따라 스테로이드 연고를 적절하게 사용해야만 소아 아토피가 잘 낫고 만성화되지 않습니다.

보통 스테로이드 연고의 부작용으로는 털이 다른 부위보다 많이 생기거나(다모증), 여드름이 나거나, 피부가 얇아져서 핏줄이 보이거나, 탈색소 현상이 나타나는 것 등이 알려져 있습니다. 이런 부작용이 생기지 않게 하려면 적당 용량을 최소한의 기간을 지켜 사용해야 합니다.

스테로이드 연고를 매일 사용한다고 가정할 때 5~7단계의 약한 스테로이드 로션은 한 달까지는 괜찮고, 중간 등급, 즉 3, 4단계는 2, 3주까지 괜찮습니다. 강한 등급, 즉 1, 2단계 스테로이드 연고는 2주까지는 별문제가 생기지 않습니다.

스테로이드 연고는 일단 염증이 생긴 부위에만 도포하는 것이 원칙입니다. 보습제와 함께 쓸 때는 연고를 바른 후에 보습제를 바르는 것이 좋습니다. 보습제를 바른 후에 연고를 바르는 것은 권장하지 않습니다.

언제 연고 사용을 중단하느냐가 중요한데, 염증이 깨끗이 호전되면 더 이상 바르지 않는 게 좋습니다. 대부분의 보호자들이 스테로이드에 대한 공포 때문에 염증이 조금만 호전된다 싶으면 바로 연고를 그만 바르곤 하는데 이는 바람직하지 않습니다.

피부가 정상적인 상태로 돌아오고 난 후에 비로소 연고 사용을 중단하는 게 좋고, 이때도 한 번에 끊지 말고 테이퍼링을 해주면서 중단하는 게 좋습니다. 테이퍼링이란 단계적으로 서서히 끊는 것을 말하는데, 1일 2회 도포했다면 3일간은 1일 1회로 줄이고, 그 다음엔 2일에 1회, 그래도 괜찮으면 3일에 1회로 줄여나가다 일주일에 1회만 도포하고 마침내 중단하는 식입니다.

그런데 문제는 이렇게 연고 도포를 중단하면 일정 시기가 지나 다시 아토피 피부염이 생기는 것입니다. 중단한 지 3일 후에 다시 생기는 아이가 있는가 하면 어떤 아이는 일주일 후에 다시 생기기도 합니다. 이를 잘 적어 두었다가 아토피 피부염이 다시 생기는 듯하면 바로 연고를 사용하여 피부염이 재발하지 않도록 선제적으로 치료해주는 게 중요합니다.

이렇듯 아이들마다 아토피 피부염이 발생하는 주기가 다릅니다. 계절적으로도, 어떤 아이는 초겨울에 잘 생기는 반면 어떤 아이는 늦겨울에 잘 생기며, 봄에 잘 생기는 아이도 있습니다. 이 시기를 잘 기억하여 재발 정도에 따라 보호자가 연고 사용 횟수를 적절하게 조절하면 됩니다.

일반적으로 보호자들은 스테로이드 연고에 대한 거부감이 있어 병변이 심해진 이후에 연고를 쓰는 방어적 치료를 선호합니다. 스테로이드 연고 사용에 대한 연구를 살펴보면 이미 심해진 이후에 연고를 사용할 경우 아토피 피부염의 증상 점수가 높아진다고 합니다. 이에 비해 피부염이 생길 즈음에 예방적 차원에서 선제적으로 연고를 사용하면 아토피 피부염의 발생률을 더 낮출 수 있다고 알려져 있습니다.

단, 아토피 피부염이 심한 아이라도 전신에 도포하지는 않으며, 재발한 경우라면, 특별히 가려워하는 습진 부위에만 일주일에 2회씩 예방적으로 6, 7단계의 약한 스테로이드를 도포해주는 것이 더 유익합니다. 이렇게 사용하다 보면 서서히 연고를 그만 발라도 될 때가 오기 마련입니다.

스테로이드 연고의 적절한 사용량도 중요합니다. FTU(Finger Tip Unit) 단위를 사용하는데, 1FTU(20~25mm)는 성인 손가락 끝마디 길이에 연고를 짠 양을 의미합니다. 1FTU는 성인의 양손바닥에 바를 수 있는 양입니다.

나이와 신체 부위에 따른 스테로이드 연고의 적정 도포 용량

	얼굴과 목	한쪽 손과 팔	한쪽 다리와 발	가슴과 배	등
생후 3~6개월	1	1	1.5	1	1.5
만 1~2세	1.5	1.5	2	2	3
만 3~5세	1.5	2	3	3	3.5
만 6~10세	2	2.5	4.5	3.5	5

단위: FTU

위의 표는 적정 도포 용량을 나이와 신체 부위에 따라 분류한 것입니다. 생후 3~6개월 된 아기는 얼굴과 목 전체에 1FTU의 용량을 도포하면 됩니다. 양쪽 볼에만 도포하려면 1FTU의 1/3 정도(손가락 끝마디의 1/3, 7mm 정도)만 사용하면 됩니다.

1~2세의 아기는 얼굴과 목 전체에 1.5FTU의 용량을 도포하면 됩니다. 즉 손가락 끝마디 정도로 한 줄을 짜고 또 반 줄을 더 짜서 얼굴과 목 전체에 도포하면 됩니다. 양쪽 볼에만 사용한다면 1FTU의 1/2 정도면 됩니다.

스테로이드 연고를 통해 아토피 피부염의 만성화 내지는 태선화를 막아주는 것이 매우 중요합니다. 반드시 보습제와 함께 사용해야 하는 치료제임을 이해하기 바랍니다.

04 설하 면역 치료가 무엇인가요?

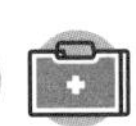
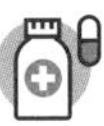

환절기가 되면 알레르기 비염이나 알레르기 결막염으로 고생하는 사람들이 많아집니다. 심지어 피부 발진이 심해져서 내원하는 환자들도 있습니다. 아이들도 환절기가 되면 알레르기 질환을 많이 앓습니다. 이럴 때 부모들은 아이에게 알레르기 면역 치료를 받아보게 하면 어떨까 생각하기도 합니다.

"선생님, 아이가 또 비염으로 잠을 못 자요."
"어디 볼까요. 아이고, 코 점막이 많이 부었네요."
"잠을 못 자니 하루 종일 졸려서 칭얼대고 정말 큰일이에요."
"환절기가 되니 또 고생이네요."
"혹시 면역 치료를 받으면 알레르기 비염이 많이 좋아지나요?"
"일단 아이가 아직 만 6세가 되지 않아서 면역 치료를 받을 수 없어요."
"아, 만 6세가 넘어야 해요?"
"네. 그리고 알레르기 면역 치료는 한 번 시작하면 기본적으로 치료 기간이 3년이기 때문에 시작하기 전에 잘 생각해보셔야 해요."

최근에는 알레르기 질환의 근본적 치료로서 면역요법이 관심을 받고 있습니다. 면역요법은 알레르기 항원을 반복적으로 노출시켜 면역관용을 유도함으로써 알레르기 비염을 근본적으로 치료할 수 있는 유일한 치료법입니다. 즉 처음에는 극

소량의 알레르기 유발 물질에 노출시킨 다음 점차 양을 늘려가며 장기간 노출시키면 우리 몸의 면역체계가 이를 인지하고도 그냥 지나치게 되는 원리를 이용한 치료법입니다.

알레르기 면역 치료는 크게 3가지로 나뉩니다. 먹는 설하정으로 치료하는 방법, 주사로 치료하는 방법, 그리고 매우 심한 아토피 피부염 환자에게만 사용하는 표적 치료 방법이 있습니다. 이 중에서 앞에서 설명한 표적 치료 방법을 제외하고 나머지 두 방법에 대해서 자세히 살펴보겠습니다.

혀 밑에 넣어 녹여 먹는 설하정을 이용한 알레르기 면역 치료는 주사를 무서워하는 어린 자녀를 둔 부모들이 많이 문의하는 방법입니다. 국내에서는 라이스정, 스타로랄 설하액, 액트에어 설하정, 아카리작스 설하정 등이 사용됩니다. 면역 치료를 시작할 수 있는 연령은 약마다 다른데, 라이스정과 스타로랄 설하액은 만 6세 이상부터, 액트에어 설하정과 아카리작스 설하정은 만 12세 이상부터 사용할 수 있습니다.

설하정으로 면역 치료가 가능한 알레르기 종류는 집먼지 진드기 알레르기뿐입니다. 그래서 알레르기 검사에서 집먼지 진드기만 양성으로 나오거나, 집먼지 진드기 외에 한두 가지 정도만 양성으로 나올 때 설하 면역 치료를 고려해볼 수 있습니다.

설하 면역 치료는 말 그대로 알레르기 항원(집먼지 진드기)을 혀 아래에 노출시켜서 점점 알레르기 반응이 낮아지게 유도하는 방법입니다. 처음 치료를 시작할 때는 알레르기 항원 양을 조금씩 늘려가며 매일 복용하고, 그 후 유지 치료를 할 때는 약에 따라 복용 간격이 다릅니다. 일주일에 1회 복용하는 약도 있고, 주 3회 또는 매일 복용해야 하는 약도 있습니다.

이 방법은 알레르기 항원을 직접 혀 아래로 투여하는 것이기 때문에 부작용으로 입안이 간지러운 증상이나 붓는 증상이 있을 수 있습니다. 심하면 전신으로 알레르기 반응이 번질 수도 있어 초기 치료 때는 약 투여 후 최소 30분은 병원에서 부작용 유무를 확인해야 합니다. 아직 알레르기 면역 치료는 보험이 적용되지 않아 약값이 비싼 편이지만 실손의료비 보험에 가입되어 있다면 보상받을 수 있는 경우가 많습니다.

설하 면역 치료는 시작하고 최소 6개월에서 1년 정도 지나야 효과가 나타나기 시작하고, 보통 3년을 최소 치료 기간으로 잡습니다. 3년간 복용하고 나면 그 후 7년간은 알레르기로 인한 불편함 없이 살아갈 수 있다고 합니다. 물론 사람마다 효과가 다르기 때문에 1년 치료 후에도 효과가 없으면 중단하는 것을 추천합니다.

다음으로, 알레르기 면역 주사 치료의 경우 국내에서는 알레고비트데포, 티로신에스, 홀리스터 등이 사용되고 있고, 만 5세 이상부터 치료가 가능합니다.

알레르기 면역 주사는 집먼지 진드기뿐만 아니라 꽃가루 등 다른 항원에 대해서도 면역 치료가 가능합니다. 알레르기 항원 검사 후 자신에게 맞는 면역 치료 주사를 맞게 되는데, 주사제가 외국에서 제조되기 때문에 도착할 때까지 길게는 두 달까지 소요됩니다. 만일 알레르기 면역 주사를 많이 사용하는 병원이고, 항원 검사 결과 흔한 알레르기 항원만 나타났다면 바로 주사가 가능한 경우도 있습니다.

알레르기 면역 주사도 항원을 직접 몸에 주사하는 것이기 때문에 부작용이 나타날 수 있습니다. 그렇기 때문에 주사 후 병원에서 부작용 유무를 확인한 후에 귀가하는 것을 추천합니다. 보통 초반에 일주일 간격으로 맞으면서 치료를 시작하고, 유지 단계에 들어가면 증상 조절 정도에 따라 주사 간격이 달라집니다. 2주에 한 번, 한 달에 한 번 또는 두 달에 한 번씩 주사를 맞으며 유지 치료를 합니다. 이 치료 역시 치료 기간이 기본 3년이기에 3년 동안 주사를 주기적으로 맞아야 하므로 소아들에게는 쉽지 않은 조건입니다.

설하 면역 치료나 알레르기 면역 주사 치료 중 열이 나거나 구강에 병변이 생긴다면 일단 치료를 중단해야 합니다. 그 후 언제 치료를 재개할지는 주치의와 상의해야 합니다.

면역요법은 현재로서는 알레르기 비염과 천식을 완치시킬 수 있는 유일한 치료법으로서 대략 80~90%의 환자에게서 수년간 지속적인 증상의 개선 효과가 나타나는 것으로 알려져 있습니다. 약 2~3년간 꾸준히 치료해야 하는 단점이 있긴 하나 알레르기 비염이나 알레르기성 천식이 평생을 괴롭힐 수 있는 만성적 질환임을 생각한다면 한번 시도해볼 만한 가치가 있는 치료법이라 생각됩니다.

05 두드러기가 오래가요

아이에게 두드러기가 나면 피부가 울긋불긋해지면서 많이 가려워합니다. 부모는 그 모습을 보는 것만으로도 안쓰럽고 혹여 알레르기 반응이 과해져 잘못될까 봐 서둘러 병원으로 데리고 오지요. 그런데 가끔 그런 두드러기가 오래가는 아이들이 있습니다. 큰 병일까 봐 많이 걱정하지만 대부분은 별다른 원인이 없는 경우가 많습니다.

"선생님, 아이 몸에 난 두드러기가 너무 오래가요."
"혹시 두드러기가 올라올 때 사진 찍어두셨나요? 한번 보여주세요."
"여기요. 아침마다 두드러기가 올라오고 약 먹으면 가라앉고 그래요."
"아, 사진을 보니 두드러기가 맞네요. 이런 지 얼마나 됐어요?"
"벌써 두 달째예요. 거의 매일 아침마다 올라와요."
"그랬군요. 벌써 두 달째면 만성 두드러기라고 볼 수 있겠네요."
"온갖 검사를 다 해봤는데 특별한 원인이 밝혀지지 않았어요."
"그렇다면 너무 걱정하지 않으셔도 됩니다. 큰 병은 아니에요."

두드러기는 대표적인 피부 알레르기 질환으로, 많은 사람이 살면서 한 번쯤은 경험하는 흔한 질환입니다. 보통 급성 두드러기는 빠르게 증상이 나타나서 두세 시간 이내에 사라지지만 간혹 드물게 며칠씩 지속되는 경우도 있기는 합니다.

두드러기가 6주 이상 계속되면 만성 두드러기라고 정의합니다. 그렇다고 하루 종일 두드러기가 나있는 것은 아니고, 한 번 두드러기가 생기면 짧게는 한두 시간, 길게는 하루 이상 지속되는 증상이 매일 또는 2, 3일마다 반복됩니다.

대부분의 만성 두드러기는 원인검사에서도 특별한 이유가 나타나지 않고, 다른 전신 질환의 증거가 없는 경우가 많습니다. 그래서 오히려 부모들이 더 답답해하기도 합니다. 하지만 만성 두드러기는 아무리 길어도 18개월 이상 지속되는 경우는 드뭅니다. 마음을 느긋하게 먹고 증상이 나타나면 약물 치료를 하며 기다리는 수밖에 없습니다. 다행히 두드러기 치료약인 항히스타민은 오랜 기간 복용해도 큰 부작용이 없습니다.

다만, 가끔 갑상샘 기능 이상, 류마티즘 질환, 백혈병 또는 바이러스나 세균, 기생충 감염 등이 만성 두드러기를 일으키는 경우가 있습니다. 만성 두드러기로 진단받으면 처음 한 번은 혈액검사와 원인검사를 받는 것이 좋습니다.

06 코피를 자주 흘려요
: 비강 건조증

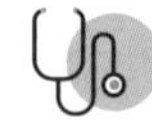

"최근에 아이가 코피를 자주 흘리는데 혹시 어디 아픈 건 아닐까요?"

"아이가 평소에 비염이 있진 않았나요?"

"네, 비염으로 오래전부터 고생을 많이 해왔어요. 환절기만 되면 코막힘, 재채기, 가려움으로 고생해요."

"알레르기 비염이 있는 아이들은 점막이 쉽게 건조해지고 코 안이 가렵기 때문에 자주 코를 후비게 돼요. 주로 점막이 건조해지기 쉬운 겨울철에 아이들에게서 코피가 자주 나는데 손으로 자주 코를 후벼서 그런 경우가 대부분이에요. 그래서 습도 관리가 중요합니다."

평소에 코피를 잘 흘리지 않던 아이가 날이 추워지면서 건조해질 때 코피를 자주 흘린다면 환절기의 건조한 날씨 때문일 가능성이 큽니다. 비염이 없는 아이들은 코 점막의 습도가 잘 유지되어 코 안이 가렵거나 건조하다고 느끼는 일이 잘 없지만, 오랫동안 알레르기 비염을 앓아온 아이들은 대체로 환절기에 날씨가 건조해지면 코 점막 역시 건조해지며 상처가 나기 쉽습니다. 따라서 코 후비기 같은 외부 자극에도 상처가 잘 나서 코피를 자주 흘리게 됩니다.

비강건조증은 다른 계절보다 겨울철에 20% 이상 증가하고 증상도 심해집니다. 겨울이 되면 비강 내 염증이 악화할 뿐만 아니라 온도와 습도 변화가 심하여 점막이 쉽게 건조해지기 때문입니다. 따라서 자연스레 손이 코로 자주 가게 되고, 이것이 얇고 예민해진 코 점막을 자극해 코피가 나는 것입니다.

특히 콧구멍으로부터 대략 1cm 이전의 입구에서 코피가 자주 나는데 여기는 키셀바흐 부위(Kisselbach Area)라고 해서 모세혈관들이 몰려있는 영역입니다. 따라서 작은 상처에도 많은 양의 코피가 날 수 있습니다. 소아와 청소년에게서 자주 나는 이러한 코피를 전방 비출혈이라고 합니다.

부모들은 아이에게 코피가 너무 많이 난다며 걱정스러운 얼굴로 병원을 방문하지만, 실제로 출혈량이 생각보다 많지 않은 경우가 대부분이고 지혈만 잘하면 크게 위험해지는 경우는 없습니다. 코피가 났을 때 화장지나 솜 등으로 코를 막아주는데, 그냥 막고만 있으면 출혈이 계속되어 화장지나 솜에 피가 농축되어 실제보다 출혈량이 많아 보이는 것뿐입니다. 따라서 코를 막은 뒤에는 콧방을 양쪽을 손가락으로 5~15분가량 눌러서 확실히 지혈시켜야 합니다. 주의할 것은 코피가 날 때 고개를 뒤로 젖히지 말아야 한다는 점인데, 목을 뒤로 젖히면 앞으로 쏟아지던 코피가 뒤로 넘어가 기도를 막을 수 있어 위험하기 때문입니다.

코 점막의 건조함으로 인한 코피는 다음과 같은 몇 가지 생활 습관으로 예방할 수 있습니다. 코로 유입되는 건조하고 찬 공기를 막아주는 것이 핵심입니다.

- 실내가 건조해지지 않도록 가습기 등을 이용하여 50% 이상으로 습도를 유지합니다.
- 콧속이 건조해지는 것을 방지하기 위해 유분이 있는 로션이나 바셀린 등을 콧구멍 입구에 바릅니다.
- 의사와의 상담을 통해 식염수 스프레이를 콧속에 분무합니다.
- 외출할 때는 마스크를 착용하여 코 점막의 수분이 날아가지 않도록 합니다.

보통 한번 코피가 나면 해당 부위 혈관이 약해져 같은 증상이 자주 반복되기 마련입니다. 그래서 코피가 자주 나는 아이에게는 코에 손을 대지 말라고 확실히 주의시켜야 합니다.

코피의 원인에는 점막 건조뿐만이 아니라 다른 요인이 있을 수도 있습니다. 따라서 이비인후과나 소아청소년과를 방문해 코 안에 종양이나 다른 질환이 있는지 확인받을 필요도 있습니다.

또한 15분 이상 지혈을 시도해도 코피가 멎지 않고 계속 난다면 혈액검사를 통하여 혹시 혈액 응고에 문제가 되는 혈구 성분이나 지혈과 관련된 인자에 문제가 있는지 확인해봐야 합니다.

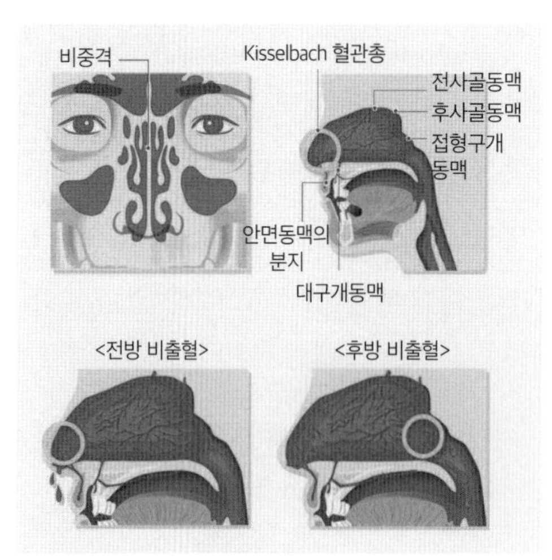

출처: 보건복지부/대한의학회

코피의 유형

소아나 청소년에게는 흔하지 않지만 코피가 뒤쪽에서 나는 후방 비출혈도 있습니다. 주로 노인에게서 나타나는 증상으로, 고혈압 같은 심혈관 질환이 있는 환자에게서 자주 나타납니다.

종종 코피가 나는 부분을 전기적 소작술을 이용해 지져주어 코피가 안 나게 하는 치료법에 관해 물어보는 보호자들이 있는데 소아나 청소년들에게 외과용 시술 도구인 보비를 통하여 전기적 소작술을 할 경우 자칫 비중격천공의 우려가 있어 권장되는 방법은 아닙니다. 이것은 지혈 방법을 통하여 지혈되지 않을 때 마지막으로 고려할 수 있는 방법입니다.

알아두면 유용한 정보

눈을 자주 깜빡이는 아이, 틱일까?

계절이 바뀔 때면 꽃가루가 많이 날립니다. 이 시기가 되면 꽃가루에 예민한 사람들은 알레르기 비염이나 알레르기 결막염 때문에 병원을 많이 찾습니다. 그런데 이때쯤이면 아이의 눈 깜빡임이 혹시 틱 증상은 아닐까 우려되어 아이를 데리고 병원을 찾는 부모들이 종종 있습니다. 대부분은 알레르기 결막염인 경우여서 안심하고 돌아갑니다.

"선생님, 아이가 최근에 눈을 자주 깜빡거려요. 보세요! 방금도 그랬어요!"

"아, 그러네요. 혹시 콧물이 나거나 코가 막히거나 그러지는 않나요?"

"아이가 비염이 있어서 아침마다 코가 막혀 많이 답답해하기는 해요."

"어디 한번 볼게요. 비염이 좀 심하네요."

"비염이 눈 깜빡거리는 것과 관련이 있나요?"

"알레르기 비염이 있는 아이들은 알레르기 결막염이 동반되는 경우가 많아요. 그래서 이렇게 계절이 바뀔 때면 알레르기 결막염 때문에 눈이 간지러워 자주 깜빡이는 경우가 종종 있답니다. 일단 안약을 넣으면서 좋아지는지 봅시다."

"혹시… 틱은 아닐까요?"

"아이가 눈을 자주 깜빡이면 틱이 아닐까 걱정하시는 분들이 있어요. 그렇지만 설사 틱이라고 해도 아이들 같은 경우에는 한 달 이내에 증상이 사라지는 경우가 많습니다. 진짜 약물 치료가 필요한 경우는 굉장히 드물고요. 그리고 아이의 행동이 틱 증상이 맞더라도 아이가 그 행동을 보일 때마다 부모가 지적하면서 제지하면 아이가 더 스트레스를 받아서 오히려 증상이 심해질 수 있어요. 그러니 아이에게 뭐라고 하지 않는 게 좋습니다."

아이가 갑자기 반복적으로 어떤 행동을 하면 부모들은 틱 장애를 의심하곤 합니다. 특히 위의 사례처럼 계절이 바뀔 때 아이가 눈을 자주 깜빡거리면 많은 부모들이 비슷한 생각을 합니다.

틱은 '갑작스럽고 빠르고 반복적인 근육의 움직임이나 소리'로 정의됩니다. 틱이 나타나는 양상은 크게 음성 틱과 운동 틱으로 나뉘는데, 흔한 틱의 초기 증상은 눈 깜빡거리기, 얼굴 찡그리기, 머리 흔들기(목 경련) 등이며, 대체로 6~7세의 남자아이에게 많이 나타납니다. 틱 장애는 이러한 비정상적인 반복 행동이 적어도 1년 이상 계속될 때 의미 있는 진단을 내립니다.

틱 장애는 세 가지 유형으로 나뉩니다. 일과성 틱 장애, 만성 틱 장애와 뚜렛 장애입니다. 일과성 틱 장애는 음성 틱 또는 운동 틱을 보이며 증상 지속 기간이 4주에서 1년 이내로 국한됩니다. 아이들은 종종 극심한 스트레스 상황에서 일시적인 틱 증상을 보이는데, 4주 이내에 호전되는 경우에는 병적인 틱으로 간주하지 않습니다. 만성 틱 장애와 뚜렛 장애는 증상이 1년 이상 지속되는 경우입니다.

어쨌든 틱은 증상이 4주 이상 지속되지 않으면 병적으로 간주하지 않기에 틱이 의심되면 일단 지켜보는 것이 먼저입니다. 단, 스트레스는 증상을 악화시킬 수 있으므로 아이가 어떤 행동을 반복할 때 무조건 하지 말라고 하는 것은 도움이 안 됩니다. 이보다는 아이가 최근 크게 스트레스를 받은 일은 없었는지 살펴본 후 그 요인을 최대한 없애주는 것이 도움이 됩니다.

앞의 사례처럼 다른 질환으로 인한 증상을 틱으로 오해하는 경우도 있기에 일단 아이의 반복적인 행동이 걱정스럽다면 의사의 진찰을 받아보는 것이 좋습니다. 아이의 증상을 동영상으로 찍어서 의사에게 보여주면 더 정확한 진단을 받아볼 수 있습니다. 이를테면 계절이 바뀔 때의 눈 깜빡임은 알레르기 결막염이 원인일 가능성이 높지만, 정신 질환으로 알려져 있는 틱 장애가 아닐까 걱정이 된다면 틱 장애로 인한 눈 깜빡임인지를 다른 이유로 인한 눈 깜빡임지를 분명히 알아볼 필요가 있습니다.

눈 깜빡임의 흔한 원인으로 '안검내반'이 있습니다. 아랫 눈꺼풀이 안구 쪽으로 말려 속눈썹이 눈을 찌르는 상태를 말합니다. 눈썹이 눈을 지속적으로 찌르기 때문에 각막에 상처가 나고, 이로 인해 눈물, 눈부심, 눈 깜빡임, 시력 발달 저하 등이 야기됩니다. 안검내반은 아이가 성장하면서 콧대가 서면 대부분 증세가 많이 호전되지만 심한 경우 수술을 고려하기도 합니다. 자극감과 통증을 호소하기 때문에 가려움증을 호소하는 알레르기 결막염과 명확히 구분됩니다. 진료실에서 눈을 자세히 관찰하면 속눈썹이 눈을 찌르는 것이 관찰되고 이 경우에는 안과로 전원하는 것이 일반적입니다.

안구건조증도 눈 깜빡임의 원인이 될 수 있습니다. 요즘 아이들은 책, 태블릿PC, 스마트폰에 많이 노출되므로 의외로 안구건조증에 의한 눈 깜빡임 증상이 많습니다. 아이들은 스마트폰을 볼 때 눈을 전혀 깜빡이지 않은 채 장시간 화면을 주시하곤 합니다. 이렇게 눈을 깜빡거리지 않으면 안구 표면이 마르고 이로 인해 각막의 상처와 염증이 유발돼 눈 깜빡임 증상이 나타날 수 있습니다.

따라서 단기간의 눈 깜빡임 증상이 있다면 이에 너무 예민하게 반응할 필요는 없습니다. 무엇보다 눈 깜빡임과 함께 아이가 느끼는 증상이 가려움증인지, 아니면 눈의 통증인지를 감별하는 것이 중요하고 혹시나 아이가 영상 매체에 과도하게 노출되어 있지 않은지를 먼저 확인하는 것이 우선입니다. 설령 틱 장애라 하더라도 한 가지의 운동 틱은 특별한 치료를 하지 않아도 대개 중학교에 진학할 때가 되면 호전됩니다.

3

발달

01 아이가 자신의 성기를 만져요

아이들이 자신의 성(性)에 관해 관심을 보이는 시기가 있습니다. 아기가 어떻게 태어나는지 물어보기도 하는데 그럴 때면 늘 뭐라고 대답해야 할지 고민하게 되지요. 그런 아이들이 자신의 성기를 만지는 모습을 보면 부모들은 매우 당황하여 소아과를 찾곤 합니다.

"선생님, 실은… 아이가 자기 성기를 만져요."
"아, 언제부터 그랬어요?"
"제가 본 건 일주일 전이 처음이었는데, 그전부터 그랬을 수도 있을 것 같아요."
"아이들도 자위를 할 수 있어요. 하지만 어른들이 생각하는 것과는 의미가 다르답니다. 아이들은 그냥 심심해서 그런 행동을 해요."
"그럴 때는 어떻게 해야 하나요?"
"일단 성기를 만진다고 혼내거나 호들갑을 떠는 것은 좋지 않아요. 아이가 성에 관해서 잘못된 생각을 가질 수 있거든요. 그냥 자연스럽게 다른 놀이를 제안하면서 아이의 관심을 다른 곳으로 돌려주세요."

만 3~6세 사이 아이들은 자신의 성기에 관심이 많습니다. 물론 그보다 어린 아이들도 자신의 성기에 관심을 갖는 경우가 있습니다. 그리고 우연히 성기를 만졌는데 기분이 좋아졌다면 그 행동을 반복하게 됩니다. 그러나 유아의 자위행위는 어른과는 달리 오르가즘을 느끼는 것은 아닙니다. 그냥 기분이 좋아지고 긴장이 풀어지기 때문에 아무 생각 없이 그러한 행동을 하는 것입니다.

이럴 때 보통 남자아이들은 성기를 만지는 행동을 하는 반면, 여자아이들은 성기 부위를 책상이나 바닥, 베개 등에 비비는 행동을 합니다. 통념과 다르게 남자아이들보다 여자아이들의 자위행위가 더 많은데, 이는 여자아이들의 생식기가 자극을 받기가 좀 더 쉽기 때문입니다. 아이들은 다른 사람이 보는 앞에서도 자위행위를 하곤 합니다.

아이의 자위행위를 발견했을 때는 야단을 치거나 부정적인 반응을 보이는 것은 좋지 않습니다. 아이들은 보통 심심할 때 자위행위를 하는 경우가 많으므로 자연스럽게 다른 놀이로 관심을 돌리도록 유도하는 것이 좋습니다. 그리고 다른 사람들 앞에서는 그런 행동을 하지 않는 것이 좋다고 가볍게 타이르도록 합니다.

아이의 자위행위가 단기간 내에 고쳐지지는 않겠지만, 보호자가 지속적으로 관심을 가지고 다른 놀이로 주의를 돌려주면 그 빈도가 줄어들면서 차츰 사라집니다. 그러나 빈도가 오히려 더 잦아진다거나 집이나 어린이집, 유치원 이외의 공공장소에서도 그런 행동을 하거나, 성행위를 연상시키는 행동을 하면 반드시 병원에서 상담을 받는 것이 좋습니다.

02 화나면 자기 머리를 때려요

아이들이 자해를 하는 경우가 종종 있습니다. 보통 아직 말을 제대로 하지 못하는 어린아이들이 화가 나서 자기감정을 이기지 못할 때 벌어지곤 합니다. 심하면 경련을 일으키기도 합니다. 이럴 때는 어떻게 대처해야 하는지 알아봅시다.

"선생님, 아이가 자꾸 자기 머리를 때려요."

"주로 언제 그런가요?"

"자기 마음대로 안 돼서 화나면 그래요."

"음, 그럴 때 어떻게 하세요?"

"일단은 너무 당황스러워요. '그러면 안 돼!'라고 제시해보지만 결국 아이가 원하는 대로 해주기도 해요."

"만 3세 이전에는 말로 자기감정을 제대로 표현할 수 없어서 그런 식으로 자해를 하기도 합니다. 분노 발작이라고 하지요."

"그럴 땐 어떻게 해야 하나요?"

"그때마다 아이의 요구를 들어주거나 당황하여 우왕좌왕하는 모습을 보이면 오히려 아이가 그런 행동을 반복적으로 합니다. 그 방법이 통했다고 생각하는 거죠. 이때는 아이의 감정을 이해하지만 그런 행동으로는 원하는 것을 얻을 수 없다고 분명히 알려줘야 합니다. '네가 화난 것은 알지만 그 행동은 옳지 않아'라고 말하고 더 이상 반응하지 마세요."

분노 발작은 만 18개월~3세 아이들에게서 많이 보입니다. 외부의 통제와 자기 마음대로 하고 싶은 욕구 사이에서 갈등과 분노가 생기면 그것을 강하게 표출하는 현상입니다. 주로 울고 소리를 지르거나, 발을 구르고 발길질을 하거나, 씩씩거립니다. 심지어는 자기 몸을 때리는 자해 행위를 하기도 합니다. 심한 경우에는 호흡 정지 발작으로 이어져 의식을 잃거나 경련을 하기도 합니다.

보통 분노 발작은 부모가 아이를 일관성 없이 지도할 때, 아이가 화를 표출하지 못하도록 억제할 때, 아이의 행동을 일일이 과도하게 비평할 때, 또는 아이에게 생긴 모든 문제에 대해 필요 이상으로 걱정할 때 나타날 수 있습니다.

아이가 이 같은 행동을 보일 때 부모가 당황해하거나 아이의 요구를 수용하면 오히려 분노 발작의 빈도가 잦아집니다. 한마디로 아이에게 분노 발작이 문제 해결의 수단이 되어버리는 것이지요. 그렇기에 아이가 분노 발작을 할 때 부모가 단호한 태도를 보이는 것이 중요합니다. 아이의 분노와 갈등은 이해하지만, 그 표현 방법은 인정할 수 없다는 태도를 보여야 합니다. 그리고 부모 스스로가 화났을 때 분노를 즉각적으로 표현하지 않도록 주의하여 아이에게 나쁜 본보기를 보이지 않도록 노력해야 합니다.

분노 발작은 나이가 들면서 자신의 감정을 말로 표현할 수 있게 되면 대부분 사라집니다. 다만 자신의 감정을 말로 표현하는 연습이 필요하므로 부모가 꾸준히 감정을 표현하는 연습을 시켜주어야 합니다.

진료실 이야기

소아 정맥 주사와 채혈에 관한 기억

전공의 1년 차 시절에는 응급실 당직을 많이 배정받습니다. 당직실에서 대기하고 있다가 응급실 호출을 받으면 바로 뛰어가서 환자를 진료해야 합니다. 특히 새벽 1시경에 호출을 받으면 바짝 긴장하고 응급실로 뛰어가야 합니다. 왜냐하면 새벽 1시경 대학병원 응급실을 찾아올 정도의 환자라면 분명 많이 아프거나 입원을 필요로 할 가능성이 높기 때문입니다. 대학병원 응급실은 1년 사시사철 하루도 빼놓지 않고 환자들로 북적이고 온갖 주폭들과 중증 환자로 북새통을 이루는, 말 그대로 아비규환 같은 곳이 아니던가요. 환자와 보호자가 새벽 1시에 망설임 끝에 그런 곳에 왔다는 건 그만큼 환자의 상태가 위중하다는 뜻이지요.

그날 밤도 인턴의 호출을 받고 응급실로 뛰었습니다. '나이는 9개월, 두 시간 전부터 40도의 발열이 있었고, 수면 중 수차례 뿜는 양상의 구토를 해 내원한 환아'였습니다. 12월의 눈보라가 몰아치는 새벽, 응급센터로 뛰어가는 그 순간에는 온갖 생각들이 뇌리를 스칩니다. 우선 소변검사를 하고, 소아 정맥 주사를 시행하여 기본적인 채혈을 한 후, 급속 정맥 수액 요법을 통하여 아이의 컨디션을 회복시킨 다음 입원 절차를 밟게 해야 합니다.

응급실에 도착하여 아이의 상태를 살폈습니다. 창백한 낯빛과 축 처져 있는 사지 등 누가 봐도 탈수로 인해 위험한 상황이었습니다. 가능한 한 빨리 정맥 수액 요법이 필요해 보였습니다. 아이의 부모 역시 몹시 초조해 보였습니다.

"아이가 밤 11시경 갑자기 고열이 나서 해열제를 먹이고 재웠는데, 자다가 뿜는 토를 수차례 했어요. 탈수가 올 것 같아 바로 응급실로 뛰어왔습니다."

"네, 일단 기본적인 검사를 해야 합니다. 우선은 급속 정맥 수액 요법을 통해서 탈수를 교정하고, 그런 다음 검사를 시행하여 아이 상태를 평가해보겠습니다. 불안하시겠지만 잠시 처치실 밖에서 대기해주세요. 정맥 주사침 삽입 후 수액 연결이 완료되면 보호자를 부를게요."

인턴과 간호사에게 정맥 주사 처치에 필요한 도구를 준비하게 한 후 바로 아이를 처치실로 옮겼습니다. 아이의 부모는 순순히 처치실 밖에서 대기했습니다. 보통 이런 상황이면 보호자들이 "우리 아이 정맥 주사 놓는 동안 제가 옆에서 지켜보겠습니다. 처치실 안에 있게 해주세요"라고 호소하기 마련인데 이 경우는 특이했습니다. 제가 한 설명에 충분히 수긍한다는 표정이었습니다.

이제 처치실에는 전공의 1년 차인 저와 응급실 인턴 한 명만 남았습니다. 그리고 9개월 된 체중 13kg의 초우량 아기가 창백한 낯빛으로 누워있습니다. 절대 고독의 시간. 모든 것을 제가 해결해야 합니다. 초조해진 보호자가 언제 문을 열고 들어와 항의할지 모르니 최대한 빨리 처치를 완료해야 합니다.

그런데 문제는 아이의 팔뚝이 몹시 두껍다는 것이었습니다. 보통 6개월 미만의 영유아라면 살이 많이 오르기 전이라 혈관을 찾기가 어렵지 않지만, 6개월에서 돌 사이의 아이들은 살이 급격하게 차오른 상태로 팔뚝이 흡사 미쉐린 타이어의 캐릭터 같은 경우가 많아 당연히 혈관이 잘 보이지 않습니다. 더군다나 이 아이는 탈수로 인해 혈장량이 줄어들어 혈관이 쪼그라든 상태입니다. 그래서 아무리 혈관을 촉진하려 해봐야 잘될 리가 없습니다.

손등의 3, 4번 손가락 사이부터 조심스레 탐색해 들어갔습니다. 예상했던 대로 아이의 혈관이 탐지되지 않습니다. 그럴 경우 두 번째 영역, 요골(손바닥을 앞으로 향한 자세에서 아래팔에 있는 2개의 뼈 중 바깥쪽의 뼈) 정맥 부위를 탐지합니다. 물론 여기도 혈관이 숨어버렸습니다. 우측이 실패했으니 좌측 손으로 넘어갔습니다. 역시나 좌측 손에서도 손등과 요골 정맥에서 정맥 탐지에 실패했습니다. 아이에게도 미안하고 밖에서 초조하게 기다리고 있을 보호자에게도 미안하지만 어쩔 수 없습니다. 결국 양 발목을 탐지하기 시작합니다. 사실 이제 겨우 걷기 시작할 아이에게 발목에 정맥 주사를 삽입하는 것은 상식적이지 않습니다. 하지만 양팔에서 정맥 혈관이 탐지되지 않으니 다른 방법이 없었습니다. 결국 양 발목을 살피기 시작합니다. 어렵사리 좌측 복숭아뼈 앞쪽을 지나는 정맥에서 정맥 주사침 삽입에 성공합니다. 그리고 신속하게 두 보틀의 혈액을 받아낸 후, 바로 생리식염수를 연결하여 급속 정맥 수액 요법을 시작했습니다. 온몸에 힘이 빠지고 식은땀이 흐른 30여 분이었습니다. 최선을 다해 소임을 마쳤지만, 신속하게 정맥 주사를 연결하지 못했다고 부모로부터 성토를 들을 수도 있는 상황이었습니다. 처치실 문을 열고 밖으로 나가니 보호자가 캔 커피와 피로회복제 한 병을 들고 앉아계셨습니다. 조금은 두려운 마음으로 30분 동안 있었던 상황을 설명하고 보호자에게 이해를 구했습니다. 그런데 보호자의 반응이 뜻밖이었습니다.

"선생님, 정말 힘드셨지요? 우리 아이 혈관 찾기 힘든 건 저희도 잘 알고 있습니다. 이전에도 다른 병원에서 수차례 정맥 주사에 실패해서 입원하지 못한 적도 있었습니다. 그래도 30분 만에 끝내주시니 감사할 따름입니다. 아이 VBGA(정맥혈 가스 분석 검사) 결과와 CRP(C-반응성 단백질) 수치는 병동에 올라가서 설명 들으면 되겠지요?"

전문용어를 잘 아는 보호자였습니다. 의료계 종사자가 아닐까 하는 생각이 들었습니다.

"네, 일단 병동으로 옮긴 후, 혈액검사 결과가 나오면 설명드리죠. 혹시 의료계에 종사하시나요? 전문용어를 잘 알고 계셔서요."

"네, 사실은 서울대학교병원 안과에서 교수로 근무하고 있습니다. 소아 정맥 주사가 어려운 건 저도 잘 알고 있고, 특히 저희 아이처럼 살이 많은 돌 이전 아이들에게 정맥 주사를 놓는 것은 더욱 어렵다는 걸 잘 압니다. 감사할 따름입니다."

그렇게 아이를 병동에 입원시키고 약 1시간 후 혈액검사 결과가 나와서 보호자에게 자세하게 설명해주었습니다. 아이의 정맥혈 가스 분석 검사 결과, 심한 탈수를 보이고 있었고 염증 수치도 굉장히 올라가 있는 상황이었습니다. 다행히 급속 정맥 수액 요법 후 아이의 상태가 많이 회복되어 3일 입원 후 건강하게 퇴원하였습니다.

소아 정맥 주사는 그 처치의 어려움에 비해서 저평가되는 것이 현실입니다. 사실 소아를 상대로 한 혈관주사의 어려움은 성인과 비교가 되지 않습니다. 아이들은 아직 혈관이 미성숙하기도 하고 또 살이 찐 아이들의 경우엔 혈관이 보이지도, 느껴지지도 않습니다. 여기에 탈수나 발열 등의 증상이 있으면 혈관 자체가 숨어버리는 경우도 허다합니다. 이런 상태로 내원한 아이에게 정맥 주사 요법을 시행한다는 것은 사실 매우 어렵고 난감한 상황이 아닐 수 없습니다. 그러나 일반인들은 이 처치의 어려움을 잘 모릅니다. 당연히 잘 모를 수밖에 없습니다. 왜냐하면 사실 2세 미만의 어린아이들이 정맥 주사를 맞는 일이 흔하지 않고, 또 성인을 기준으로 생각하면 정맥 주사 요법은 그렇게 어렵지 않은, 의료진이라면 으레 누구나 할 수 있는 처치인 편이기 때문입니다. 지금도 전국의 많은 소아청소년과에서는 정맥 수액 요법과 정맥 주사

채혈 과정에서 보호자들과 크고 작은 갈등을 겪고 있을 것입니다.

환자의 고통은 최대한 줄이면서 가능한 한 빨리 회복시키겠다는 생각은 이 세상의 모든 의료진이 같을 것입니다. 최대한 안전하고 신속하게 아이에게 정맥 주사가 처치되기를 바란다면 보호자들도 의료진의 안내에 따라주어야 합니다. 최소한 처치실에서 아이와 함께 있겠다거나 아이의 팔을 직접 붙잡고 있겠다는 요구는 삼가주셨으면 하는 바람입니다. 보호자가 옆에 있으면 아이는 보호자의 품에 안기고 싶어 더욱 흥분하기 마련이며, 의료진 역시 아이와 보호자를 동시에 제어해야 하는 이중고로 인해 더욱 긴장도가 올라갈 수밖에 없어 시술이 지연될 수 있습니다. 결국 아이의 고통을 최소화하는 길은 의료진을 믿고 최대한 의료진에게 부담을 주지 않는 태도라고 생각합니다.

PART VI

생후 37개월부터 48개월까지

5차 영유아 검진(42~48개월) 때 많이 하는 질문들

이 시기부터는 아이들의 의사소통이 활발해지면서 여러 가지 증상으로 병원을 찾습니다. 증상이 다양한 만큼 소아과에 가는 게 맞는지, 아니면 다른 진료과에 문의해야 하는지 헷갈리곤 합니다. 이 무렵에 부모들이 많이 하는 질문들을 정리해 보았습니다.

1

일상적인 증상

01 배가 자주 아파요

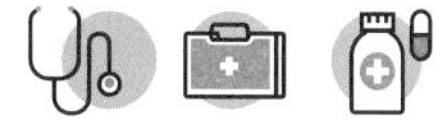

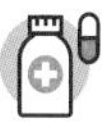

진료를 하다 보면 '아이들마다 확실히 체질이라는 것이 있구나'라고 느끼게 됩니다. 감기만 걸리면 중이염을 앓는 아이, 기침만 했다 하면 쌕쌕거리는 아이, 그리고 이번처럼 툭하면 배가 아파서 오는 아이도 있습니다. 아이가 자주 배가 아프다고 하는데 구토와 설사 같은 다른 동반 증상이 없다면 혹시 꾀병이 아닐까 생각하는 경우도 종종 있습니다. 보통 초등학생 아이들이 학교에 가기 싫어 자주 배가 아프다고 하는 것처럼 말이지요.

"선생님, 아이가 또 배가 아프대요."

"지난달에도 그랬고, 지지난달에도 두 번이나 배가 아파서 왔었네요. 토하거나 설사하는 증상은 없었어요?"

"네. 어제저녁까지도 엄청 잘 먹었어요."

"응가는 어때요? 어제도 응가 했어요?"

"네. 매일 하루에 한 번은 응가 해요. 어린이집에 가기 싫어서 꾀병 부리는 것 아닐까요?"

"꼭 그렇지는 않아요. 배가 아픈 데에도 여러 가지 이유가 있을 수 있거든요. 만일 복통이 계속 반복되면 헬리코박터 검사를 해보는 것도 도움이 돼요. 간혹 헬리코박터에 감염된 아이들이 반복적으로 복통을 호소하는 경우가 있어요. 만일 헬리코박터가 음성이면 기능성 복통일 가능성이 있어요."

"기능성 복통이 뭐예요?"

"특별한 원인이 없는데 배가 아픈 거예요. 흔히 스트레스를 받으면 배가 아플 수 있는 아이라는 뜻이에요."

"에이, 그럼 꾀병 아니에요?"

"아니에요. 기능성 복통은 특별한 신체적 원인은 없지만 진짜 배가 아픈 것입니다. 꾀병은 아니에요."

자주 배가 아프다는 아이들이 있습니다. 구토나 설사, 발열 같은 증상을 동반하지도 않고 변비도 없는데 한 달에 두세 번씩 배가 아프다고 합니다. 이렇게 만성적으로 복통을 호소하는 아이들 중, 정말 신체적인 원인(기질적 원인)이 있는 경우는 10~15% 정도밖에 되지 않으며 대부분은 기능성 복통입니다.

별다른 이유 없이 배가 아픈 증상인 기능성 복통은 아직 정확한 병리 기전은 알려지지 않았습니다. 다만 생리적·정신적 자극에 대해 내장이 과민 반응을 하여 장운동에 기능 장애가 일어나는 것으로 추측됩니다. 한마디로 스트레스를 받으면 정말로 배가 아파지는 것입니다. 따라서 기능성 복통 진단을 받은 아이에게 꾀병을 부린다고 나무라면 안 됩니다. 특별한 원인이 없으므로 크게 걱정할 필요는 없으며, 아이가 최대한 일상생활을 잘할 수 있도록 도와주는 것이 중요합니다.

간혹 헬리코박터에 의한 만성 위염 때문에 반복적으로 복통이 나타나는 아이들이 있습니다. 어른들이라면 내시경을 통한 생검으로 헬리코박터균 감염 여부를 진단받을 수 있지만, 아이들은 내시경 진찰이 쉽지 않아 주로 혈액검사를 통해 감염 여부를 확인합니다. 만일 아이가 헬리코박터 양성이면 온 가족이 다 검사를 받아봐야 합니다. 헬리코박터균은 가족끼리 서로 감염시키는 경우가 많기 때문입니다. 헬리코박터균은 약물로 제균 치료가 가능합니다.

변비인 우리 아이, 어떻게 하면 도움이 될까요?

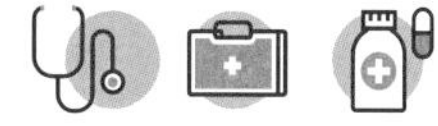

잘 먹고 잘 자고 잘 싸는 것. 이것만 잘해도 아이들은 자기 할 일을 다 하는 것이라고 볼 수 있지요. 그중에서 잘 싸는 것이 안 돼 고통받는 아이들이 있습니다. 의외로 변비로 고생하는 아이들이 많은데요, 변비에는 무엇이 도움이 되는지 알아보겠습니다.

"선생님, 아이가 변비 때문에 고생이에요."
"응가를 잘 못하나요? 며칠에 한 번씩 하나요?"
"일주일에 한 번 정도요. 그러니 응가할 때도 많이 힘들어하고요."
"아이고, 변비가 맞네요. 이런 지 얼마나 되었어요?"
"벌써 거의 반 년째 고생하고 있는 것 같아요. 유산균도 먹이고 프룬 주스도 먹이는데 호전이 안 돼요."
"물은 잘 먹나요?"
"아이가 물을 거의 안 먹어요. 대신 우유를 많이 먹어요."
"변비에는 물을 많이 먹는 것이 가장 중요해요. 그리고 변비가 있을 때 우유를 많이 먹으면 변비가 심해집니다. 우유를 줄이고 물을 먹게 해야 해요."

변비는 음식물을 먹은 만큼 배변하지 못하는 상태를 말합니다. 보통 만 4세 이상의 아이가 일주일에 2회 이하로 배변하고, 변 지림이 나타나거나, 변을 참는 행동을 보이거나, 딱딱한 변을 보면서 배변할 때 통증을 느끼면 변비로 진단합니다.

갑상샘 저하증, 고칼슘혈증, 음식 알레르기 등 다양한 질환이 원인이 되어 변비가 발생할 수도 있지만, 식습관과 생활습관이 문제인 경우가 대부분입니다. 변비를 유발할 수 있는 식습관으로는 섬유소 섭취 부족, 우유 섭취 과다, 수분 섭취 부족, 식사량 부족 등이 있으며, 운동량 부족과 강압적인 배변 훈련도 변비를 유발할 수 있습니다.

변비를 치료할 때 가장 중요한 것은 식습관을 개선하는 것입니다. 특히 물을 충분히 마실 수 있도록 해주어야 하며, 과일이나 주스도 충분히 섭취할 수 있게 해주어야 합니다. 물은 하루에 체중 1kg당 150mL를 마시는 것을 추천합니다. 과일은 특히 배와 포도, 키위, 자두가 도움이 되며 주스는 사과 주스, 포도 주스, 프룬 주스가 도움이 됩니다. 변비가 있는 경우 생후 4개월 이상은 100% 과일 주스를 마셔도 되며, 하루에 60~120mL를 마시는 것이 권장됩니다. 생후 8개월 이상은 하루에 180mL까지 마셔도 괜찮습니다. 특히 소장의 기능이 충분히 발달하지 않은 유아에게는 과일과 주스의 효과가 좋습니다. 감과 바나나, 과도한 우유 섭취는 변비의 원인이 될 수 있어 피해야 합니다.

아이가 변비로 인해 배변 활동을 고통스러워하는 경우에는 먹는 약의 도움을 받을 수 있습니다. 아이가 정말 힘들어할 때는 관장을 해도 좋으나 주기적으로 하는 것은 추천하지 않습니다.

2

감염성 질환

01

딸이 생식기가 가렵대요

: 소아 질염

딸아이가 생식기 부근의 불편함을 호소하면 부모들의 고민이 시작됩니다. '아직 어린데 산부인과에 가도 될까? 그냥 소아과에 가면 안 될까?'부터 시작하여 '남자 의사 선생님보다는 여자 의사 선생님한테 진찰받고 싶은데…'까지 걱정이 꼬리에 꼬리를 뭅니다. 그렇다 보니 상대적으로 여자 소아과 의사들이 남자 의사들보다 소아 질염 환자를 많이 진료하게 됩니다.

"선생님, 아이가 소중이 부근이 가렵다고 하면서 자주 긁어요. 그래서 제가 봤더니 약간 빨개진 것 같아요."

"그런 지 얼마나 되었나요?"

"한 3, 4일 된 것 같아요."

"혹시 팬티에 분비물이 묻어 나오지는 않나요? 노란 분비물이나 초록색 분비물, 아니면 하얀색 분비물이라도요."

"아니요, 팬티에 묻어나오는 것은 없어요."

"어디 한번 살짝 볼게요…. 아, 다행히 심하지는 않네요."

"왜 이러는 건가요?"

"아이들도 질염에 걸려요. 원래 아이들이 어른들보다 더 자주 질염에 걸린답니다. 심하지 않으면 굳이 약을 먹지 않아도 좋아지니 너무 걱정하지 마세요."

간혹 여자아이들이 생식기 부근이 가렵다거나 따갑다고 호소할 때가 있습니다. 때로는 분비물이 나오기도 합니다. 생각보다 그 빈도가 잦은데, 아무래도 생식기 쪽 문제다 보니 누구와 터놓고 이야기하기도 어렵습니다. 고민 끝에 아이와 함께 소아과를 찾은 부모들도 몹시 조심스러운 얼굴일 때가 많습니다.

소아는 성인보다 면역력이 약하고 질 점막 구조도 얇으며 음모도 적어 생식기에 상처가 나기 쉬워 오히려 성인보다 질염이 잘 생깁니다. 특히 평소에 땀이 많고 하체에 딱 달라붙는 옷을 많이 입는 아이들에게서 자주 발생합니다.

아이가 질염에 걸리면 생식기 부위를 가려워하거나 아파할 수 있으며, 평소보다 분비물 양이 많아지면서 안 좋은 냄새가 날 수 있습니다. 심하면 소변을 볼 때 통증이 있고 생식기 부위가 빨갛게 부어오르기도 합니다.

일단 증상이 있으면 적절한 치료를 받는 것이 중요합니다. 경미한 질염의 경우 통풍과 좌욕만으로도 호전되지만, 필요한 경우 먹는 약과 연고를 사용해야 합니다. 질염 치료의 기본은 통풍이므로 면 팬티를 입히고 꽉 끼는 바지나 스타킹은 피하는 것이 좋습니다. 또한 생식기 부위는 물로만 씻기고, 바로 물기를 제거해주는 것이 좋습니다.

02 아들 고추 끝이 빨개졌어요

: 귀두포피염

아들의 생식기가 빨개지고 부어도 부모의 고민이 시작됩니다. 역시 비뇨기과로 가야 할지 소아과로 가야 할지 혼란스럽습니다. 특히 남자아이들은 생식기에 염증이 생기면 바로 소변 보는 데 문제가 생기는 경우가 있어 서둘러 병원을 찾게 됩니다.

"선생님, 아이 고추 끝이 빨갛고 소변을 볼 때마다 아프다고 울어요."
"어디 한번 볼까요? 아이고, 꽤 아팠겠네요."
"왜 이런 건가요?"
"아직 포경수술을 하지 않은 아이들은 분비물이 포피 안에 남아있다가 염증을 일으킬 수 있어요. 그래서 이런 귀두포피염이 종종 생긴답니다."
"그럼 바로 수술해야 하는 건가요?"
"아니에요. 일단은 약 먹고 연고 바르면서 지켜보면 돼요. 아이가 좀 더 크고 나서도 귀두포피염 증상이 너무 잦으면 그땐 수술을 고려해볼 수 있어요."

귀두포피염은 만 5세 이하 아이들에게서 자주 발생합니다. 포경수술을 하지 않아 포피가 귀두를 덮고 있는 상태에서, 포피에 있는 분비샘에서 배출되는 분비물들이 분비샘 밖으로 나오지 못하고 쌓이면 염증을 유발합니다. 아이들은 대개 포피의 구멍이 좁은데, 습관적으로 생식기를 만지거나 기저귀를 차고 있다 보면 자주 귀두포피염 발생합니다.

귀두포피염이 발생하면 포피가 귀두와 붙어 잘 젖혀지지 않으며 부종이 생기고 빨갛게 부어오릅니다. 만지면 통증을 호소하고 고름 같은 분비물이 나오기도 하고, 소변을 보기 힘들어합니다.

귀두포피염은 특별한 치료 없이 낫기도 하지만, 항생제 연고나 먹는 항생제를 사용하면 쉽게 치료됩니다. 귀두포피염을 예방하기 위해서는 평상시에 깨끗이 씻는 습관을 기르는 것이 중요합니다. 씻고 난 후에는 귀두와 포피를 잘 건조해야 하며, 통풍이 잘되는 옷을 입는 것이 좋습니다.

03 아이가 소변이 자주 마렵대요
: 소아 빈뇨

간혹 화장실에 자주 가는 아이들이 있습니다. 방금 전에 소변을 조금 보고 나와서는 또 화장실에 간다고 합니다. 이럴 때 부모는 이게 무슨 일인가 당황스럽지요. 아이들의 빈뇨 원인이 무엇인지 알아보겠습니다.

"선생님, 요즘 아이가 화장실에 자주 가요."

"소변 보러 가나요?"

"네. 소변이 마렵다며 화장실에 가놓고는 소변은 조금만 보고 나와요. 그리고 얼마 안 있어서 또 소변 보러 가야겠대요."

"언제부터 그랬어요?"

"일주일 정도 된 것 같아요."

"자다가도 그러나요?"

"아니요. 잘 때는 그냥 푹 자요."

"아이가 뭔가에 열중하고 있을 때도 그러나요? 예를 들어 재밌게 놀다가도 화장실을 가나요?"

"음… 아니요. 그럴 때는 화장실 가고 싶다는 얘기 없이 잘 놀아요."

"일단 소변검사를 해볼게요."

아이가 소변을 자주 보는 빈뇨 증상을 보인다면, 원인은 크게 두 가지입니다. 정말 몸에 문제가 있어서 그러는 경우와 정신적 스트레스로 인한 경우입니다.

먼저 소변이 나오는 길인 콩팥부터 요관, 방광, 요도에 염증이 있는 경우에 빈뇨가 있을 수 있습니다. 그런 경우에는 소변검사를 시행하여 염증 여부를 확인합니다. 소변검사로 염증이 확인될 경우 항생제 치료를 하면 증상이 호전됩니다.

소변검사에서 아무 문제가 없으면 정신적 스트레스로 인한 경우를 생각해 볼 수 있습니다. 아이들은 스트레스를 과하게 받을 때 과민성 방광 증세를 보이기도 하는데 소변을 자주 보는 빈뇨와 밤에 잘 때 소변을 보는 야간뇨 증상이 그것입니다.

과민성 방광 증세가 있는 아이들은 소변이 새는 것을 막기 위해 발뒤꿈치 위로 쭗어앉는 '빈센트 인사(Vincent Curtsy)' 자세를 취하는 경우가 있으며, 대부분 소변을 지리기 직전까지도 배뇨욕을 못 느낍니다. 여아라면 반복적 요로감염의 병력이 흔하고, 변비가 함께 나타날 때가 많습니다. 이럴 때는 변비를 먼저 치료해야 합니다.

과민성 방광 증세가 심하지 않을 경우에는 시간이 지나면서 저절로 호전되지만, 일상생활에 크게 방해될 정도로 심하면 항콜린제 약물 등으로 방광의 과활동성을 경감시켜주거나, 시간제 배뇨(Timed Voiding), 즉 시간을 정해놓고 방광 비우기 연습을 한다든지, 변비 및 요로감염 등의 선행 질환을 치료하는 방법 등을 시도할 수 있습니다.

다음 사례는 조금 다른 경우입니다.

"저희 아이가 화장실을 너무 자주 가서 걱정이에요. 원래는 대소변을 잘 가리는데 요즘 들어 소변이 너무 자주 마렵대요. 혹시 요로감염이 아닐까 해서 다른 병원에서 검사도 해봤는데 다 정상이래요."

"주로 낮에 그런가요? 밤에는 안 그래요?"

"낮에 어린이집에 있을 때 그런대요. 저녁에는 잘 자요."

"혹시 옷에 지리거나 그러진 않아요?"

"네, 일단 옷에 지리지 않고 화장실에 가긴 하는데 갈 때마다 소변이 잘 안 나온대요."

"혹시 최근에 환경적 변화는 없었나요? 어린이집을 옮겼다든지, 엄마, 아빠랑 지내는 시간이 줄었다든지."

"한 달 전에 어린이집을 바꿨어요. 생각해보니 그 후부터 그런 것 같아요."

만 4~6세 사이의 아이들 중에 위와 같은 증상으로 내원하는 아이들이 꽤 많이 있습니다. 배변 훈련이 잘 되어 있는 아이가 배뇨통이나 요로감염, 주간 요실금이나 야간뇨 등이 전혀 없이 갑작스럽게 낮 동안 10~15분마다 소변을 볼 정도로 심한 빈뇨를 호소하는 경우입니다. 이것을 '주간 빈뇨 증후군'이라고 부릅니다. 이 경우 소변이 마려워서 안절부절못하지만 바로 소변을 볼 수 없는 상황에서도 소변을 흘리거나 싸버리는 일은 거의 없습니다. 즉, 과민성 방광 증세가 있으면서도 요실금 증상이 없는 것이 주간 빈뇨 증후군의 특징입니다.

이런 아이들은 잠자리에 들기 전에는 여러 번 화장실에 가지만, 막상 잠이 들면 밤사이에 이부자리에 소변을 본다거나 중간에 깨어 화장실에 가는 일 없이 잘 자는 편입니다. 보통 처음에는 방광염을 의심하여 소변검사를 하지만 대부분은 소변검사에서 이상 소견은 발견되지 않습니다.

결론적으로 주간 빈뇨 증후군은 대부분 시간이 지나면서 자연적으로 좋아집니다. 다만 보고에 의하면, 짧게는 며칠에서 길게는 1년 정도까지 지속될 수 있고, 평균 5개월 정도 지속된다고 합니다. 원인은 대부분 정신적 스트레스이고, 가끔은 기질적 원인으로 고칼슘뇨 및 소변의 낮은 산도 등도 원인이 될 수 있다고 합니다.

따라서 주간 빈뇨 증후군이 의심될 때는 아이가 화장실에 가는 것에 너무 신경을 쓰지 않는 게 좋습니다. 아이에게 소변을 보고 싶으면 언제든 화장실에 가도 좋다고 말해주고, 아이가 여러 번 화장실에 들락거려도 아무런 관심을 두지 않는 것이 좋습니다. 아이가 자신이 화장실에 갈 때마다 부모가 걱정한다는 걸 의식하면 그 자체가 스트레스를 유발할 수 있기 때문입니다. 다만, 어린이집 교사 등 낮에 보육을 담당하는 사람에게 아이의 증상에 대해 얘기해두도록 합니다.

아이를 놀리거나 나무라는 것은 피해야 하지만 소변을 참을 수 있는 방법을 배울 수 있다고 알려주는 것은 좋은 방법입니다. 아이에게 '예전처럼 2~3시간마다 소변을 볼 수 있다', '소변을 참아보는 것도 좋다'고 얘기해주는 것입니다. 따라서 아이에게 스트레스가 쌓이지 않도록 배려하면서 때를 기다리면 됩니다.

04 물사마귀가 생겼어요
: 전염성 연속종

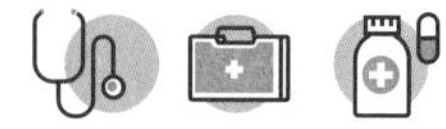

아이의 몸에 무언가가 하나둘 나기 시작하다가 갑자기 번져서 병원을 찾는 경우가 있습니다. 진료해보면 대부분 물사마귀인 것을 알 수 있습니다. 물사마귀는 아직 처방할 수 있는 치료 약이 없어 소아과 의사들도 답답해합니다. 그래도 치료에 도움이 되는 방법이 몇 가지 있습니다.

"선생님, 아이에게 난 이것이 물사마귀인가요?"

"어디 볼까요…. 네, 물사마귀가 맞네요. 좀 번졌네요."

"원래 두 개 정도밖에 없어서 그냥 지켜봤는데 애가 긁었는지 갑자기 이렇게 번졌어요. 어떻게 해야 하나요?"

"물사마귀는 바이러스 질환이라 그냥 두면 없어지기는 해요. 대신 그러기까지 약 6개월이 걸리는데, 그 사이에 다른 부분으로 번지면 손쓸 방법이 없어요."

"물사마귀는 면역력 문제라고 들어서 잘 먹이고 일찍 재우고는 있어요."

"아, 그것도 중요합니다. 그 외에 물사마귀 제거에 도움이 되는 것들이 몇 가지 있어요. 오늘 알려드릴 테니 같이 사용해보세요!"

"혹시 율무 패치요?"

"그것도 좋고 건강기능식품인 율무 캔디도 있어요. 그리고 물사마귀에 도움이 되는 항바이러스 연고도 있으니 함께 사용해보세요."

흔히 물사마귀라고 불리는 전염성 연속종(Mollescum Contagiosum)은 바이러스 질환입니다. 폭스(pox) 바이러스에 속하는 일종의 감염성 질환인데, 중앙부가 배꼽 모양인 살색 구진(丘疹, 피부 표면에 돋아나는 작은 병변)이 특징입니다. 주로 소아에게서 많이 발생하며, 일반적으로 6개월에서 1년 정도 지나면 저절로 사라지므로 꼭 제거하지 않아도 됩니다. 미국 질병통제예방센터(CDC) 사이트에도 6개월에서 1년 사이에 흉터 없이 사라지며 길게는 4년 정도 지속될 수 있다고 되어 있습니다. 그러나 CDC에서 언급한 바와 같이 사타구니나 그 주변 부위 물사마귀들은 저절로 안 없어지고 퍼지는 경우가 많아서 우선적으로 제거하기도 합니다.

CDC Centers for Disease Control and Prevention
CDC 24/7: Saving Lives, Protecting People™

Molluscum Contagiosum

Molluscum contagiosum is an infection caused by a poxvirus (molluscum contagiosum virus). The result of the infection is usually a benign, mild skin disease characterized by lesions (growths) that may appear anywhere on the body. Within 6-12 months, Molluscum contagiosum typically resolves without scarring but may take as long as 4 years.

The lesions, known as Mollusca, are small, raised, and usually white, pink, or flesh-colored with a dimple or pit in the center. They often have a pearly appearance. They're usually smooth and firm. In most people, the lesions range from about the size of a pinhead to as large as a pencil eraser (2 to 5 millimeters in diameter). They may become itchy, sore, red, and/or swollen.

미국 CDC의 물사마귀 관련 보고 내용

물사마귀는 직접적인 접촉을 통해서 전파되는 경우가 많습니다. 물사마귀에 감염된 아이가 병변을 긁다가 자기 몸의 다른 부위를 만져 물사마귀가 번지기도 하고, 간혹 다른 아이와의 접촉을 통해 물사마귀를 전파하는 경우도 있습니다. 물사마귀의 잠복기는 2주에서 6개월 정도이며, 면역 상태가 정상이면 대부분 수개월 이내에 별다른 치료 없이도 회복되지만 병변을 긁어 번지는 경우나 다른 아이들에게 전파시킬 위험이 있는 경우 치료가 필요합니다.

물사마귀 치료에는 큐렛 제거술, 냉동 치료, 레이저 치료 등 여러 가지 방법이 사용됩니다. 일일이 큐렛(긁어낼 때 쓰는 작은 외과 기구)으로 직접 병변을 떼어내는 큐렛 제거술의 경우 통증이 상당하여 아이들에게 시술하기 어려운 경우가 많습니다. 출혈 가능성이 있으며 특히 얼굴 등 피부가 얇은 부위라면 흉터가 남을 수도 있습니다. (아이와 보호자의 동의만 있다면 큐렛 제거술이 가장 전통적이면서 확실한 제거술입니다.)

냉동 치료는 저온의 액화 질소를 병변에 접촉시켜 물사마귀를 괴사시키는 방법인데, 통증이 상대적으로 적어서 레이저나 큐렛 치료에 대한 두려움이 있는 아이에게 시술해볼 만한 방법입니다. 다만, 물사마귀는 바이러스 질환이다 보니 근본적인 제거에는 한계가 있어 시간이 지나면 다시 재발하는 경우도 꽤 있습니다.

최근에는 약물 치료법도 알려지고 있습니다. 특히 우리나라에서는 율무를 이용한 면역 증강 요법을 많이 추천하고 사용하는데, '~와트'라는 이름의 율무 농축액으로 만들어진 사탕처럼 생긴 치료제와 피부에 붙일 수 있는 율무 패치가 그것입니다. 그 외에 '발트렉스' 같은 항바이러스 연고나 '바이렉스'라고 하는 연고형 제제, '피토버 오일'이라는 제품도 판매되고 있습니다.

경험에 의하면 물사마귀 치료에 정도는 없는 듯합니다. 일단 약물 치료를 시도해본 다음 여의치 않을 경우 레이저 소작술을 시도해보는 것도 좋겠습니다. 또한, 물사마귀는 아토피 피부나 건성 피부일 경우 잘 발생하는 경향이 있으므로 보습에 신경 쓰는 것이 중요합니다. 또한 숙면을 취하고 가벼운 운동을 꾸준히 하며 음식을 골고루 섭취하여 면역력을 강화해야 합니다.

05 항문이 가렵대요
: 요충증

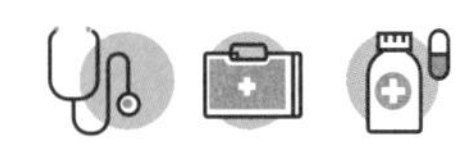

경제가 발전함에 따라 위생 상태가 매우 좋아지면서 기생충 감염이 많이 사라졌습니다. 어떤 기생충학 교수님이 기생충을 박멸했더니 기생충학회가 박멸되게 생겼다고 농담하셨던 기억이 납니다. 그렇지만 아직도 끈질기게 살아남아 있는 기생충이 몇몇 있습니다. 그중 아이들에게서 계속 발견되는 것은 요충입니다.

"선생님, 아이가 계속 항문이 가렵다고 긁어요."
"주로 밤에 그러나요?"
"잘 때도 계속 긁는 것 같고, 아침에 일어나서도 긁고 그래요."
"아마 요충 감염일 거예요. 마지막으로 구충제를 먹은 게 언제인가요?"
"네? 구충제를 먹여본 적이 한 번도 없는데요."
"그렇다면 일단 구충제를 먹여야겠네요. 요충 감염 예방을 위해서는 온 가족이 구충제를 함께 먹어야 하니 엄마, 아빠 구충제도 함께 약국에서 구입하세요."
"한 번만 먹으면 되나요?"
"3주 간격으로 세 번 먹는 것이 제일 좋아요."

현재 우리나라에서 대부분의 기생충 감염이 사라졌음에도 불구하고 여전히 높은 감염률을 자랑하는 기생충이 있습니다. 주로 아이들에게 잘 감염되는 요충입니다. 우리나라에서 진행된 연구에 따르면 아직도 보육시설의 아이들은 요충 감염 비율이 5% 정도로 꽤 높다고 합니다.

요충의 수명은 수컷이 2주, 암컷이 2개월 정도이며 주로 알을 통해서 전파됩니다. 감염된 요충의 수가 얼마 되지 않을 때는 증상이 없을 수도 있지만, 산란을 위해 암컷이 항문으로 기어 나오면 항문이 심하게 가려운 증상을 느끼게 됩니다. 가려워서 항문을 긁다가 손에 요충 알이 묻게 되고 그 손으로 장난감이나 음식 등을 만지면서 알이 전파됩니다. 요충 알은 건조한 상태에서도 생존력이 뛰어나기 때문에 쉽게 전파됩니다. 그래서 어린이나 유치원에서 요충에 감염된 아이가 단 한 명만 있어도 다른 아이들에게 쉽게 옮겨집니다.

요충증을 진단할 수 있는 가장 간단한 방법은 아침에 아이가 일어나자마자 바로 항문 주위에 스카치테이프를 붙여 요충 알을 확인하는 것입니다. 요충이 매일 산란하지는 않기 때문에 적어도 3일 연속으로 검사를 시행하여야 합니다.

요충증을 치료하는 방법은 구충제인 알벤다졸을 복용하는 것입니다. 약국에서 구입할 수 있으며, 20일 간격으로 총 3회 복용하는 것을 추천합니다. 1회 복용으로 끝나지 않는 이유는 아직 어린 요충에게는 약이 잘 듣지 않아 유충이 성충이 되면 재감염이 일어날 수 있기 때문입니다.

또한, 요충에 걸린 아이뿐만 아니라 모든 가족 구성원이 함께 약을 복용해야 하며, 속옷 및 모든 침구를 삶거나 햇빛에 소독하여 남아있는 요충 알을 제거해야 합니다. 그럼에도 불구하고 재감염이 반복되면 아이가 다니는 유치원이나 어린이집의 원아들을 상대로 요충 검사를 해볼 필요가 있습니다.

3

발달

01 밤에 다리가 아프다고 울어요: 성장통

02 밥 잘 먹게 하는 약도 있나요?

01

밤에 다리가 아프다고 울어요

: 성장통

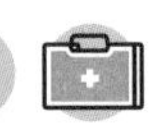

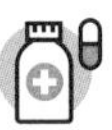

진료실에서 보호자들과 상담하다 보면 밤에 다리가 아프다고 호소하는 아이들이 생각보다 많은 걸 알 수 있습니다. 하지만 일상생활에는 전혀 지장이 없기 때문에 굳이 정형외과를 방문하기보다는 다른 질환으로 소아과에 왔을 때 이런 증상에 관해 물어보는 부모들이 많습니다.

"선생님, 아이가 밤마다 다리가 아프다고 울어요. 어제도 자다가 일어나서 갑자기 엉엉 울었어요."
"아침에 일어나서는 잘 걷나요? 잘 뛰어다니기도 하고요?"
"네, 아침에 일어나면 멀쩡해요. 엄청 뛰어다니고요."
"어제 많이 걸어 다녔나요?"
"아, 어제 놀이터에서 엄청 뛰어다녔어요."
"아마 성장통일 거예요. 너무 걱정하지는 마세요."

성장통은 만 3세 이상의 아이들에게서 흔히 발생합니다. 보통 양쪽 다리 모두에 통증을 호소하는 경우가 많고, 관절 부위인 고관절, 무릎, 발목 부근의 통증을 많이 호소합니다. 대부분 한동안 괜찮아졌다가 다시 통증이 나타나곤 합니다.

특히 활동량이 많았던 날에 통증을 호소하는 경우가 많고, 낮보다는 주로 저녁과 밤에 통증이 나타납니다. 심하면 아이가 자다가 일어나서 아프다고 울기도 합니다. 그렇지만 보통 다음날 아침에는 증상이 사라집니다.

성장통은 대부분 특별한 치료를 하지 않아도 저절로 호전됩니다. 활동이 많았던 날이라면 저녁에 따뜻한 물로 목욕을 하는 것이 성장통을 예방하는 데에 도움이 됩니다. 또한, 통증 부위에 온찜질과 마사지를 해주는 것도 통증을 줄이는 데 도움이 됩니다. 그랬는데도 아이가 너무 아파하면 진통제 사용을 고려해볼 수 있습니다.

다만 아이가 다리 통증을 호소하면서 잘 걷지 못하거나, 다리가 붓거나 빨개지면 반드시 병원에 내원하여 진찰을 받아야 합니다. 또한, 저녁이 아닌 아침에 다리 통증을 호소하는 경우에도 진찰을 받아보는 것이 좋습니다.

02 밥 잘 먹게 하는 약도 있나요?

아이가 밥을 잘 먹지 않으면 그때마다 걱정스럽습니다. 하루 세끼 밥을 먹을 때마다 한 숟가락이라도 더 먹이려고 전쟁을 벌이지요. 먹는 양이 적더라도 아이가 잘 크고 있다면 걱정하지 않아도 됩니다. 하지만 잘 먹지 않고 성장이 제대로 이루어지지 않는 아이들은 문제 해결을 위해 노력해야 합니다.

"선생님, 아이가 잘 안 커요."
"이번 영유아 검진 결과를 한번 볼까요? 아, 키가 5% 미만에 들고 몸무게도 그렇네요."
"저번 영유아 검진 때는 그래도 간신히 5%는 되었는데…."
"아이가 밥을 잘 안 먹나요?"
"정말 너무 안 먹어요. 밥 먹일 때마다 전쟁이에요."
"음… 간식은요?"
"간식도 잘 안 먹어요. 혹시 밥 잘 먹게 하는 약은 없나요?"
"있긴 있습니다. 한번 고려해봐야겠네요."

정말로 밥을 잘 먹게 하는 약이 있습니다. 식욕 촉진제가 바로 그것으로, 말 그대로 식욕을 돋우는 약입니다. 보통 고령의 노인들이 식사를 잘하지 못해 기력이 떨어질 때 식욕 촉진제를 복용하면 식사량이 늘어납니다.

아이들을 위해 나온 식욕 촉진제로는 '트레스탄츄정'이라는 약이 있습니다. 이 약의 성분은 콧물약으로 많이 쓰이는 항히스타민 계열입니다. 그중에서도 식욕을 촉진하는 기능이 있는 시프로헵타딘이라는 항히스타민 약물이 들어있습니다. 시프로헵타딘은 중추신경에서 세로토닌을 막아서 포만감을 덜 느끼게 함으로써 식욕을 돋웁니다. 이 외에 카르니틴이라는 효소와 리신이라는 단백질, 시아노코발린이라고도 불리는 비타민 B_{12}가 함께 들어있습니다.

식욕 저하로 인해 체중이 감소하거나 성장 속도가 느린 아이, 또는 2~3주 이상 지속적으로 식사량이 너무 적은 아이라면 전문가와의 상담을 통해 복용해볼 만합니다. 만 3세 이상이면 복용할 수 있고, 일반 의약품이기 때문에 처방전 없이 약국에서 구매할 수 있으며, 추정 형태여서 아이들이 편하게 씹어먹을 수 있습니다. 처음 복용하면 항히스타민 약물의 부작용인 졸음 증세가 나타날 수 있으니 초반 8일은 저녁에만 복용하는 것을 권합니다. 그 후 약에 익숙해지면 아침저녁으로 복용해도 됩니다.

밥을 잘 먹게 하는 약의 대명사로 알려진 '잘크톤'은 비타민에 아미노산이 함께 들어있습니다. 아미노산은 세포 대사와 에너지 생성을 활성화함으로써 성장 발육에 도움이 됩니다.

또한, 담즙 분비 촉진 성분인 디히드록시딜부틸에텔, 울금 추출물(커큐민)이 들어있어 소화가 잘되도록 돕고 장운동을 원활하게 함으로써 속이 편해져서 아이가 밥을 잘 먹도록 돕는 약도 있습니다. 대표적인 것이 '가레오액'입니다.

결국 잘크톤은 비타민과 아미노산을 통한 세포 대사와 에너지 생성의 촉진을 통하여 식욕을 돋게 하고, 가레오액은 담즙 분비 촉진 성분을 통한 소화작용의 향상을 통하여 밥을 잘 먹게 하는 원리로 이해하면 됩니다.

모든 소화기 계통에 만병통치약처럼 여겨지는 유산균도 아이들이 밥을 잘 먹게 하는 데 도움이 됩니다. 프로바이오틱스가 직접적으로 식욕을 높여주지는 않지만, 장염으로 인해 잦은 설사를 한다거나 장내 환경이 좋지 않아 소화력이 떨어져 있는 아이에게는 효과가 있습니다. 유산균은 장내 환경을 개선하여 소화력을 정상화하는 작용을 합니다.

마지막으로 '메게이스현탁액'이 있습니다. 메게이스는 원래 유방암이나 자궁내막암의 치료제로 발명된 약이었으나 이것의 부작용으로 식욕 개선과 체중 증가가 관찰되어 암 환자의 체중 관리, 식욕부진, 빈혈, 소화불량 등의 임상 증상을 치료하기 위한 목적으로 사용되는 전문 의약품입니다. 메게스트롤 아세테이트(Megestrol Asetate)가 주요 성분인데 이것의 식욕 촉진 기전은 정확하게 알려진 바 없습니다. 다만 IL-1α, -1β, -6, TNF-α와 같은 염증 인자들을 억제하여 식욕을 촉진할 것이라는 가설만이 있을 뿐입니다.

정말 체중이 잘 늘지 않는 아이들은 칼로리가 높은 보조 식품을 복용할 수도 있습니다. 그렇지만 분유나 모유를 끊은 돌 이후의 아이들은 칼로리 보조 식품만으로는 큰 효과를 보기 어렵습니다. 결국은 식사를 잘해야 체중이 원활하게 증가합니다.

그러나 아이가 특별한 이유 없이 밥을 잘 안 먹는다면 식욕을 돋게 하는 영양제에 관심이 갈 수밖에 없습니다. 사실 영양제를 먹인다고 해도 잘 안 먹던 아이가 밥을 갑자기 잘 먹게 되는 경우는 매우 드뭅니다. 어디까지나 밥을 잘 먹게 하기 위한 보조제 정도로 생각해야 합니다. 아이가 밥을 잘 먹지 않아 식사량이 적어지면 영양 불균형이 올 수 있고, 이로 인해 신진대사가 둔화하면서 활동량이 떨어지고, 결국 식욕 저하로 다시 이어지는 악순환이 반복됩니다. 이 악순환의 고리를 끊어주는 목적으로 영양제를 먹인다고 생각하는 것이 현명합니다.

물론 밥을 잘 먹게 하기 위해서는 밥을 잘 안 먹는 원인을 찾아 이것을 교정하는 것이 우선입니다. 예를 들어 철 결핍성 빈혈이나 장염 같은 병적인 원인인 경우는 철분제 복용이나 장염 치료가 우선되어야 합니다. 수면 환경이나 수면의 질이 낮아서 짜증이 늘고 식욕이 없는 아이들도 많으므로 이 경우는 수면 환경을 개선하는 방법을 찾아보아야 합니다.

즉, 일단은 아이의 일상을 잘 관찰한 다음 일상생활에서 식욕을 저해할 만한 특별한 이유를 찾기 어렵고 빈혈 등의 기저 질환이 없는 경우 마지막으로 식욕 촉진 영양제에 관심을 가지는 것이 바람직한 순서입니다.

4

백신 접종

01 독감 접종은 왜 매년 해야 하나요?

"선생님, 아이가 작년에 처음으로 독감 예방접종을 받았어요. 작년 연말에 한 번 받고 올해 초에 또 한 번 받았는데 올해 또 독감 접종을 받아야 하나요?"

"네, 작년 연말과 올해 초에 걸쳐 받은 2회 접종은 기초 접종이에요. 매년 가을에 한 번씩 접종을 받아야 합니다. 이번에 맞으면 되겠네요."

"보통 아이들 예방접종은 어릴 때 한두 번 받으면 평생 안 받아도 되는 걸로 아는데 독감 접종은 왜 매년 해야 하죠?"

"아이들이 어릴 때 하는 예방접종은 필수 예방접종이라고 해서 그 시기에 정해진 횟수만 백신을 맞으면 평생 면역이 지속되지만 독감 접종은 그렇지 않아요. 매년 맞는 게 맞습니다."

해마다 찬바람이 불기 시작하는 11월 이후가 되면 어김없이 찾아오는 불청객이 있습니다. 바로 독감입니다. 독감은 인플루엔자 바이러스에 의해 발병하는 일종의 전염병으로서, 일반적인 감기와 초기 증상이 비슷하여 서로 혼동하기 쉽습니다. 하지만 독감과 감기는 엄연히 다른 질병입니다. 독감은 감기와는 달리 고열이 나고 전신 근육통과 쇠약감이 아주 심하다는 특징이 있습니다. 또한, 전염성이 매우 강하고 각종 합병증까지 유발합니다. 독감을 예방하는 가장 좋은 방법은 백신을 미리 맞는 것입니다. 특히 노약자와 만성질환자, 그리고 영유아들은 필수적으로 백신을 접종해야 하고, 성인이라도 평소 면역력이 약하다면 미리 맞아두는 것이 좋습니다.

우리나라에서 독감은 통상 11월 말부터 환자가 늘기 시작하여 12월과 1월에 유행하는 양상을 띱니다. 예방접종 후 항체 형성까지 약 2주 정도 걸리는 점을 감안한다면, 영유아와 소아의 경우에는 11월까지는 접종을 완료하는 것이 좋습니다. 영유아의 경우는 2회의 예방접종이 필요하므로, 백신이 출시되는 대로 빠른 시일 내에 접종하고, 2차 접종은 4주 후에 시행해야 합니다.

문제는 이런 백신 접종을 매년 시행해야 한다는 것입니다. 대부분 독감 예방주사를 맞으면 독감에서 해방된 것으로 생각하지만, 안타깝게도 하나의 백신으로 인플루엔자 바이러스를 모두 예방하는 것은 현재의 의학 기술로는 거의 불가능합니다.

B형 간염이나 대상포진 같은 질병들은 백신을 한 번만 맞아도 평생 예방이 되는데 독감의 경우는 왜 매년 맞아야 예방할 수 있는 것일까요? 그에 대한 해답은 독감을 일으키는 인플루엔자 바이러스에서 찾을 수 있습니다.

이들은 매년 변이를 일으켜 유사하지만 서로 다른 형태의 바이러스로 재탄생합니다. 따라서 지난해 백신 접종을 받았다 하더라도 변종된 바이러스에 적합한 백신을 다시 맞아야 합니다. 독감 바이러스 백신에 대한 정보 수집 및 개발은 현재 세계보건기구(WHO)가 주도하고 있습니다. WHO는 세계 곳곳의 바이러스 유행 정보를 종합하여 다음 해에 유행할 바이러스를 예측합니다. 전 세계의 제약사들은 이를 토대로 독감 백신을 개발하는데, 만약 다음 해에 유행한 바이러스가 WHO가 권장한 바이러스의 종류와 다를 경우 백신의 예방 효과는 상대적으로 떨어질 수밖에 없습니다.

독감 예방을 위한 백신은 주원료인 독감 바이러스의 형태 및 생산 방식에 따라 크게 '불활화 사(死)백신'과 '약독화 생(生)백신' 두 종류로 나뉩니다.

불활화 사백신의 경우는 독감 바이러스를 특정 약품으로 처리하여 바이러스가 활동할 수 없도록 만든 백신을 말합니다. 백신에 포함된 바이러스는 활성화되지 못한 채 신체에 들어가 면역에 필요한 역할만 수행하게 됩니다. 대부분의 독감 백신이 여기에 해당하며, 연령에 맞는 적정량을 일반적인 주사 방식인 근육주사를 통해 접종합니다.

반면에 약독화 생백신은 활동성이 있는 바이러스를 사용합니다. 활성화가 가능하기 때문에 실제 바이러스와 유사한 경로로 신체에 들어가 면역반응을 일으키는데, 생백신의 장점은 사백신보다 훨씬 높은 면역력을 가지고 있다는 점입니다. 약독화 생백신에 사용되는 인플루엔자 바이러스는 활동성을 가진 만큼 사람의 체온보다 낮은 온도에서만 증식할 수 있도록 선별한 바이러스를 사용합니다.

최근 몇 년처럼 코로나19 바이러스와 독감의 트윈데믹이 우려될 때는 더더욱 독감 접종의 필요성이 강조됩니다. 2020년부터는 무료 독감 대상자가 13~18세까지 확장되었습니다. 소아청소년과 의원에서 사용하는 독감 백신은 충분히 안전성이 입증된 것이니 독감 유행 시기가 다가오면 반드시 가까운 소아과에 방문하여 독감 예방접종을 받을 것을 권장합니다.

02 수두 2차 접종, 꼭 필요한가요?

아이가 첫 돌을 넘기고 만 12개월이 되면 수두와 MMR(홍역, 유행성이하선염, 풍진의 3종 혼합백신) 1차 접종을 받습니다. 그 후 만 4세가 지나면 수두와 MMR 2차 접종이 있다고 안내받게 되지요. 이때 MMR 2차 접종은 국가에서 진행하는 무료 접종이지만, 수두 2차 접종은 보호자가 선택하는 유료 접종입니다. 그런 이유로 수두 2차 접종이 꼭 필요한지 묻는 부모들이 많습니다.

미국의 경우를 예로 들어 답변하자면, 미국에서는 만 12개월에 시행하는 수두 1차 접종과 만 4세 이후에 시행하는 수두 2차 접종이 모두 국가접종입니다. 2회에 걸쳐 접종하는 근거는 1차 접종 후 항체 형성률이 86% 정도밖에 되지 않고, 1차 접종만 하는 인구 집단에서 종종 수두 집단 감염이 일어나기 때문이라고 알려져 있습니다. 수두는 2차 접종까지 시행하면 항체 형성률이 98%까지 올라가고, 이렇게 하면 나중에 대상포진 발병률도 낮출 수 있다고 합니다.

알아두면 유용한 정보

엑스레이 촬영이 정말 건강에 해로울까?

"선생님, 엑스레이 촬영 시 방사선에 노출될 수 있다는데 아이한테 해롭지 않을까요?"

"네, 엑스레이를 찍으면 방사선에 노출되긴 하지만 건강에 해를 끼치는 정도는 아니니 안심하셔도 됩니다."

"그래도 여러 번 찍으면 누적되어 안 좋지 않을까요?"

"실제 엑스레이를 찍을 때 노출되는 방사선량은 매우 적어서 여러 번 노출된다고 해서 문제가 되지는 않아요. 병원 의료진도 정기적으로 방사선 노출에 대해 점검을 받고 있으니 염려하지 않으셔도 됩니다."

방사선은 공기나 물처럼 우리 주위의 어디에든 있습니다. 사실상 우리 생활의 일부라고 해도 과언이 아닙니다. 우리가 먹는 음식에도 있고 심지어 우리 몸에도 있습니다. 자연에서 뿜어져 나오는 방사선은 매우 적은 양이어서 감지를 못할 뿐입니다. 이렇게 우리가 일상생활 중에 자연스럽게 노출되는 방사선량은 연간 2.5~2.95mSv 정도입니다. 공기에는 1.3mSv, 땅에는 0.48mSv, 음식물에는 0.29mSv가 포함되어 있습니다(Sv(시버트): 인체에 흡수된 방사선의 양을 측정하는 단위(1mSv=1/1,000Sv)).

심지어 방사선은 대기 밖에도 존재하는데 이를 우주 방사선이라 합니다. 우주 방사선량은 일정 높이까지는 고도에 따라 증가합니다. 태양 활동이 약할수록 방사선량이 많아지며 비행 시에도 우주 방사선에 피폭됩니다. 하지만 14시간이 소요되는 인천-뉴욕 노선에서 북극항로를 통과할 경우 우주 방사선 피폭량은 0.085mSv에 불과합니다. 81회 운행할 때 흉부 CT 1회 촬영에 맞먹는 방사선을 쬐게 되는 셈이니 매우 적은 양입니다.

방사선 촬영 1회 시 피폭량

촬영 종류	피폭량	촬영 종류	피폭량
가슴 엑스레이	0.5~1	위 엑스레이	0.6
복부 CT	1~5	흉부 CT	6.9
위 투시 촬영	5~10	방사선 항암 치료	5만~12만

출처: 의료방사선안전연구센터

단위: mSv

그러면, 방사선 현상이 일어나는 이유는 무엇일까요? 불안정한 상태의 원자나 원자핵은 안정된 상태로 변화하려고 하는 성질을 가지고 있습니다. 이 과정에서 방출되는 에너지를 방사선이라고 합니다. 고교 시절 배운 물리학에 나오는 일종의 양자적 현상입니다.

방사선은 무색무취이나 우리 몸이나 물질을 통과하는 성질, 즉 투과성이 있습니다. 이런 성질을 이용해 골절 진단, 암 진단, 공항 수화물 검색 등을 합니다. 이때 사용되는 방사선을 인공 방사선이라고 합니다.

많은 사람이 방사선으로 인한 암 발생을 걱정합니다. 인공 방사선이든 우주 방사선이든 노출 빈도와 수치가 높을수록 인체에 해롭긴 합니다. 과도하게 노출되면 백내장, 불임, 홍반, 탈모, 혈액상 변화, 백혈병, 암 발병 위험이 증가할 수 있습니다. 유럽은 방사선 피폭량 한계 기준을 6mSv로 정해놓고, 이 기준을 넘겨 방사선을 쬔 의료·원전·항공 종사자들은 의학적 추적 조사를 받도록 합니다.

방사선 피폭량에 따른 신체 영향

0~250	무증상
250~1,000	백혈구 감소(500mSv부터 발생)
1,000~2,000	방사선 숙취(1,500mSv부터 발생)
4,000	반치사 선량, 조혈기 장애, 전신 조사 시 30일 이내 50% 사망
7,000	전치사 선량, 전신 조사 시 2~3주 이내 100% 사망

출처: 국가환경방사선 자동 감시망 단위: mSv

결론적으로 병원에서 찍는 엑스레이의 피폭량으로는 신체 이상 반응이 일어나지 않고 큰 부작용도 없으니 안심해도 됩니다.

알아두면 유용한 정보

아이의 체중이 잘 늘지 않는 이유는 무엇일까?

아이의 체중이 잘 늘지 않는다면 우선 소아과에서 자세한 검사를 받는 것이 좋습니다. 지금까지 식사를 어떻게 했는지, 어떤 음식을 얼마나 먹고 있는지, 다른 증상은 없는지 등을 살펴보고 성장 속도를 점검하기 위해 이전의 체중 기록을 검토하며 신체적 이상이 없는지 진찰을 받게 됩니다. 일반적으로 영유아 건강검진 때 기본적인 성장 장애 여부를 확인합니다.

이 중 가장 중요한 검사 중 하나가 성장 속도를 측정하는 것입니다. 만약 아이의 체중이 3~5퍼센타일(percentile/같은 또래 100명 중 앞에서 3~5번째) 안쪽에 있지만, 체중 증가 속도가 일정하여 3~5퍼센타일 곡선의 밑부분을 평행하게 따라가고 있으면서 다른 증상이 없고 잘 먹고 있다면 아마도 담당 의사는 특별한 처치 없이 다음 몇 달에 걸쳐 체중이 느는 양상을 그냥 지켜보기만 하면 된다고 할 것입니다.

하지만 아이가 잘 자라지 않을 뿐 아니라, 시간이 흐르면서 3~5퍼센타일 곡선에서 점차 아래쪽으로 처지고 있다면 혈액, 소변, 대변 등 각종 검사를 하여 원인을 찾기 위한 노력을 합니다. 그 외에 상태에 따라 위장검사, 갑상샘검사 등을 추가로 할 수 있습니다.

이러한 검사에서 아무런 의학적인 문제가 발견되지 않는다면, 체중 증가를 위한 영양 보충 치료를 합니다. 일반적으로 성장 장애가 있는 아이가 따라잡기 성장을 하려면 추가적인 열량이 필요하기 때문에 균형 잡힌 충분한 영양분과 함께 고단백 성분의 비율이 높은 고열량 식사를 해야 합니다. 돌이 지난 아이의 경우 주스는 하루에 120mL 정도로 제한하고 인스턴트 식품 및 탄산음료는 금지합니다. 우유는 각종 영양분이 강화된 농축 전유를 섭취하도록 하는 것이 일반적입니다.

성장 장애가 있는 아이에게는 다음과 같은 식사 습관 및 분위기를 유도할 것을 권합니다.

- 하루 세 번의 규칙적인 식사와 하루 두 번 정도의 규칙적인 간식
- 식사나 간식 시간을 일정하게 유지하기
- 식사 시간이나 간식 시간에만 음식이나 음료 먹기
- 식사나 간식에 소요되는 시간을 20~30분으로 정하기
- 아이가 좋은 식사 습관을 보이면 부모가 칭찬 등 긍정적인 반응으로 보상하기
- 식사 중 장난감, TV, 스마트폰, 컴퓨터 이용 제한하기
- 아이가 좋아하는 음식을 준비하고 새로운 것은 서서히 먹이기
- 식단을 다양화하기
- 아이가 식탁에 앉기 전에 음식 준비해놓기

그런데 성장 장애에 해당하지 않는데도 체중이 잘 늘지 않는 경우가 훨씬 많습니다. 아무리 노력해도 체중이 늘지 않으면 '영양분을 제대로 섭취하고 있는 게 맞나?', '또래에 비해 너무 말랐는데 무슨 문제가 있는 건 아닐까?' 하는 생각에 부모의 걱정이 점점 깊어집니다. 성장장애 이외에도 아이의 체중이 늘지 않는 이유는 여러 가지로 다음과 같은 것들이 대표적입니다.

• 편식

아이가 살이 찌지 않는 이유 중 하나는 바로 편식입니다. 살을 찌우기 위해 살찌

는 데 좋다는 음식이나 아이가 잘 먹는 음식만 반복해서 섭취시킬 경우 편식이 더 심해지게 할 뿐만 아니라 영양소를 골고루 섭취하기 어려워져 체중이 늘지 않을 수 있습니다. 따라서 이 경우에는 아이의 편식 습관을 고쳐주어야 합니다.

• 유전

아무리 잘 먹어도 체중이 늘지 않는 아이라면 부모의 체질을 살펴볼 필요가 있습니다. 만약 부모가 살이 찌지 않는 체질이라면 아이 역시 잘 먹어도 살이 찌지 않을 수 있습니다. 따라서 잘 먹고 잘 뛰어놀고 배변 활동에 문제가 없다면 크게 걱정하지 않아도 됩니다.

• 불규칙한 식사 시간

아이가 식사 시간을 지키지 않고 배가 고플 때마다 음식을 먹으면 성장에 필요한 영양소를 균형 있게 섭취하기 어려울 뿐만 아니라 양도 적절하게 조절하기 힘듭니다. 특히 주스와 같이 단맛이 나는 음료수는 열량과 영양소는 적은 반면 쉽게 포만감을 주어 자주 마시면 다른 음식을 덜 먹게 되므로 몸에 필요한 영양소와 열량을 제대로 섭취하지 못해 체중이 늘지 않을 수 있습니다.

그렇다면 아이의 체중을 늘리기 위해서는 어떻게 해야 할까요? 아이는 태어나서 만 3세까지 신장과 체중이 급격하게 느는데 이를 1차 급성장기라고 합니다. 1차 급성장기에 키와 체중이 잘 늘지 않는다면 이후 성장이 더딜 수 있으며 이는 성인이 되어서도 영향을 줄 수 있으므로 식사습관과 체중 관리에 더욱 신경을 써주어야 합니다.

이를 위해서는 잘못된 식사와 간식 습관을 바로 잡는 것이 좋습니다. 성장에 필요한 영양소가 골고루 들어간 식사를 하루 세 번, 그리고 적당량의 간식을 두 번 정도 주는 것이 좋습니다. 만약 아이가 편식이 심해 다양한 음식을 섭취하기 어려운 경우라면 재료를 잘게 다져서 아이가 좋아하는 음식과 섞어 주거나 음식을 놀이로 활용하여 아이와 식재료가 친해질 수 있도록 도와주는 것이 좋습니다. 간식의 경우 식사 시간에 방해되지 않도록 시간 조율을 잘하는 것이 중요합니다.

아기가 정상 체중에 못 미치거나 성장이 더디면 부모는 급한 마음에 열량이 높은 음식을 많이 먹여 성장을 촉진시키려고 하는데 그럴 필요는 없습니다. 이렇게 할 경우 오히려 영유아 비만으로 연결되어 더 큰 문제를 초래할 수도 있습니다. 영아 때 저체중이거나 발육이 늦더라도 10대가 되면 거의 대부분의 아이들이 또래를 따라잡는다는 연구 결과가 있습니다. 이 같은 결과는 영국 브리스톨 대학의 연구팀이 11,499명의 아이들을 대상으로 한 연구에서 밝혀진 것인데, 이들 중 507명이 생후 8주까지 체중 증가가 더뎠으나 2년 내에 그 차이를 거의 다 따라잡은 것으로 나타났습니다. 또 다른 480명은 8주~9개월에는 정상 체중에 미달했고 7세가 될 때까지 체중 증가가 더뎠으나, 그 후 가속이 붙어 13세 무렵에는 또래와 비슷한 체중에 이르렀습니다. 이 연구를 이끈 앨런 에몬드 교수는 "체중이 덜 나가거나 성장이 늦는 아이들은 모두 그 나름의 '유전적 성장 곡선'을 갖고 있는 것"이라고 설명했습니다. 결국 아이들은 특별한 질환적 문제가 있지 않는 한 대부분 나이가 들면서 표준 체중에 도달하기 마련이므로 어릴 적부터 아이들의 체중에 너무 예민하게 반응할 필요는 없습니다.

PART Ⅶ

생후 49개월부터 60개월까지

6차 영유아 검진(54~60개월) 때
많이 하는 질문들

이때쯤이면 부모들도 질문을 많이 하지 않습니다. 아이가 어느 정도 자라서 면역력이 향상되어 감염성 질환에 걸리는 횟수도 줄어들고, 알레르기성 질환을 앓던 아이들도 상당히 호전되는 경우가 많습니다. 따라서 이 시기에 간혹 나타나는 특이 사례들을 정리해 보겠습니다.

1

01

복통이 점점 오른쪽 아랫배로 이동해요
: 급성 맹장염

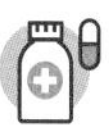

제가(은성훈 저자) 전문의 시험을 준비하던 시절이었습니다. 도서관에서 열심히 공부하고 있는데 휴대폰으로 전화가 왔습니다.

"피터팬, 웬일이세요?"

"이든, 지호가 어제부터 토해서 병원에 갔어요. 의사 선생님이 장염 같다고 약을 처방해주셨는데 약을 먹어도 계속 토하고 이제는 열도 나네요."

당시 저희 딸을 공동육아 어린이집에 보내고 있었는데 그곳에서는 부모들끼리 서로 별칭으로 불렀습니다. 당시 제 별칭은 '이든'이었고, 지호 아빠의 별칭은 '피터팬'이었습니다.

"혹시 다른 증상은 없어요? 설사를 한다든지 복통이 심하다든지."

"음… 어제는 배가 아프다는 말은 없었는데 오늘 아침부터 윗배가 살살 아프다고 하다가 지금은 배꼽 주변이 아프다고 해요. 설사는 없고요."

"아, 복통 부위가 점차 이동하는 양상이네요. 열은 몇 도까지 올랐어요?"

"방금 39도가 넘었어요. 아이가 몸이 처지고 힘들어해요. 복통도 갈수록 심해지고요."

"보통 일반적인 바이러스성 장염이라면 그렇게 고열이 나는 경우는 드물긴 하거든요. 이상하네요. 배를 혹시 만져보셨나요? 배 아픈 곳을 만질 때 통증이 어떻게 나타나던가요?"

"배꼽 주변을 만지면 아프대요."

"통증이 그렇게 심하고 이동하는 양상이면서 39도 이상의 고열이 나는 경우라면 단순 바이러스성 장염은 아닐 가능성이 커요. 혹시 급성 맹장염일 수도 있으니 빨리 응급실로 가보세요."

피터팬은 지호를 데리고 인근 대학병원 응급실로 갔습니다. 3시간쯤 지났을까, 피터팬에게 다시 전화가 왔습니다.

"이든, 방금 복부 CT 검사를 했는데 급성 맹장염이 맞대요. 그런데 맹장이 파열된 것 같아서 당장 수술은 못 하고 입원 후 며칠 있다가 해야 된다고 해요. 그래서 일단 입원하기로 했어요. 맹장염일 수 있다고 말씀해 주신 덕분에 서둘러 응급실로 올 수 있었어요. 감사드려요."

지호의 경우는 급성 맹장염(급성 충수 돌기염) 진단의 전형적인 사례입니다. 급성 맹장염은 처음부터 우측 아랫배가 아픈 경우는 드뭅니다. 배 전역에 걸쳐 통증이 있다가 점차 우측 아랫배로 복통 부위가 집중되는 경우가 흔하고, 구토를 동반하는 경우도 많습니다. 그래서 처음에는 단순 바이러스성 장염인 듯했다가 증상의 변화가 보여서 급성 맹장염으로 진단하는 경우가 일반적입니다. 지호의 경우에도 구토로 시작하여 상복부 통증, 배꼽 주변부 통증 그리고 응급실 내원 시에는 우측 하복부 통증으로 복통 부위가 이동하는 양상을 보였습니다. 그리고 고열을 동반했으며 혈액검사 결과 백혈구 수치가 상승했습니다. 이럴 때는 이학적 검사 소견상 우측 아랫배를 누를 때 통증이 심하고 손을 뗄 때도 통증이 심합니다.

보통 복부 초음파나 복부 CT 검사를 통하여 진단하게 되는데, CT 검사를 통해서 맹장의 파열 여부도 확인할 수 있습니다. 맹장이 파열된 경우에는 보통 며칠 입원을 하여 항생제 치료를 통해 염증 수치를 조절한 후 염증이 회복될 즈음 수술을 개시하는 것이 일반적입니다.

지호의 경우에도 4일간 항생제 치료를 한 후 복강경을 통하여 수술을 진행하였고 3~4일 회복 후 퇴원했습니다. 이후 후유증은 없었습니다.

사실 소아가 복통과 구토 증상을 보이면 처음에는 일반적인 장염으로 판단하는 경우가 많으나 증상이 변화하면서 진단이 바뀌는 경우도 상당히 많습니다. 따라서 보호자가 의사에게 증상의 변화 과정을 자세히 설명해주는 것은 정확한 진단을 위해 꼭 필요합니다.

02 이유 없이 다리에 멍이 들었어요
: 백혈병

진료 마감 시간 직전이면 늘 긴장하게 됩니다. 왜냐하면 특이한 질환을 앓고 있거나 위험한 상태의 환자들은 대체로 한낮보다는 병원이 문을 닫을 때쯤 급박하게 찾아오는 경우가 경험적으로 많기 때문입니다. 그날도 하루를 마무리하며 진료를 마칠 준비를 하고 있었습니다. 6개월쯤 되어 보이는 아이를 안고 한 엄마, 아빠가 진료실 안으로 들어섰습니다.

"아이가 한 달 전쯤부터 이유 없이 여기저기 멍이 들어요. 오늘 다른 병원에 갔더니 조금 지켜보다가 계속 멍이 들면 큰 병원에 가보라고 했는데 너무 불안해서 찾아왔어요."

아이 몸을 보니 정말 여기저기 큼지막한 멍이 보였습니다.

"생후 6개월이 지나면 잘 넘어지기도 하고 여기저기 부딪히기 마련이긴 해요. 최근 어디서 떨어지거나 부딪힌 적은 없었나요?"

"그런 적은 없었는데 자꾸 멍이 늘어나요."

큰 병원에서 진료를 받아야 할 것 같은 직감이 들었습니다.

"외상 없이 멍이 들었다면 반드시 혈액검사를 받아보셔야 해요. 가장 흔하게는 지혈과 관련된 혈소판 수치가 떨어져서 생기는 특발성 혈소판 감소증 같은 것을 의심해볼 수 있고, 혈액 종양적인 질환으로 신경모세포종이나 백혈병 같은 위험한 질환과도 반드시 감별해봐야 하거든요.

의뢰서를 써드릴 테니까 지금 바로 큰 병원으로 가보세요."

"정말 백혈병일 가능성도 있을까요?"

아이 엄마가 표정이 어두워지면서 되물었습니다. 의사는 때로 최악의 경우를 상정하고, 보호자들이 이를 직면하도록 해야 할 의무가 있기에 난감한 순간들이 많습니다.

"네, 간단한 혈액검사로 금방 알 수 있으니까 빨리 검사를 받아보고 위험한 질환인지 아닌지 확인을 해보는 것이 중요할 것 같아요."

부모는 눈물을 글썽이며 병원을 나섰고, 그날 이후 그 아이의 소식이 무척 궁금했습니다. 하지만 혹시라도 안 좋은 소식을 듣게 될까 봐 전화를 걸어 확인하는 것조차 매우 망설여졌습니다.

몇 달이 흘렀습니다. 진료를 마친 보호자와 아이가 진료실을 나가다가 말고 들어와서 이렇게 말했습니다.

"원장님, 몇 달 전에 멍들어서 온 아이 혹시 기억하세요? 원장님이 의뢰서를 써주시면서 대학병원에서 검사를 받아보라고 하셨다는데…."

"네, 기억하지요. 그런데 그 아이를 어떻게 아세요?"

"그 아이 엄마랑 이웃사촌이에요."

"그 아이는 어때요?"

"사실 얼마 전에 사망했어요. 원장님이 써주신 의뢰서를 가지고 대학병원에 가서 혈액검사를 하고 백혈병 진단을 받았어요. 바로 치료를 시작했지만, 치료 중 상황이 안 좋아져서 세상을 떠났어요. 그 아이 엄마가 치료라도 받을 수 있는 기회를 주셔서 감사하다고 전해달라고 했어요."

이 소식을 듣고 한동안 저도 몹시 마음이 무거웠습니다. 이 아이의 경우 어떠한 상황에서 어떻게 세상을 떠났는지 듣지 못했고, 소아 백혈병의 종류도 매우 많아 정확한 진단명이 무엇인지 알지는 못합니다만, 의사로서 한때 진료했던 아이의 좋지 않은 결말을 전해 듣는 것은 몹시 가슴 아픈 일입니다.

이유 없이 멍드는 원인이 무척 다양하기는 해도 대부분은 큰 문제 없이 회복되는 경우가 많습니다. 다만, 아이가 어리고 외상 이력이 없으며, 멍이 계속해서 늘어난다면 반드시 가까운 소아청소년과를 찾아 상담하고, 필요할 경우 대학병원에서 진료를 받아보아야 합니다.

• 아이가 자주 멍이 드는 이유는 뭘까요?

일반적으로 멍은 외부의 충격에 의해 모세혈관이 손상되면서 적혈구가 빠져나와 피부 아래쪽에 뭉치는 현상을 말합니다. 체내 혈액 응고와 지혈 기능을 하는 혈소판의 수가 줄어들 경우에도 쉽게 멍이 들 수 있고 드물게는 혈액 종양적 질환이 있는 경우에도 멍이 잘 들 수 있습니다.

• 자주 멍이 든다면 어떤 검사가 필요한가요?

아이에게 자주 멍이 들면 가장 먼저 혈소판 수치를 검사해야 합니다. 혈소판 수치가 낮으면 혈액 응고가 잘 이뤄지지 않아 멍이 쉽게 생깁니다. 그다음으로는 간 기능이 떨어져도 몸에서 혈액 응고 인자를 잘 만들어내지 못해서 멍이 잘 생길 수 있습니다. 또한 혈액검사를 통해 다른 혈액 응고 인자의 이상이나 혈관염 때문은 아닌지 점검해봐야 합니다. 멍이 오래 지속되고 멍 색깔이 옅어지지 않는다면 혈관염을 의심해봐야 하고 소아과 전문의의 진료를 받아보아야 합니다.

혈소판 감소증, 혈우병, 비타민 K 결핍증 같은 혈액 응고 장애도 의심해볼 수 있습니다. 이런 경우에는 어디에 부딪힌 적이 없어도 심하게 멍이 들 수 있습니다. 따라서 아이에게 이유 없는 멍이 자주 생긴다면 무심코 넘기지 말고 꼭 혈액검사를 받아봐야 합니다.

• 자주 멍드는 아이, 이렇게 관리해주세요!

① 냉찜질 후 온찜질 해주기

멍이 생긴 지 얼마 지나지 않았을 경우 수건에 얼음을 싸서 멍든 부위에 얹어 줍니다. 냉찜질은 혈관에서 혈액이 흘러나오는 것을 막아줍니다. 이는 멍이 더 진해지는 것을 예방해줍니다.

② 온찜질 해주기

멍든 지 1~2일이 지났다면 따뜻한 수건으로 온찜질을 해줍니다. 멍든 부위에 열이 내리고 붓기가 진정된 이후에 온찜질을 하면 퍼런 멍이 점차 가라앉습니다.

③ 달걀 마사지해주기

마사지는 응고된 피를 풀어주며 멍을 없애주는 역할을 합니다. 보통 멍이 들면 달걀 마사지를 하는데, 이는 발열이 심하지 않을 때 열을 내리고 회복을 촉진합니다. 단 세균에 감염되지 않도록 달걀을 깨끗이 씻어 사용해야 합니다.

④ 멍든 부위가 심장보다 높은 위치에 있게 하기

팔이나 다리에 멍이 들었다면 심장보다 높게 두어야 합니다. 멍든 부위로 피가 몰리는 것을 막아 멍을 빨리 없앨 수 있습니다.

⑤ 비타민 C가 함유된 음식 먹이기

비타민 C는 혈액 응고를 도와주고 모세혈관의 결합 조직을 강화해 혈관 벽을 튼튼하게 해줍니다. 더불어 혈관 내 노폐물을 제거해 피의 흐름을 원활하게 하고, 멍든 피부를 정상으로 회복시키는 효과가 있습니다.

03 두드러기가 가라앉지 않아요
: 마이코플라즈마 감염

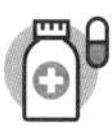

제(은성훈 저자) 딸은 저를 닮아서 알레르기 비염과 아토피 피부염이 있습니다. 제 딸이 다섯 살 무렵이었습니다. 미열을 동반한 두드러기가 전신에 나서 동네 병원에서 약을 처방받아왔습니다. 제가 전공의 수련 과정이던 때라 아이와 많은 시간을 보낼 수 없었던 탓에 딸아이의 증상에 대해서도 자세히 살펴볼 여유가 없었습니다. 약봉지를 보니 항히스타민제와 프레드니솔론 제제였습니다. 보통 동네 병원에서 두드러기 환자에게 처방하는 약입니다. 그런데 3일간 약을 먹었는데도 발진은 더 심해졌고 미열 역시 계속되었습니다. 처음에는 양팔에만 있던 발진이 전신으로 번지는 양상이었고, 가려움증 역시 더 심해졌습니다. 단순한 두드러기 같지는 않아서 제가 수련하고 있는 병원에 아이를 입원시키고 알레르기 MAST 검사와 염증 수치 검사 등 각종 검사를 시행하였습니다.

일반적으로 알레르기성 두드러기라면 발열을 동반하는 경우는 흔하지 않습니다. 그리고 두드러기라면 올라왔다 가라앉기를 반복하기 마련인데 계속 범위가 넓어지는 양상이었고 발진의 모양도 일반적인 두드러기와 같지 않았습니다. 혈액검사에서는 특별히 의미 있는 결과가 나오지 않았고, 흉부 엑스레이 결과에서 오른쪽 폐에 약간의 염증 소견이 관찰되었습니다. 평소에 호흡기 증상은 없었기 때문에 몹시 의아했습니다. 불현듯 마이코플라즈마 감염이 뇌리를 스쳤습니다. 마이코플라즈마는 바이러스와 세균의 중간쯤인 애매한 녀석인데 워낙 다양한 증상을 나타내는 감염원이라서 충분히 가능성이 있어 보였습니다. 마이코플라즈마 감염 검사를 시행한 결과 양성이 나왔습니다.

마이코플라즈마 감염은 보통 기침, 가래 등의 호흡기 증상이 대표적이기는 하지만, 복통이나 피부 발진 등 비전형적인 여러 가지 증상이 나타나기도 합니다. 제 딸아이의 경우는 호흡기 증상보다는 피부 증상 위주로 나타났던 것입니다. 즉시 마이코플라즈 감염에 적응증이 있는 항생제를 투여했습니다. 입원 5일 차부터 딸아이의 두드러기는 사라졌고 이후 기침이 조금씩 시작되었습니다. 재검 결과 마이코플라즈마 감염 수치는 많이 하락했고 기침은 경미해서 약 처방을 받고 퇴원했습니다. 퇴원 후 며칠간 약을 복용하면서 경과를 지켜보았습니다. 호흡기 증상은 그렇게 크게 나타나지 않았고, 피부 발진도 더 이상 없었습니다.

아이들에게 가려움증을 동반하는 피부 발진이 나타날 경우 일반적으로 동네 병원에서는 알레르기성 두드러기에 준하여 약을 처방해주는데, 약을 복용해도 호전되지 않고 미열이 동반된다면 호흡기 증상이 나타나지 않더라도 한 번쯤은 마이코플라즈마 감염이 아닌지 의심해볼 필요가 있습니다. 피부 발진의 세계는 의외로 다양하기 때문에 단면적인 증상만 관찰하기보다는 발진 자체는 물론 동반되는 증상의 변화 과정을 시간을 두고 관찰해볼 필요가 있습니다.

04 팔에 난 점이 점점 커져요
: 흑색종

한 엄마가 아이의 팔에 난 점이 걱정스럽다며 내원했습니다. 아이의 팔뚝에는 큰 점이 하나 있었습니다. 자세히 보니 점의 경계가 매우 거칠고 색깔도 일정하지 않아 보였습니다.

"태어날 때는 없었던 것 같은데 어느 날부터 이 점이 보이더라고요. 혹시 나쁜 점은 아닐까요?"

"글쎄요. 점의 모양으로 봐선 아직 단정하기는 일러요. 조금 더 진행 상황을 봐야 할 것 같아요."

그렇게 경과를 관찰하기로 하고 1개월쯤 지났을 때 아이와 엄마가 다시 내원했습니다.

"아이 점이 더 커진 것 같아요."

흑색종 여부를 판단할 수 있는 상황은 아니었습니다. 하지만 일반적인 모반이 아닌 것은 분명했기에 정확한 진단이 필요해 보였습니다.

"의뢰서를 써드릴 테니까 대학병원에서 조직 검사를 받아보시는 게 좋을 것 같아요."

이렇게 말하자 아이 엄마의 눈에 눈물이 글썽거렸습니다.

두어 달 후 아이 엄마가 롤케이크를 사 들고 다시 병원을 찾았습니다.

"선생님, 저희 아이 몸에 난 점이 흑색종 맞대요. 처음에는 A 대학병원에 갔었는데 암이 표피에서 진피로 이미 진행해서 치료 방향을 잡기가 어렵다고 해서 매우 절망적이었어요. 그런데 B 대학병원에 갔더니 제자리 암종이라고 해서 바로 수술로 제거하면 부작용 없이 나을 수 있다고 해서 바로 수술하고 현재 치료 중이에요."

엄마는 아이에게 생긴 흑색종이 마치 자신의 탓이라고 생각하는 듯했습니다. 잘 운영하던 태권도장도 정리하고 지방의 공기 좋은 곳으로 내려가서 요양할 계획이라고 했습니다. 저는 이 상황은 누구의 잘못도 아니라 그저 우연에 의해 생긴 것일 뿐이라고 생각하라고 조언했습니다. 일상적인 생활을 해도 아이에게는 전혀 문제가 되지 않을 것이라고 설득했습니다. 현재 아이는 많이 회복되었고 후유증이나 합병증도 없는 상태입니다.

악성 흑색종은 피부 표면 어디에서나 나타날 수 있지만 등, 가슴, 다리에 가장 흔히 발생합니다. 악성 흑색종의 증상은 다음과 같습니다.

① 비대칭
② 경계 불규칙성
③ 동일한 점 내부에 서로 다른 피부 색깔과 색조가 나타남
④ 6mm보다 큰(연필지우개 정도의 크기) 지름
⑤ 점의 크기 증가

악성 흑색종은 검은 점과 혼동될 수 있습니다. 검은 점이 다음과 같은 경우에 해당하면 악성 흑색종일 가능성이 있으므로, 병원에서 정확한 검사를 받는 것이 좋습니다.

① 원래 있던 점의 모양이나 색깔이 변하고, 크기가 커지는 경우

② 점의 경계가 뚜렷하지 않은 경우

③ 점의 모양이 대칭적이지 않은 경우

④ 점이 있는 부위가 가렵거나, 진물이 나거나, 헐고 피가 나는 경우

⑤ 피부색이 진한 부위에 이전과 다른 변화가 생기는 경우

⑥ 기존에 있던 점 주변에 새로운 점이 생기는 경우

출처: 서울아산병원 의료정보

어린아이에게 발생한 이런 불가항력적 질환은 대부분 부모에게 씻을 수 없는 상처나 자책감을 안깁니다. 그러나 현대의학은 매우 발전해서 조기에 발견하기만 하면 대부분 큰 후유증 없이 회복되니 가급적 빨리 발견해서 가까운 병원에서 상담하고, 필요하다면 큰 병원에서 검사를 받아보는 것이 가장 현명한 태도입니다.

또한 암 진단과 관련해서는 처음 방문한 병원의 진단에 전적으로 의존하기보다는 반드시 다른 병원을 찾아 2차적 의견을 들어볼 필요가 있습니다. 왜냐하면 암종의 경우에는 의료진에 따라 병기(病期)의 판단이 다를 수 있고, 치료 계획 역시 다를 수 있기 때문입니다. 그래서 모든 종류의 암종에 있어서는 최소한 두 곳 이상의 병원의 의견을 들어보는 것이 중요합니다.

05 아이가 갑자기 잘 크지 않아요

소아청소년과에서는 매년 영유아 건강검진을 시행하여 아이의 성장 발달을 확인합니다. 영유아 건강검진은 보호자가 아이의 성장과 발달 전반에 관한 체크리스트 형식의 문진표를 작성해오면, 이 결과를 가지고 아이의 성장과 발달에 관해 전 영역에 걸쳐 소아청소년과 전문의가 보호자와 무료로 상담해주는 제도입니다. 소아청소년과는 아이가 아프면 방문하여 진료를 받고 약을 처방받는 전통적인 병원의 개념에서 이제는 건강한 아이의 성장과 발달에 대해 다각도로 조언해주는 상담소의 역할까지 하게 되었습니다. 이른바 이전의 Ill-baby clinic에서 이제는 Well-baby clinic으로 변모하여 '아이의 건강 및 성장 발달 관리'라는 폭넓은 역할을 하고 있다고 해도 과언이 아닙니다.

아무래도 아빠보다는 엄마가 아이와 지내는 시간이 많다 보니 아이의 성장과 발달에 대해서도 엄마들이 더 관심을 기울이기 마련입니다. 그래서 영유아 검진도 엄마와 아빠가 같이 내원하거나, 아니면 엄마 혼자서 내원하는 경우가 일반적입니다. 그런데 어느 날 아빠 혼자서 아이를 데리고 영유아 검진을 받으러 왔습니다. 아이는 4차 영유아 건강검진을 받았고, 모두 상위 70퍼센타일 이상을 유지했던 1~3차 검진 때와는 달리 키와 몸무게가 모두 20퍼센타일 이하로 급락한 것이 확인되었습니다. 잘 크던 아이의 성장이 갑자기 저하된 것입니다.

물론 아이들의 키 성장 곡선을 보면 돌 이전에는 개월당 1.25cm씩 크고, 12~24

개월은 급성장 시기로 1년에 10cm 이상 크다가 23~36개월부터는 성장 속도가 둔화하는 것이 일반적입니다. 대략 4세가 되기 전까지는 1년에 7~8cm씩 큽니다. 그런데 이 아이는 30개월까지는 잘 크다가 30~36개월 사이에 키와 몸무게 모두 거의 성장이 멈추다시피 했습니다.

"아이가 지난 영유아 검진 때까지는 키나 몸무게가 또래와 비교할 때 상위 20등 안쪽에 들 정도로 상당히 성장 속도가 좋은 편이었는데 최근 몇 개월 사이 키와 몸무게의 성장 속도가 모두 매우 둔화된 것으로 보여요. 최근에 아이의 식습관이나 환경에 변화가 있었나요?"

"사실은 제가 작년에 이혼을 했어요. 아무래도 저 혼자 키우다 보니 이전보다는 아이 양육에 신경을 많이 못 써서 그런 게 아닐까 싶어요."

마음이 아팠습니다. 한창 엄마의 체온을 느끼고 엄마의 사랑을 받으며 커야 할 아이가 부모의 이혼으로 인해 혼자 된 아빠의 품에서 자라다 보니 아무래도 이전보다는 먹는 것과 자는 것 등 환경적으로 여러 면에서 보살핌을 덜 받은 듯했습니다. 아이들은 엄마, 아빠의 사랑을 먹고 자랍니다. 아직은 어려서 내색을 못 하지만 어느 날 사라진 엄마의 체취가 얼마나 그리울까요.

최근에 부모의 이혼으로 어떠한 변화가 일어났는지 자세하게 묻기는 어려웠지만 아빠의 말에 비추어볼 때 영양 공급과 수면 위생이 많이 열악해진 것은 틀림없어 보였습니다. 물론 시간이 지나면서 아이도 아빠의 양육 방식에 길들여지고, 또 환경에 적응하며 성장 속도를 회복할 것입니다. 다만, 일생에서 엄마와 아빠의 손길이 가장 많이 필요한 이 시기에 엄마의 결핍을 느끼며 살아갈 아이의 처지를 생각하면 뭔가 사회의 제도적인 뒷받침이 필요하지 않을까 하는 생각이 들었습니다.

06

감기에 걸린 후 다리를 절뚝거려요

: 일과성 고관절 활막염

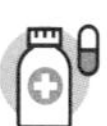

간혹 아이가 절뚝거리면서 잘 못 걸을 때가 있습니다. 그럴 때 부모들은 정형외과를 가야 하나, 소아과를 가야 하나 고민합니다. 아이들이 잘 못 걸으며 고관절 통증을 호소할 때는 일과성 고관절 활막염이 원인인 경우가 가장 많습니다. 따라서 이때는 소아과에 먼저 방문하셔도 괜찮습니다.

"선생님, 아이가 어제 약간 절뚝거리더니 오늘 아침에도 잘 못 걸어요."
"음, 어디 한번 볼까요? (아이에게) 저기 엄마 있는 데로 가볼래요?"
"보세요! 저렇게 오른쪽 다리를 절뚝거려요!"
"그러네요. 오른쪽 다리가 아픈가 봐요."
"왜 이럴까요? 어디 부딪힌 적도 없는데…. 어제 심하게 뛰어놀지도 않았고요."
"혹시 최근에 감기에 걸린 적은 없나요?"
"아, 한 3일 전에 콧물이 좀 났는데 약을 먹지 않고도 그냥 좋아졌어요."
"그럼 일과성 고관절 활막염일 가능성이 있어요. 너무 걱정하지 않으셔도 됩니다."

일과성 고관절 활막염은 10세 이하의 소아가 고관절 통증을 호소하는 가장 흔한 원인입니다. 병명이 어렵지요? 그렇지만 병명에 이미 어떤 병인지 다 나와있습니다. 일과성은 일시적으로 나타난다는 뜻이고, 고관절 활막염은 고관절의 활막이라는 주머니에 염증이 생겼다는 뜻입니다. 아직 일과성 고관절 활막염의 정확한 원인은 밝혀지지 않았지만, 감염이나 외상, 알레르기 과민증 등이 원인으로 지목되고 있습니다. 이 병은 남자아이들에게서 많이 발생합니다.

보통 일과성 고관절 활막염은 급성으로 발생하므로 갑자기 증상이 시작됩니다. 간혹 감기 등 바이러스 감염이 먼저 발생하는 경우도 있고 가벼운 외상이 선행하는 경우도 있습니다. 대부분의 일과성 고관절 활막염은 왼쪽이나 오른쪽 한쪽만 통증을 호소하는 경우가 많습니다. 이 병이 생기면 아이가 갑자기 엉덩이 관절이나 허벅지 쪽 또는 무릎 쪽에 통증을 호소하며, 통증으로 인하여 잘 걷지 못하는 등 다리를 잘 움직이지 못하게 됩니다.

일과성 고관절 활막염의 치료 방법은 최대한 움직이지 않고 침대에 누워 안정을 취하는 것입니다. 대부분 통증은 바로 사라지지만 다리의 움직임이 완전히 회복될 때까지는 일주일에서 열흘 정도 소요됩니다. 통증이 심할 때는 소염 진통제를 복용할 수도 있습니다. 만일 다리의 통증이 2주 이상 지속되거나 증상이 재발할 경우에는 일과성 고관절 활막염이 아닌 다른 질병일 수 있으므로 추가 검사가 필요합니다.

07

밤에 코를 너무 자주 골고 숨을 몰아쉬어요
: 편도/아데노이드 비대증

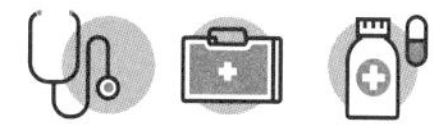

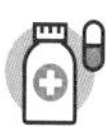

"선생님, 저희 아이가 밤에 코를 너무 자주 골고 잘 때 숨을 몰아쉬면서 발작적으로 기침도 해요."

"아이가 최근에 체중이 너무 갑작스럽게 증가하진 않았나요?"

"체중이 다소 늘기는 했어요."

"평소에 중이염을 자주 앓거나 비염이 지속적으로 있거나 하진 않았고요?"

"어릴 때부터 중이염이 자주 있었고 고막 튜브도 박았었어요."

"평소 숨 쉴 때 주로 입으로 쉬곤 하지 않나요?"

"네, 입으로 숨을 많이 쉬고 입을 벌리고 다니는 경우가 많아요."

만성 중이염을 앓고 있던 6세 여아가 지속적인 비염과 구강 호흡 및 밤에 자주 코를 고는 양상을 보이고 발작적으로 기침하여 내원한 경우였습니다. 이후에 이 아이는 대학병원 이비인후과에서 아데노이드 비대증 진단을 받고 아데노이드 절제술을 받았습니다.

일반적으로 이관(耳管) 폐쇄로 인해 중이염이 반복되고, 구강 호흡, 코골이, 무호흡 증상이 있을 때 아데노이드 절제술이 시행됩니다. 편도와 아데노이드를 포함한 목 주위 림프 조직(Waldeyer's Ring)은 상기도에 위치하는데, 아이들은 성인에 비해 이 부분이 상대적으로 비대해져 있습니다. 편도와 아데노이드는 림프 조직의 일부이고 출생 시부터 존재하지만, 4~10세에 급격하게 발달하여 크기가 커집니다. 이후 사춘기 때부터 서서히 발달이 둔화하면서 크기도 작아집니다. 즉 10세까지는 편도 비대가 특별한 질환이 아니므로 소아의 편도 절제 수술을 결정할 때에는 각별히 주의해야 합니다.

보통 소아과 교수들과 이비인후과 교수들은 편도 및 아데노이드 절제술에 대한 의견이 서로 다른 편입니다. 이비인후과에서는 수술적 제거의 효과에 대해 강조하는 편이고, 소아과에서는 수술적 절제에 대해 부정적이거나 유보적인 입장이 많습니다.

편도 절제술에 대한 소아과의 지침은 1년에 7회 이상 인두염으로 항생제 치료를 받았거나 2년 동안 매년 2회 이상 또는 3년 동안 매년 3회 이상 항생제 치료를 받은 경우인데 반해, 이비인후과의 지침은 매년 3회 이상 항생제 치료를 받은 경우로 규정하고 있습니다.

잦은 감염을 줄이기 위해서 절제술을 시행하면 일시적으로 감염이 줄어들기도 하지만 수술하지 않고 구강 위생 관리를 잘 해주었을 때와 별다른 차이를 보이지 않았습니다.

Tip

- 소아과학 교과서상의 편도 절제술의 적응증

❶ 종양 감별을 필요로 하는 경우

❷ 심한 수면 무호흡증의 경우

❸ 심한 인후 폐쇄로 호흡 장애와 연하 장애가 있는 경우

• 이비인후과 교과서상의 편도 절제술의 적응증

❶ 반복적인 편도염: 보통 1년에 4, 5회 이상인 경우

❷ 편도 주위에 농양이 있는 경우

❸ 인접 기관에 나쁜 영향을 주어 중이염이나 부비동염이 재발한 경우

❹ 편도비후가 커서 호흡곤란이나 연하곤란 등의 기계적 장애가 있는 경우

❺ 조직 검사가 필요한 경우

• 편도 절제술을 금해야 할 때

❶ 발열이 동반된 급성 편도염의 경우

❷ 입천장이 파열된 경우

❸ 피가 잘 나는 체질인 경우

❹ 소아마비 등의 전염성 질환이 유행하는 경우

❺ 신장염 또는 심장 질환이 있는 경우

• 이비인후과 교과서상의 아데노이드 절제술의 적응증

❶ 이관 폐쇄로 인해 중이염이 반복적으로 발생할 경우

❷ 입으로 숨 쉬고, 코골이가 심하고, 무호흡 증상이 있을 경우

❸ 부비동 배농과 환기가 방해되어 부비동염 치료가 잘 안 될 경우

❹ 치아 교정을 위한 경우

• 소아청소년과 교과서상의 아데노이드 절제술의 적응증

❶ 잦은 비염과 기도 폐쇄 증상으로 약물 치료에도 해결되지 않는 아데노이드염, 부비동염, 중이염의 경우

❷ 심한 코막힘으로 인한 구강 호흡과 수면 호흡 장애의 경우

❸ 안면기형으로 인한 기도 폐쇄의 경우

*적응증: 약제나 수술 따위에 의하여 치료 효과가 기대되는 병이나 증상

보통 코골이가 심하거나, 수면 무호흡이 있거나, 너무 잦은 편도염이 발생할 경우 편도 절제술이나 아데노이드 절제술 필요 여부에 대해 묻는 경우가 많습니다. 초등학교에 입학할 무렵까지는 급격한 성장이 이루어지면서 구강의 빈 공간 역시

커지는 시기이므로 대략 8세 이후에는 이러한 증상이 자연스럽게 소멸하는 경우가 많습니다. 따라서 제 개인적인 생각으로는 앞에서 기술한 적응증에 해당해 일상생활이 힘든 경우가 아니라면 조금 지켜보고 호전의 기미가 보이지 않으면 초등학교 입학 후 방학 때를 이용해서 수술을 시도해보는 것이 좋을 것 같습니다.

08 햄버거병이 뭔가요?
: 용혈성요독증후군

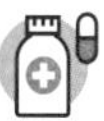

"아이가 열이 나고 설사를 해요."

"아이 컨디션은 어떤가요?"

"아직은 괜찮아요. 어제 잠시 찬바람을 좀 쐬고 왔는데 혹시 감기에 걸린 건 아닐까요?"

"목이 조금 부어있지만 단순한 감기로 이렇게 설사까지 하지는 않아요."

"그럼 장염일까요? 사실 며칠 전에 아이가 다니는 유치원에서 거의 모든 아이들이 설사를 했다고 들었어요."

"장 청진 소견도 그렇고 현재로서는 장염 가능성이 높아 보여요. 일단 장염에 준해서 약을 처방해드릴게요."

"혹시 식중독은 아닐까요? 아이가 배가 아프다고 하지는 않는데…."

"같은 유치원에 다니는 아이들이 단체로 설사 증상이 있었다면 식중독도 배제할 수는 없어요. 혹시 아이가 혈변을 보거나 복통을 심하게 호소하면 밤중에라도 응급실에 가서 꼭 치료를 받으셔야 해요."

어느 초여름 저희 병원에 자주 내원하던 한 아이의 사례입니다. 열이 나고 설사를 하는데 같은 유치원에 다니는 아이들이 집단적으로 설사 증세가 있었다고 했습니다. 여름철에 복통이나 혈변 증세 없이 설사를 조금 하기 시작하고, 38.5도 이상의 고열이 난다니 느낌이 좋지 않았습니다. 이틀 정도 지났을 무렵 '경기도 ○○유치원에서 장출혈성 대장균에 의한 집단 식중독 발생'이란 뉴스 기사가 났습니다. 자세히 읽어보니 얼마 전 내원했던 아이가 다닌다는 유치원이었습니다. 서둘러 아이 보호자에게 전화했습니다.

"여기 소아과예요. 아이가 요즘은 좀 어떤가요?"

"네, 원장님. 그날 진료받고 나서 아이가 밤사이 복통과 설사가 심해져 근처 종합병원 응급실에서 입원했어요. 그런데 어젯밤부터 혈변을 봐요. 여기 의사 선생님도 대학병원으로 옮기는 게 좋겠다고 하셔서 그러려고 수속을 밟고 있어요."

아이는 곧 대학병원으로 옮겨졌는데, 신장 기능이 급속도로 나빠져 신장 투석이 가능한 대형 대학병원으로 다시 옮겨야 했습니다. 흔히 햄버거병이라고 하는 용혈성요독증후군이었던 것입니다. 그날 이후 아이의 근황이 너무 궁금해서 진료에 집중하기 힘들 정도였습니다. 아이는 1개월 가까이 입원했고 투석 직전까지 갔지만, 다행히 상태가 호전되어 퇴원 후 통원 치료 중이라는 후문입니다.

흔히 '햄버거병'으로 알려진 용혈성요독증후군은 미세혈관병증 용혈성 빈혈, 혈소판 감소증, 급성 신장 손상이 특징입니다. 어떤 원인에 의해 신장에 있는 미세혈관이 손상되어 혈전이 생기게 되는 것이 이 질환의 시작입니다.

혈전이 생기면서 혈소판이 부족해지고, 적혈구가 손상되면서 빈혈이 생기고, 혈전에 의해 신장의 혈관이 막히면 신장 기능이 망가집니다. 따라서 용혈성요독증후군으로 진단받은 아이들은 빈혈로 인해 얼굴이 창백하고 기운이 없으며, 혈액응고를 관장하는 혈소판이 줄어들기 때문에 멍이 잘 생기거나 다리에 좁쌀 같은 점들이 나타날 수 있고, 혈뇨나 혈변을 볼 수도 있습니다. 급성 신장 손상이 오는 수준까지 이르면 소변량이 감소하고 얼굴이나 다리가 붓는 등 단백뇨 증상이 나타날 수도 있습니다.

이 정도 증상까지 보이면 가급적 신장 투석이 가능한 대형병원에 입원해야 합니다. 입원 치료를 하는 아이들 중 상당수는 손상된 신장 기능을 보조하기 위한 투석 치료를 해야 하는 경우가 꽤 많기 때문입니다. 호흡기 기능이 떨어져 자가 호흡이 안 되면 인공호흡기를 다는 것처럼, 신장이 자발적으로 기능하기 힘들 정도로 망가지면 투석을 해야 합니다. 그만큼 투석 치료는 심각한 상태를 의미합니다. 이 질환은 치명률이 5~10%에 이르고, 회복 후에도 9% 정도가 만성 신부전으로 이어지며, 장기적으로 고혈압이나 신기능 저하로 이어질 수 있어 어쩌면 평생 고생을 할 수도 있는 무서운 병입니다.

용혈성요독증후군의 원인은 여러 가지지만 대표적인 것은 설사를 일으키는 세균입니다. 소아에게 대표적인 원인균은 시가 독소(Shiga Toxin)를 만드는 장출혈성 대장균의 일종인 'O157:H7 E. Coli'입니다. 용혈성요독증후군은 처음에는 해당 세균에 의한 급성 장염 증상으로 나타납니다. 이 장염이 짧게는 3일, 길게는 3주 정도까지 지속되다가 혈변을 동반한 설사와 함께 복통과 구토, 발열 등의 증상이 나타나는 것이 일반적입니다. 정리하자면, 독성이 강한 대장균에 오염된 음식을 먹은 뒤 급성 장염이 일어나고, 이 세균이 혈액을 통하여 신장 혈관으로 이동하면 용혈성요독증후군을 일으키는 것입니다.

'햄버거병'이라는 이름은 1982년 미국 오리건 주에서 오염된 햄버거 패티를 먹은 뒤에 용혈성요독증후군이 생긴 것에서 유래되었습니다. 원인이 되는 균이 주로 대장균에 감염된 소의 내장에 존재하기 때문에, 오염된 소의 내장을 다지던 칼로 햄버거 패티를 다시 다지는 과정에서 균이 옮겨갔을 것으로 추정됩니다. 이로 보아 햄버거 패티가 이러한 세균이 이동한 직접적인 원인이 되었을 가능성은 거의 없으므로 '햄버거병'이란 명명은 엄밀한 의미에서는 잘못된 것입니다.

일반적으로 대장균은 섭씨 60도에서 45분, 65도에서는 10분, 75도에서는 30초만 가열해도 완전히 사멸하는 것으로 알려져 있으므로 고기를 익혀 먹는 것이 햄버거병 예방을 위해 매우 중요합니다.

만일 아이가 급성 장염 증상이 있고 나서 소변량이 급격히 감소하거나, 다리가 붓거나, 혈뇨를 본다거나, 멍이나 반점이 생기고 이유 없는 출혈이 생겨 멈추지 않는다거나, 얼굴이 창백해지고 극도로 피로감을 호소한다면 장출혈성 대장균에 의한 식중독을 의심해 볼 수 있습니다.

장출혈성 대장균에 의한 식중독을 예방하는 방법은 다음과 같습니다.

① 닭고기, 돼지고기, 소고기, 생선 등 육류와 어류를 완전히 익혀 먹는 습관을 가진다.

② 포장 음식은 완전히 밀봉되어 있지 않거나 유통기간이 얼마 남지 않은 경우 사지 않는다.

③ 냉동된 음식 재료는 냉장실을 거쳐서 해동하거나 전자레인지를 이용해 해동한다.

④ 손을 철저히 씻는다. 흐르는 물에 비누를 묻혀서 20초 이상 구석구석 씻는다.

⑤ 과일이나 채소를 잘 씻어서 먹는다.

⑥ 먹다 남은 음식은 가급적 버리는 것이 좋고, 보관하더라도 실온에 2시간 이상 두지 않는다.

알아두면 유용한 정보

코로나19 팬데믹 기간에 아이들의 건강을 위한 필수 지침

CDC(미국 질병통제예방센터)에서는 코로나19 팬데믹 기간 동안 다음과 같은 일상적 예방 조치를 생활화할 것을 권고하고 있습니다.

• 손 씻기

손 씻기를 생활화해야 합니다. 특히 외출하고 돌아오면 흐르는 물에 20초 이상 - 생일 축하 노래 1절이 다 끝날 때까지 - 비누로 손을 씻는 습관을 들이도록 해주세요. 물과 비누를 쓰기에 여의치 않은 상황이면 알코올 함량 60% 이상인 손 소독제를 바르도록 하세요. 손 소독제를 양손 전체에 고루 바르고 완전히 마른 느낌이 들 때까지 양손을 비벼 문지르도록 가르쳐주세요. 아이가 6세 미만인 경우에는 손 소독제를 바를 때 옆에서 지켜봐야 합니다.

• 마스크 착용하기

공공장소 등 가족 이외의 사람들이 있는 곳에서는 가족 모두 마스크를 착용해야 하며(2세 이상), 특히 아이가 올바르게 마스크를 착용하도록 해야 합니다.

• 밀접 접촉 피하기

한집에 살지 않는 다른 사람들 및 아픈 사람들(기침 및 재채기를 하는 등)과 만나게 될 때는 2미터 이상의 거리를 두어야 합니다.

• 입 가리고 기침하기

기침이나 재채기가 나오면 코와 입을 휴지로 가리고 사용한 휴지는 가까운 쓰레기통에 버리고 손을 씻어야 합니다. 모든 식구가 이렇게 하도록 장려합니다.

• 의료기관에 데려가기

코로나19 팬데믹 시기에도 정기적인 영유아 검진과 국가 필수 예방접종 그리고 독감 예방접종은 반드시 시행하도록 장려합니다. 의료기관 방문 전에는 다음 사항을 문의하기 바랍니다.

① 영유아 검진 일정과 백신 접종 시기를 문의한다.

② 건강한 내원자와 아픈 환자를 분리하기 위한 조치가 있는지 문의한다.

③ 부모나 아이에게 코로나19 감염 증상이 있다면 미리 알리고 방문 가능 여부를 확인받는다.

• 아이들이 활발히 움직이도록 돕기

규칙적인 신체 활동은 아이의 신체적·정신적 건강을 개선합니다. 일상적인 예방 수칙을 지키면서도 아이가 매일 활발히 움직일 수 있게 해야 하며, 아이가 신체 활동을 활발히 할 수 있도록 부모가 매일 아이의 신체 활동량을 점검해야 합니다. 또한 주말 등을 이용해 정기적으로 가족이 함께 운동함으로써 아이의 부족한 신체 활동을 보충해주어야 합니다.

• 자녀의 스트레스 대처 돕기

코로나19 팬데믹은 어른과 아이 모두에게 스트레스가 될 수 있습니다. 아이가 보이는 스트레스 징후에 대처해야 하는 것은 물론이고, 부모 자신의 정신 건강을 돌보는 방법도 찾아야 합니다.

알아두면 유용한 정보

스마트폰 중독인 아이, 어떻게 관리해야 할까?

"선생님, 저희 애들이 요새 스마트폰에 푹 빠져서 헤어나오질 못하는데 어떻게 해야 할까요?"

"아이들 나이가 어떻게 되죠?"

"큰아이는 여섯 살, 작은아이는 네 살이에요."

"아이들이 스마트폰을 처음 보게 된 계기가 있을까요?"

"외식을 자주 하는 편은 아닌데 음식점에 가면 아이들이 난리를 피워서 한번은 스마트폰으로 만화영화를 보여줬더니 거기에 빠져서 조용히 있더라고요. 그래서 외식할 때마다 스마트폰을 보여주고 있어요. 물론 생각 없는 부모로 보일까 봐 처음에는 주저했지만 그래도 아이 때문에 주변 사람들에게 피해를 주는 것보다는 낫겠다 싶었거든요."

"네, 다른 아이들도 대부분 외식하러 갔다가 스마트폰을 처음 접하게 되긴 해요. 그런데 애들은 아직 욕구 조절 능력이 미성숙해서 한번 빠져들면 걷잡을 수 없게 됩니다."

"그럼 어떻게 관리해줘야 할까요?"

"그렇다고 이미 스마트폰에 빠져버린 아이들에게 아예 스마트폰을 못 보게 하는 것은 좋지 않아요. 스스로 조절할 수 있게 훈련을 시키는 것이 중요합니다. 예를 들어 주중에는 못 보게 하고 주말에 정해진 시간 동안만 보게 한다든지, 약속한 스마트폰 사용 시간이 임박했을 때 '10분 남았어'라고 하는 식으로 아이가 마음의 준비를 할 수 있는 시간을 주는 것도 효과적이고요. 스마트폰보다 재미있는 야외 놀이에 재미를 붙이게 하는 것도 좋은 방법이에요. 막무가내로 스마트폰을 뺏는 것은 좋지 않습니다. 그리고 부모 스스로가 가정에서 스마트폰을 많이 사용하는 모습을 보이지 않는 것도 도움이 돼요. 아이들은 모방 심리가 강해서 부모가 스마트폰을 자주 쓰면 자연스레 따라 하기 마련이거든요."

아이들이 스마트폰을 접하는 시기가 점차 빨라지고 있습니다. 세계보건기구(WHO)는 지난 2019년 4월 24일 어린이의 스마트폰 사용 관련 첫 지침을 발표했습니다. 2~4세 어린이는 하루 1시간 이상 스마트폰 등 전자기기 화면을 지속해서 봐서는 안 되고, 1세 이하는 전자기기 화면에 노출되는 일이 없도록 해야 한다는 것입니다. TV를 보거나 게임을 하는 등 정적인 상태보다는 적절한 신체 활동과 충분한 수면이 보장돼야 비만과 각종 질병을 예방하고 건전한 습관을 기를 수 있다는 것이 WHO가 발표한 지침의 골자입니다. 미국 소아과학회에서도 2~5세 사이의 아동은 하루 1시간 이내로 스마트 기기 사용을 제한할 것을 권장하고 있습니다.

종종 부모들이 스마트폰을 언제 사줘야 하는지 궁금해하는데 여기에 대해 명확히 정해진 것은 없습니다. 하지만 가급적 늦게 사주는 것이 바람직합니다. 꼭 사줘야 한다면 중학교 1, 2학년 때를 추천합니다.

뇌의 피질 영역 중 전두엽은 인지 기능과 직결돼 있고 이는 청소년기에 발달합니다. 피질하 영역의 충동성과 관련된 부위는 전두엽보다 1~2년 더 먼저 성숙한다고 알려져 있습니다. 이는 뇌의 전반적인 컨트롤타워가 아직 성숙하지 않은 초등학생 시기까지는 충동을 스스로 조절하는 데 어려움이 있을 수 있다는 뜻입니다. 청소년기 충동성과 관련한 뇌 부위와 컨트롤타워의 성장 속도 차이를 고려하면, 즐거움의 대상을 조절하는 것은 내부 통제력만으로는 충분하지 않습니다. 흔히 말하는 '중2병'이 생기는 이유이기도 합니다. 이 시기에는 외부의 통제가 필요합니다. 이러한 이유로 가급적 초등학교를 졸업한 이후에 자녀들에게 스마트폰을 사주기를 권하는 것입니다.

또한, 스마트폰 등의 영상 매체는 시청을 유도하기 위해 끊임없이 자극적인 소재를 송출하기 때문에 영유아가 스스로 지루한 것을 조절하는 연습을 할 기회가 줄어듭니다. 뇌가 성숙하기 위해서는 오감을 통해 보고 느끼고 경험해야 하는데 스마트폰을 과도하게 사용할 경우 이러한 기회가 제한되는 것입니다. 2016년 미국 소아과학회가 발표한 미디어 사용 권고 사항을 보면 스마트 기기의 과도한 사용으로 인해 공격적인 행동, 비만, 수면 장애 등의 위험 요소가 증가하고, 신체 활동이나 즐거운 놀이 시간 등이 줄어드는 것으로 나타난 바 있습니다.

스마트 기기는 아이를 키우는 부모에게 큰 딜레마입니다. 아이가 스마트폰에 집중하는 동안 부모는 육아의 부담을 덜 수 있지만, 스마트폰 의존도가 커질수록 아이에게 미치는 부정적인 영향이 크다는 것을 알고 있기 때문이지요. 하지만, 현실적으로 아이의 스마트폰 사용 시간을 통제하기는 쉽지 않습니다.

아이들의 스마트폰 사용 시간을 제한하는 효율적인 방법을 알아보겠습니다.

• 부모의 스마트폰 사용 줄이기

부모가 수시로 스마트폰이나 태블릿PC를 사용하면 아이들도 자연스럽게 스마트 기기에 눈이 가게 됩니다. 그러므로 스마트 기기 사용을 최대한 줄이고, 혹시 부득이하게 사용해야 할 때는 아이의 눈에 띄지 않는 곳에서 사용하는 것이 좋습니다.

• 아이에게 평일 스마트폰 사용 금하기

아이의 스마트폰 사용을 막을 수 없다면, 평일에는 금지시키고 주말에만 사용하도록 하는 것도 효율적인 방법입니다.

• 스마트폰 사용 시간 수시로 확인하기

부모와 약속한 스마트폰 사용 시간이 다 됐을 때 갑작스럽게 아이로부터 스마트폰을 뺏는 것보다, 아이가 마음의 준비를 할 수 있는 시간을 주는 것이 좋습니다. "10분 남았어"와 같이 남은 시간을 알려줌으로써 아이의 불안감을 완화시켜줄 수 있습니다.

• 야외활동 유도하기

아이들이 스마트 기기에 의존하는 시간이 늘면 야외활동이 줄어드는 경향이 있습니다. 따라서 바깥에서 활동하는 시간을 늘리면 스마트 기기에 의존하는 시간이 줄어드는 것은 당연합니다.

• 잠자리에서 스마트폰 사용 절대 금지하기

아이에게 스마트폰 사용을 허락하더라도 잠들기 직전에는 절대 사용하지 않도록 하는 것이 중요합니다. 잠자리에서 스마트폰을 사용하면 수면을 방해하는 것은 물론 아이들의 성장과 건강에도 해롭기 때문입니다.

PART Ⅷ

생후 61개월부터 72개월까지

7차 영유아 검진(66~72개월) 때 많이 하는 질문들과 그 이후의 질문들

마지막 영유아 검진은 대개 아이가 초등학교 입학을 앞둔 시기에 합니다. 이 시기부터 그 이후 학교생활을 하는 과정에서 아이의 성장과 발달에 관해 궁금해하는 부모님들이 많습니다. 이와 관련한 질문들을 정리해 보았습니다.

1

01 뼈 나이란 무엇이고, 어떻게 이것을 통해 최종 신장을 예측할 수 있나요?

02 가슴이 봉긋해진 우리 아이, 성조숙증일까요?: 성조숙증

〈진료실 이야기〉 성조숙증 치료 시기를 놓치지 않으려면?

03 산만한 우리 아이, ADHD일까요?

04 아이의 치아가 흔들리는데 집에서 빼도 될까요?

05 컴퓨터를 많이 하는 우리 아이, 거북목은 아닐까요?
: 거북목 증후군

06 두통을 호소하는 아이, MRI를 찍어봐야 하나요?
: 뇌출혈/뇌종양/수두증

07 목 뒤에 까만 때가 있어요: 흑색가시세포증

08 자주 어지러워서 쓰러져요: 미주신경성 실신

09 자궁경부암 백신, 무엇을 선택해야 할까요?

10 파상풍 예방접종은 몇 년마다 해야 하나요?

01 뼈 나이란 무엇이고, 어떻게 이것을 통해 최종 신장을 예측할 수 있나요?

"선생님, 아이가 올해 초등학교 1학년인데요, 코로나19로 인해 그동안 온라인 수업만 해오다가 몇 달 만에 첫 등교를 했어요. 그런데 학교에 다녀온 후 첫마디가 '엄마, 내가 우리 반에서 제일 키가 작아'였어요. 아이 생일이 12월이라 또래보다 좀 작을 수 있겠거니 했지만 막상 아이가 이런 말을 하니 마음도 안 좋고 걱정이 돼요. 혹시 아이의 예상 키를 예측해볼 수는 없을까요?"

"엄마와 아빠의 키가 대략 어떻게 되나요?"

"엄마는 161cm, 아빠는 175cm 정도예요."

"단순히 유전적 요인만 놓고 볼 때 아이는 대략 170cm대 중반 정도까지 키가 클 것으로 예상되지만, 어디까지나 엄마, 아빠 키로만 예상한 것이에요. 최종 신장은 유전 외에도 여러 변수들이 있어서 정확히 예측하기가 힘든 게 사실이에요. 다만 현재의 뼈 나이를 통해 대략적으로 예측해 보는 방법이 있긴 합니다. 손목 사진을 찍어서 일단 아이의 뼈 나이를 알아보도록 할게요."

사회적으로 외모를 중요하게 여기는 분위기가 있다 보니 자녀의 키에 대한 부모의 관심이 커진 것이 사실입니다. 최종 신장을 예측하는 것은 앞으로 다가올 일을 미루어 짐작하는 것이므로 여러 변수들이 개입될 수밖에 없어서 어디까지나 예측에 지나지 않음을 명심해야 합니다. 현재로서는 부모의 키를 통한 예측법과 골 연령, 즉 뼈 나이를 통한 예측법이 있습니다.

부모의 키를 통한 예측법은 아들의 경우에는 엄마와 아빠 키의 평균에 6.5를 더하고, 딸의 경우 6.5를 빼는 방식입니다.

예를 들어, 아빠 178cm, 엄마 164cm일 경우 딸의 예상키는 (178+164)/2-6.5=164.5cm, 아들은 (178+164)/2+6.5=177.5cm가 됩니다. 이것은 유전적인 요인을 계산하는 데 이용될 뿐 실제 자녀의 예상 키를 의미하진 않습니다. 부모의 키가 작다고 해서 자녀의 키가 반드시 작은 것은 아니라는 뜻입니다. 좀 더 정확한 예상 키를 알고 싶다면 엑스레이를 통해 뼈 나이(성장판)를 고려해봐야 합니다.

뼈 나이를 계산하는 방법은 다음과 같습니다. 일단 엑스레이로 손목 사진(오른손잡이는 왼손, 왼손잡이는 오른손)을 찍어 손에 있는 13개 화골핵(뼈의 중심부 세포)의 성숙도를 의미하는 점수를 각각 합산하여 RUS(Radius, Ulna, Short finger bones) 점수를 계산합니다. 그런 다음 RUS 점수를 뼈 나이로 환산합니다. 이렇게 계산한 뼈 나이가 실제 나이(역연령)보다 많으면 나이에 비해 뼈가 성숙한 것이므로 앞으로 클 수 있는 여지가 상대적으로 작고, 뼈 나이가 실제 나이보다 적으면 앞으로 뼈 성장이 이루어질 수 있는 여지가 상대적으로 크다고 예측할 수 있습니다.

또한 RUS 점수와 나이 및 키를 통계적 회귀분석을 통하여 도출된 공식에 대입하여 최종 신장을 예측할 수 있습니다. 물론 현재 키와 RUS 점수만을 변수로 한 예측이므로 오차가 있을 수 있습니다. 다만, 현재로서는 성인이 되었을 때의 신장을 예측하는 가장 정확한 방법으로 알려져 있습니다.

뼈 나이와 이를 통한 예측 키 및 현재의 키 성장 속도 등을 종합적으로 고려하여 성장호르몬 치료 여부를 결정하게 됩니다. 만일 손목 사진으로 성장판을 관찰한 결과 성장판이 닫힌 후라면 성장호르몬 치료도 효과가 없습니다.

성장호르몬은 1년 이상 투여해야 키에 대한 효과를 볼 수 있으므로 성장판이 충분히 남아있는지 확인한 후에 투여해야 합니다. 단, 성장호르몬 주사 시행 전 다른 건강상의 문제가 없는지 살펴야 합니다. 성장호르몬 분비에 장애가 있다면 만 4세 이후에 시도해 볼 수 있습니다. 가능하면 초등학교 입학 전에 또래와 키를 비슷하게 키워주는 것이 좋습니다.

• 키 작은 아이의 기준은 100명 중 앞에서 세 번째 이내일 때입니다.

'키 작은 아이'의 기준은 나이와 성별이 같은 어린이의 평균 신장보다 3백분위수 미만에 속하는 경우입니다. 다시 말해, 또래 100명 중 키 순서가 앞에서 세 번째 안에 속하면 저신장에 해당합니다. 가족성 저신장, 체질성 성장 지연이라면 유전적인 요인이 큽니다. 이땐 유전적으로 부모로부터 받은 최종 키 가능 범위를 확인해보아야 합니다.

일반적으로 성장 단계는 다음과 같이 나뉩니다.

① 성인 신장의 25%까지 성장하는 급성장기(1~2세)

② 성장호르몬에 의해 성장하는 성장기(3~12세)

③ 성장호르몬과 성호르몬에 의해 성장하는 제2급성장기(13~16세)

제2급성장기 때는 남아가 25~30cm, 여아가 20~25cm까지 성장합니다. 체질적 성장 지연으로 사춘기가 늦게 오거나 성선기능저하증이 있는 경우 키가 늦게까지 크지만 보통 남자는 만 16~17세, 여자는 만 14~15세에 성장이 종료됩니다.

- **유전적인 이유로 키가 작을 수도 있고, 키가 나중에 크는 아이들도 있습니다.**

유전적 저신장, 체질성 성장 지연인 아이들은 성장호르몬 분비에 문제가 있는 것이 아니므로 성장호르몬 치료가 필요 없습니다. 그러나 간혹 너무 작아서 스트레스를 받거나 아이 본인이 치료를 원한다면 성장호르몬 주사 치료를 시도해볼 수 있습니다. 따라서 성장호르몬 분비 장애가 없는 아이라면 본인이 의사 표현을 제대로 할 수 있을 때 시작해야 합니다.

물론 성장호르몬 주사에 대한 우려의 목소리도 있습니다. 갑상샘기능저하증, 관절통, 피부 점 크기 증가, 얼굴 부종, 혈당 증가, 고관절 탈구, 두통, 혈압 증가, 가성뇌부종 등의 부작용 때문입니다. 갑상샘 질환이나 당뇨병 가족력이 있는 경우 유전 질환 발생률이 증가할 수 있습니다. 두통은 주로 터너증후군* 환아에서 빈도가 높은 것으로 알려져 있습니다. 백혈병이나 종양의 발생과는 무관한 것으로 밝혀졌으나 유전적으로 백혈병이나 종양 발생이 많은 가족력이 있다면 맞지 않는 것이 좋습니다.

- **만성 질환이 있는 경우 숙면을 방해하여 저신장으로 이어질 수도 있습니다.**

키에 영향을 주는 요인은 유전 이외에도 질병, 영양 섭취, 수면, 스트레스, 운동 등 다양합니다. 질병 요인으로는 1) 호르몬 이상, 2) 골격계 이상, 3) 만성 질환이 있습니다.

호르몬 이상 질환은 성장호르몬 결핍증, 갑상샘기능저하증, 쿠싱증후군, 성조숙증 등입니다. 측만증이나 골단 이형성증을 포함하는 다양한 골격계 이상 증후군도 있지만 이 경우는 드문 편입니다. 하지만 대부분의 만성질환은 키 성장에 악영

---

* 터너증후군: XX 또는 XY의 형태로 존재해야 하는 성염색체가 X 단일 염색체(45, X) 또는 X 부분 단일 염색체로 변경되어 발생하는 질환. 여성에게서 발생하는 유전 질환으로 키가 작고, 목이 짧고 두꺼우며 성적 발달이 지연됨. 여아 2,000~2,500명당 1명꼴로 발생하는 비교적 흔한 염색체 이상 질환.

향을 미칩니다. 만성 장질환, 천식, 알레르기, 아토피 등을 적절히 치료하지 않으면 영양 섭취나 숙면을 방해하여 성장 장애를 일으킵니다.

숙면은 성장호르몬과 밀접한 관계가 있습니다. 일찍 자는 것보다는 깊은 잠을 푹 자는 것이 중요합니다. 특히 성장호르몬 분비가 최고조에 달하는 밤 10시부터 새벽 2시까지의 숙면이 중요합니다. 따라서 자려고 하지 않는 아이를 일찍 재우기보다 깊게 잘 수 있는 환경을 만들어주는 것이 더 중요합니다. 부모가 늦게까지 TV를 보느라 불을 켜놓는다거나, 아이가 자는 방에 컴퓨터 등을 두는 것은 아이가 자야 할 시간에 다른 것에 유혹을 받게 되어 좋지 않습니다. 아이의 잠자리는 어디까지나 잠을 잘 수 있는 온전한 공간이어야 합니다.

• 성장 보조제보다 적당한 운동과 영양 섭취가 중요합니다.

적당한 운동은 성장판과 골격을 자극하여 성장호르몬 분비를 돕습니다. 뿐만 아니라 신체의 근육, 뼈, 인대도 튼튼하게 해줍니다. 단, 무거운 것을 드는 동작이나 관절에 무리를 주는 운동은 피하고, 아이가 즐겁게 할 수 있는 운동을 선택하는 것이 좋습니다. 억지로 시키거나 의무감으로 하는 운동은 오히려 스트레스를 유발할 수 있기 때문입니다. 90분 이상 운동을 지속하는 것은 피로감을 유발하고 집중력을 떨어뜨려 다칠 수 있으므로 주의해야 합니다. 하루 30분 이상, 주 5회 이상의 규칙적인 운동이 좋습니다.

과학적으로 키를 더 키울 수 있다고 인정받은 영양제나 의약품은 없습니다. 대부분의 성장 보조제는 비타민 또는 무기질 성분입니다. 평소 아이의 영양 상태가 불량해 이러한 성분의 부족이 염려되는 경우라면 도움이 될 수 있습니다. 그러나 간혹 성분이 불분명하거나 호르몬을 포함하는 약제가 섞인 제품은 성호르몬을 증가시켜 일시적으로 키가 크는 것처럼 보이나 결국 성장판이 빨리 닫히게 해서 최종적으로는 키를 작게 할 수도 있으니 주의가 필요합니다. 키 성장에 도움이 된다고 알려진 우유도 지나치게 많이 섭취하기보다 하루 두 잔, 즉 400mL 정도가 적당합니다.

• 저신장증 자가 진단법

① 연간 성장 속도가 4cm 미만일 때

② 또래 평균 키보다 10cm 이상 작을 때

③ 지속적으로 반에서 키 번호가 1, 2번일 때

④ 잘 자라다가 갑자기 성장 속도가 줄어들 때

⑤ 키가 잘 자라지 않으면서 매우 피곤하거나 두통이 있거나 시력이 저하될 때

02 가슴이 봉긋해진 우리 아이, 성조숙증일까요?: 성조숙증

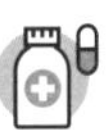

경제 사정이 좋아지면서 요즘에는 영양실조를 거의 찾아보기 힘듭니다. 오히려 아이들의 성장이 빨라지면서 사춘기가 너무 빨리 오는 경우가 늘었습니다. 조발 사춘기, 흔히 성조숙증이라고 불리는 것은 어떤 증상을 보일 때 의심할 수 있는지 알아보겠습니다.

"선생님, 저희 아이가 가슴이 나온 것 같아요. 아직 일곱 살인데 사춘기가 시작된 건가요?"

"어디 한번 볼까요. 그래도 만질 때 아파하지는 않네요."

"그럼 성조숙증이 아니에요?"

"네, 성조숙증인 경우에는 보통 젖멍울이 만져집니다. 이렇게 가슴이 나왔더라도 안에 딱딱한 것이 만져지지 않으면 그냥 살인 경우가 많아요."

"아, 그렇군요."

"그렇지만 아이가 통통한 편이라 언제든지 성조숙증이 시작될 수 있어요. 그렇기에 엄마가 한 달에 한두 번씩 아이 씻길 때나 옷 갈아입힐 때 가슴을 한 번씩 만져보세요. 그리고 혹시라도 젖멍울이 만져지면 바로 병원에 데리고 오세요."

여자아이의 경우에는 젖멍울이 잡히는 것으로, 남자아이의 경우에는 고환이 커지는 것으로 사춘기의 시작을 알 수 있습니다. 여자아이의 경우 만 8세 이전에, 남자아이의 경우 만 9세 이전에 사춘기가 시작되면 조발사춘기, 즉 성조숙증으로 진단합니다. 사춘기가 시작하는 시기에는 여러 요소가 관여하는데, 유전적인 요인과 체지방의 양, 영양상태, 환경호르몬, 심리적 스트레스 등의 영향을 받습니다. 현재 전 세계적으로 아이들의 사춘기 시작이 빨라지고 있는 추세입니다.

성조숙증은 크게 진성 성조숙증과 가성 성조숙증으로 나뉘는데, 각각을 일으키는 질환이 다양합니다. 그러나 가성 성조숙증을 일으키는 질환은 대부분 희귀한 내분비질환이라 유병률이 낮습니다. 진성 성조숙증을 일으키는 질환은 특발성 조발사춘기, 뇌종양, 뇌의 감염, 뇌의 외상 등이 원인이 될 수 있습니다. 그중 특별한 원인이 없는 특발성 조발사춘기는 주로 여자아이들에게 발생하며, 만 6세에서 만 8세 사이에 가장 많이 발생합니다.

성조숙증을 평가하는 첫 단계에서는 병력 청취와 신체 진찰이 중요합니다. 그리고 반드시 키와 몸무게를 측정하여 비만도를 확인해보아야 합니다. 첫 단계에서 성조숙증이 의심되면 2단계로 뼈 나이 검사를 시행합니다. 뼈 나이 검사로는 현재 아이의 나이와 성장하는 뼈의 나이가 일치하는지 확인하여 아이의 성장 가능성을 평가합니다.

만일 성조숙증 평가 첫 단계에서 확실하게 2차 성징이 보이고 최근 성장 속도가 급격히 증가하면서 뼈 나이가 자기 나이보다 1년 이상 앞서 있으면 3단계 정밀검사로 넘어갑니다. 앞의 조건들에 해당하지 않으면 3개월 간격으로 아이의 성장과 2차 성징을 확인하면서 지켜보면 됩니다.

3단계 정밀검사로는 성호르몬 자극 검사를 합니다. 성호르몬 유도 호르몬을 주사한 후 30분 간격으로 채혈하여 성호르몬이 증가하였는지 확인합니다. 이 검사에서 성호르몬의 증가가 확인되면 성조숙증으로 진단하고 치료를 시작합니다.

성조숙증을 예방하기 위해서는 규칙적인 운동이 중요합니다. 운동은 비만을 예방하고 성장에도 좋은 영향을 주기 때문에 일주일에 3회 이상, 30분 이상씩 하는 것이 좋습니다. 또한 일찍 자는 습관을 가지면 멜라토닌이 충분히 분비되어 성호르몬 분비를 억제할 수 있습니다. 보통 밤 10시 이전에는 잠자리에 들도록 하는 것이 좋습니다. 또한, 스트레스를 최소화하는 생활환경을 갖추기 위해 화목한 가정 분위기를 조성하고 긍정적인 생각과 즐거운 생활 태도를 갖도록 유도하는 것이 중요하며, 환경호르몬에 대한 노출을 최소화해야 합니다. 그리고 홍삼이나 석류, 대두 단백 파우더에는 식물성 여성호르몬이 있어 장기간 복용하지 않는 것이 좋으며, 복분자나 녹용에도 부신 기능을 활성화하는 성분이 있으니 장기 복용을 피하는 것이 좋습니다.

진료실 이야기

성조숙증 치료 시기를 놓치지 않으려면?

한 아이의 엄마가 상담 차 병원에 찾아왔습니다. 엄마는 가방에서 서류를 꺼냈습니다.

"선생님, 저희 아이가 작년 11월에 가슴이 봉긋 튀어나오고 이마에 여드름이 조금씩 생기고 가끔 가슴 끝이 찌릿찌릿한 증상을 호소해서 성조숙증이 아닐까 의심되어 모 의원에서 성조숙증 검사를 했어요. 뼈 나이를 검사하고, 혈액검사로 성호르몬 검사를 했고, 유방 조직에 대한 초음파 검사를 시행했어요. 그리고 이것이 그때 했던 검사 결과예요. 그때 이미 성조숙증에 해당되었던 것은 아닐까요? 사실 얼마 전에 아이가 초경을 시작했거든요."

엄마가 제시한 검사 결과지를 보니 이미 황체형성호르몬이라는 성호르몬의 기저 수치가 성선 자극 호르몬 자극 검사를 시행해야 할 정도로 높았습니다.

"혈액검사 결과로만 보면 기저 성호르몬 수치가 상당이 높고, 뼈 나이가 실제 나이보다 2세 가까이 더 많은 것으로 나타나네요. 당시에 대학병원에서 성선 자극 호르몬 자극 검사를 시행하여 성조숙증 여부를 확인하고 바로 성조숙증 치료에 들어갔어야 했을 것 같습니다. 당시에 성선 자극 호르몬 자극 검사를 권유하지 않은 다른 이유가 있었는지는 모르겠네요. 하지만 검사 결과나 어머님 말씀을 종합해보면 아이는 이미 성조숙증에 해당하는 것 같긴 합니다."

아이는 얼마 전 초경을 시작하였고 이제 더 이상 호르몬 치료의 효과를 기대하기는 어려운 상황에 진입한 것으로 판단되었습니다. 여자아이들은 보통 초경을 시작한 후에 키가 5~8cm 정도 더 클 수 있는 것으로 알려져 있어 사실 그 이상의 키 성장을 기대하는 것은 현실적으로 무리라고 설명해드렸습니다. 아이 엄마는 당시 대학병원에서 성조숙증 정밀검사를 하지 않은 부분에 대해 상당히 후회스럽게 생각하고 있었습니다.

아이들의 성장에 있어 '만일'이라는 가정은 의미가 없습니다. 언제나 '지금, 여기'가 가장 중요하고 지금 바로 여기에서 앞날을 생각하며 긍정적인 자세를 갖는 것이 가장 현명한 결정이라고 믿습니다. 저는 아이 엄마에게 지금부터라도 적절한 운동과 식이요법으로 아이의 성장을 극대화하는 데 도움이 될 수 있는 최선의 노력을 다해보자고 격려했고 아이 엄마도 그렇게 해보겠다고 말하며 진료실을 나갔습니다.

아이들의 성적 성숙과 성장의 문제는 해결하기 매우 어렵고 인력으로 어찌해볼 수 있는 여지도 매우 제한적입니다. 특히 성조숙증은 비만, 환경호르몬 등이 영향을 미친다고는 알려져 있지만 아직도 정확한 원인을 잘 모른다는 것이 의학계의 정설입니다. 여아들이 2차 성징이 나타난 지 대개 2년 정도 지나면 초경을 하게 되고, 초경을 시작하면 평균적으로 5~8cm 이상의 키 성장을 기대하기는 어렵다는 것이 현재까지 알려진 바의 전부입니다. 그래서 성조숙증과 관련하여 가장 중요한 것이 가급적 빨리 대학병원 소아청소년과 내분비 분과를 찾아가서 상담하고 진단을 받아 치료를 시작하는 것입니다. 여아들에게 있어 성조숙증의 보험 급여 대상을 만 9세 이전으로 제한한 것은 그 이후에 진단을 받으면 성조숙증의 치료 효과를 많이 기대하기 어렵기 때문입니다.

아이 엄마는 몇 주 뒤 다시 병원을 찾아왔습니다.

"원장님 설명을 듣고 모 대학병원 소아청소년과 내분비 분과 교수님과 상담했는데, 원장님과 동일한 말씀을 해주셨어요. 처음 동네 의원에서 성조숙증 검사를 했을 때 대학병원에 가서 정밀검사를 하고 빨리 진단을 받았다면 2차 성징의 진행을 최대한 늦추고 초경도 늦출 수 있었을지도 모르지만, 이미 지나간 일이고 지금 현재로서 가장 중요한 것은 아이 성장을 위해 최선의 생활습관을 유지하는 것이라고 설명해주셨어요."

아이 엄마는 아이의 성장판이 아직 완전히 닫힌 상태는 아니므로, 비록 큰 효과를 기대하기는 어렵지만 성장호르몬 주사 치료를 통하여 성장을 최대한 도모해보자는 제안에 따라 얼마 전부터 성장호르몬 치료를 시작했다고 덧붙였습니다.

사실 성조숙증과 성장의 문제는 진단과 치료 경험이 많이 필요한 매우 전문적인 영역이므로 확진과 치료는 소아청소년과 내분비 분과 세부 전문의가 진행하는 것이 타당합니다. 물론 뼈 나이 측정과 기본적인 기저 성호르몬 검사는 일반 의원에서도 가능하지만 성조숙증의 확진은 어디까지나 성선 자극 호르몬 자극 검사를 통해서 가능하고, 필요시 뇌 MRI 검사와 난소 초음파와 같은 영상의학적 검사도 병행해야 하기 때문입니다.

그리고 성조숙증에 있어서 가장 중요한 것은 시기의 문제이므로 아이에게 때 이른 2차 성징의 징후가 나타났다고 생각된다면 지체하지 말고 가까운 소아청소년과 의원에 방문하여 정밀검사가 필요한지 여부를 판단받고, 필요하면 의뢰서를 가지고 대학병원에서 정밀검사를 받아야 합니다.

03 산만한 우리 아이, ADHD일까요?

아이들은 에너지가 넘치고 호기심도 왕성합니다. 어떤 아이들은 진료실에서도 여기저기 돌아다니며 궁금해합니다. 그런 행동은 자라면서 서서히 줄어들지만 어느 정도 나이가 되어도 그대로인 아이들이 종종 있습니다.

"선생님, 아이가 너무 부산스러워 걱정이에요."
"이 나이에는 아직 그럴 수 있어요."
"아이참, 함부로 남의 물건 만지면 안 돼!" (잠시 후) "첫째 딸은 이렇지 않았어요. 이 정도로 심하지 않았거든요…."
"남자아이와 여자아이는 에너지 수준이 달라요. 아이가 어린이집에 다니지요?"
"유치원에 다니고 있어요."
"유치원에서 아이가 다른 아이보다 산만하다고 하던가요?"
"아니요, 상담 때도 딱히 그런 이야기는 없었어요."
"그럼 너무 걱정하지 않으셔도 돼요. 좀 더 지켜봅시다."

주의력 결핍 과다 활동 장애(ADHD)는 초등학교 입학 전후의 아이들에게 가장 흔한 장애 중 하나입니다. ADHD인 아이들은 한 가지 일에 집중을 못하고 충동적이며 과하게 활동적입니다. 그래서 자리에 가만히 앉아있지 못하고 쉽게 산만해집니다. 자신의 차례를 잘 기다리지 못하고, 한 가지 일을 다 마치지 못한 상태에서 다른 일을 시작하며, 끊임없이 떠듭니다. 과한 활동성이 결과를 생각하지 않은 무모한 활동으로 이어져 신체적으로 위험한 행동을 자주 합니다.

공동사회에서는 이러한 행동이 용납되지 않으므로 학교에서는 친구들에게 따돌림을 받는 경우가 많고, 부모나 교사에게 꾸중을 들을 때가 많아 부정적인 자아상을 갖게 되고 자신감도 많이 떨어지게 됩니다. 또한 지능에 비해 학교 성적이 많이 부진하고, 학습 장애가 동반되는 경우가 많습니다.

아이들은 보통 만 4세까지는 에너지가 왕성하여 움직임이 활발합니다. 하지만 유치원에 다닐 정도의 나이가 되면 어느 정도 과다 활동이 조절되고 주의 집중력이 생깁니다. 그 과정에서 어려움을 겪는 아이를 ADHD로 진단합니다. 따라서 빠르면 유치원에 다닐 때, 보통은 초등학교 입학 직후에 ADHD 진단을 받습니다.

아이의 한때만으로 ADHD를 진단할 수 없기 때문에 ADHD 진단에 가장 도움이 되는 정보는 부모와 교사의 보고입니다. 그렇기에 유치원이나 학교에서 아이가 ADHD로 의심된다는 얘기를 들으면 꼭 한 번은 병원에서 정확한 평가를 받는 것이 중요합니다.

ADHD의 원인은 아직 명확하게 밝혀지지 않았습니다. 다만 ADHD 아이들의 MRI 결과를 보면 행동을 억제하는 전두엽의 기능이 떨어져 있어 이를 치료하기 위해 중추신경 흥분제를 사용합니다. 약물 치료와 더불어 아이의 환경을 단순하게 정리해 주는 것이 중요합니다. 아이에게 과한 자극을 주지 않도록 하고 과제도 한 가지씩 제시하는 것이 좋습니다.

예전에는 ADHD는 아이가 자라면서 저절로 좋아지는 것으로 생각했으나, 최근 연구 결과들에 의하면 ADHD 중 과다 행동만 조금 호전될 뿐 주의 집중력 장애와 충동성은 성인기까지 이어진다고 합니다. 그렇기에 초기에 바로 적극적인 치료를 하는 것이 예후가 좋습니다.

04 아이의 치아가 흔들리는데 집에서 빼도 될까요?

"선생님, 아이 이가 흔들리는데 빼도 될까요?"

"유치를 뽑기 전에는 새 치아가 잇몸 안에 자리하고 있는지, 얼마나 올라와 있는지 확인하는 것이 중요하기 때문에 먼저 치과 검진이 필요해요."

"그냥 빼버리면 어떤 문제가 생길 수 있나요?"

"종종 영구치가 결손된 경우가 있는데, 이것을 모르고 유치를 빼버리면 치아가 안 나올 수도 있어요. 가급적 영구치 상태를 확인한 후 뽑는 게 좋습니다."

종종 유치원에 다니는 아이나 초등학교 1, 2학년쯤 되는 아이들 중 이가 흔들려서 소아과에 내원하는 경우가 있습니다. 간혹 앞니가 흔들려 뽑으려고 했다가 옆에 있는 송곳니도 같이 흔들려서 두 개를 모두 뽑았더니 정작 송곳니가 몇 달이 지나도 안 올라온다고 걱정하는 부모들도 있습니다. 이것은 아직 영구치가 나올 준비가 안 된 치아를 일찍 뽑아버린 탓입니다.

흔들리는 치아를 집에서 빼는 것은 크게 문제 될 것이 없지만 영구치가 나오는 시기나 순서, 영구치 결손 등을 확인해야 하므로 유치가 빠지는 시기에 치과 검진은 상당히 중요합니다.

아이들의 유치는 어차피 빠질 이라고 생각해 관리에 소홀한 경우가 많습니다.

하지만 영구치가 나오기 전까지는 유치가 매우 중요한 기능을 하기 때문에 충분한 관심을 가져야 합니다.

유치는 음식물을 씹는 저작 기능이나 발음 등 치아의 기본 역할 외에도 영구치가 나올 공간을 확보하고 나올 길을 안내하는 중요한 역할을 합니다. 따라서 유치를 갈 때는 영구치가 잘 나올 수 있도록 순서에 맞춰 치아를 뽑고, 그에 맞춰 영구치가 잘 나오는지 점검할 필요가 있습니다.

아이들이 치아를 처음 갈기 시작하는 시기는 개인차가 있지만 대략 만 6~7세입니다. 이때부터 유치가 흔들려 빠지고 영구치가 나오기 시작합니다. 보통 앞니, 작은어금니, 송곳니 순으로 진행되는데 아래 앞니에서 시작해 위 앞니가 빠지고, 만 8~9세가 되면 전체 앞니가 영구치로 바뀝니다. 그런 다음 아래 송곳니가 빠지고 만 10~12세에 위 송곳니의 영구치가 나옵니다.

이처럼 순서에 맞게 빠지면 영구치 역시 순서대로 나오기 때문에 새 치아가 나오는 데 아무 문제가 없습니다. 하지만 유치가 정상 시기보다 일찍 빠지면 영구치가 나올 때까지 오랜 기간 빈 공간이 생겨 주변 치아들이 밀려서 정작 영구치가 나올 공간이 부족해질 수 있습니다. 결국 좁은 공간으로 나오는 영구치는 자리를 잘못 잡아 덧니로 나오거나 비뚤어져 부정교합을 유발하게 됩니다. 덧니나 부정교합 등의 문제를 예방하기 위해서는 유치가 순서대로 빠지도록 하는 것이 중요합니다.

흔들리는 치아를 그냥 집에서 뽑는 것이 위험한 또 하나의 이유는 선천적으로 영구치 결손일 수 있기 때문입니다. 사람의 영구치는 보통 사랑니를 제외하고 아래, 위 각각 14개씩 28개입니다. 생후 6개월 이후부터 나기 시작하는 유치는 만 6세경부터 빠지기 시작해 12~13세가 되면 28개의 영구치열이 완성됩니다. 그러나 영구치 결손이 있는 경우에는 유치를 갈고 나와야 할 영구치가 선천적으로 없습니다. 그러므로 영구치 결손인지 모르는 상태에서 주변 치아와 같이 흔들린다고 뽑아버리면, 뒤에 나올 영구치가 없기 때문에 치아가 없는 상태로 오랜 기간 지내야 할 수 있어 주의가 필요합니다.

따라서 유치가 빠지는 만 6세 이후에는 치아 엑스레이를 찍어 영구치가 제대로 나고 있는지 확인해 영구치 결손 유무를 확인하는 것이 좋습니다. 선천적으로 영구치가 없는 경우 유치를 뽑지 않고 최대한 오래 사용할 수 있도록 유지 및 관리하는 것이 중요합니다. 유치는 충치로의 진행이 빠르기 때문에 평소 양치질을 습관화하고 적어도 4~5개월에 한 번씩은 치과 검진을 받아보는 것이 좋습니다. 불소 도포를 통해 치아를 강하게 해주는 것도 도움이 될 수 있습니다. 불소 도포는 소아청소년과 의원에서도 많이 하고 있으니 소아과에 방문해서 받아도 됩니다.

• 유치가 빠지는 시기와 순서

① 아래쪽 앞니: 만 6세(이 시기에 유치 어금니의 뒤쪽에서 새로 영구치가 나옴)

② 윗앞니: 만 7~8세

③ 윗앞니의 뒤쪽 치아들: 윗앞니가 빠진 후 6개월~1년 정도의 간격으로 빠짐

④ 맨 뒤쪽의 유치 어금니: 만 12~13세 이후 빠짐

만 12세경에는 제1대구치(첫째 큰어금니) 뒤쪽으로 제2대구치가 난다고 하며, 모든 유치가 빠진 후에 영구치가 나오는 것은 아니라고 합니다(어린아이의 유치는 20개인 반면에 성인의 영구치는 사랑니 유무에 따라 28~32개).

05 컴퓨터를 많이 하는 우리 아이, 거북목은 아닐까요?: 거북목 증후군

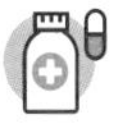

"선생님, 아이가 거북목인 것 같아서 데려왔어요."

"옆에서 보니 고개가 어깨보다 앞으로 나와 보이네요. 등도 굽어 있고요. 아이가 평소에 목 주변 뻐근함이나 두통을 호소하지 않나요?"

"네. 요즘 들어 그런 것 같아요. 아무래도 코로나19로 장시간 집에 있다 보니 그런가 봐요."

"활동량이 줄어드니 집에서 스마트폰도 많이 들여다보지 않던가요?"

"네. 하루의 절반은 스마트폰을 보고 살아요. 나머지 절반은 컴퓨터 앞에서 게임을 하고요. 그것과 연관이 좀 있지 않나요?"

"맞아요. 꾸부정하게 앉아서 고개를 앞으로 내밀고 화면을 보는 것이 원인일 수 있어요. 특히 컴퓨터 앞에서 보내는 시간이 많고 운동량이 줄어들면 자연스레 거북목을 유발하는 자세를 오래 유지하게 되지요."

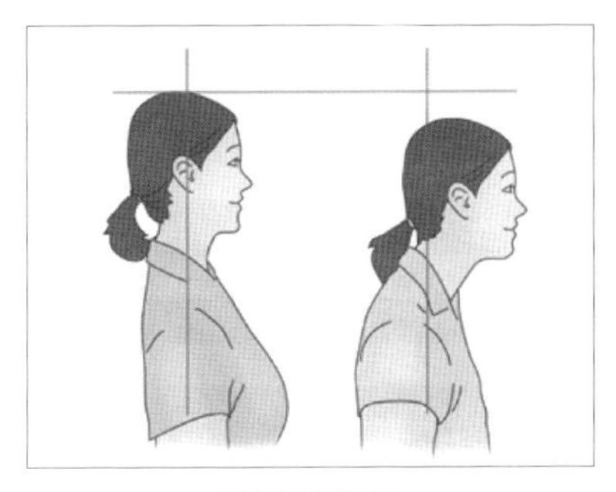
거북목 증후군

거북목 증후군은 잘못된 자세로 인해 목, 어깨의 근육과 인대가 늘어나 통증이 생기는 증상을 의미합니다. 거북이가 목을 뺀 상태와 비슷하다 하여 거북목 증후군이라는 이름이 붙여졌습니다. 최근에는 아무래도 코로나19로 외출이 줄어들고 실내에서 컴퓨터 앞에 앉아있거나 스마트폰을 보는 시간이 늘다 보니 자연스레 꾸부정하거나 목이 앞으로 튀어나오는 자세를 취하는 경우가 많아 거북목 증상이 더 많아진 것으로 보입니다.

거북목 증후군이 생기면 학습 능률이 저하되고 쉽게 피로해지며 팔 저림, 뒷목 통증, 어깨 통증, 두통 등이 자주 함께 나타납니다. 드물지만 불면증이나 어지럼증이 나타나기도 합니다.

거북목 증후군의 가장 큰 원인은 눈높이보다 낮은 컴퓨터 모니터를 장시간 같은 자세로 내려다보는 것입니다. 처음에는 모니터를 똑바로 쳐다보다가도 점차 고개가 숙여지면서 목을 길게 빼게 됩니다. 뿐만 아니라 허리가 굽고 눈은 위로 치켜뜬 상태가 됩니다. 이렇게 머리가 앞 또는 아래로 향하는 자세를 지속하면 목과 어깨의 근육뿐만 아니라 척추에도 무리가 생겨 통증이 발생합니다. 특히 스마트폰을 장시간 바라볼 때 이러한 자세가 되기 쉬우니 유의해야 합니다.

• 거북목 증후군의 자가 진단법

① 어깨와 목 주위가 자주 뻐근하다.

② 옆에서 보면 고개가 어깨보다 앞으로 나와 있다.

③ 등이 굽어 있다는 느낌이 든다.

⑤ 잠을 자도 피곤하고 목덜미가 불편하다.

한편, 거북목 증후군은 거북등 증후군으로 발전할 가능성이 큽니다. 거북등 증후군은 등이 거북이처럼 구부정하고 딱딱하게 굳어져 통증이 발생하는 증상을 말합니다. 대표적으로 컴퓨터로 작업할 때 구부정하게 앉는 자세가 S자형의 척추를 일자형으로 만들어 여러 가지 문제를 일으킬 수 있습니다.

거북목 증후군을 방지하기 위해서는 어깨와 가슴을 바르게 펴고 모니터를 눈높이까지 올려 맞추어야 합니다. 그러면 고개를 숙이지 않아도 되어서 훨씬 편하게 모니터를 볼 수 있으며, 목과 어깨의 긴장을 이완하는 데 많은 도움이 됩니다.

또한, 한 시간에 한 번씩 5~10분 정도 서 있거나 가볍게 걸으면서 목과 어깨 스트레칭을 해야 합니다. 이는 거북목 증후군뿐만 아니라 VDT 증후군(영상표시 단말기 증후군, 컴퓨터 단말기 증후군)을 예방하는 중요한 방법입니다. VDT 증후군은 장기간 모니터 작업을 하면서 모니터에서 발생하는 전자파나 방사선 등에 노출되어 눈의 피로, 어깨와 목의 결림, 구토 등 육체적·정신적 장애가 발생하는 것을 말합니다.

증상이 심한 경우 전문가와 상의한 후 장비와 기구를 이용해 교정 운동을 해야 하며, 치료에는 보통 3개월 이상 소요됩니다. 거북목 증후군의 원인을 바로 알고 평소 생활에서 올바른 자세를 유지하도록 노력하여 예방하는 것이 중요합니다.

06 두통을 호소하는 아이, MRI를 찍어봐야 하나요?: 뇌출혈/뇌종양/수두증

아이들은 종종 두통을 호소합니다. 아이가 한두 번 머리가 아프다고 하면 그런가 보다 하다가도 그 빈도가 잦아지면 부모로서 걱정이 되지 않을 수 없습니다. 아이가 두통을 호소할 때 정밀검사가 필요한 경우를 알아보겠습니다.

"아이가 종종 머리가 아프다고 해서 왔어요."

"음, 초등학교 3학년이네요. 주로 언제 머리가 아프다고 하나요?"

"아침에 주로 그래요. 혹시 학교에 가기 싫어서 그런 건가 싶기도 해요."

"빈도는 어때요? 일주일에 몇 번이나 그런가요?"

"지난달에는 일주일에 한 번 정도 그러더니, 이번 달 들어서는 일주일에 두세 번 정도요. 머리 아프다는 횟수가 늘었어요."

"토하거나 다른 증상은 없었어요?"

"네, 집에 편두통 있는 사람도 없거든요."

"혹시 자다가 머리가 아프다고 깨지는 않았나요?"

"아, 지난주에 두 번 정도 자다가 일어났어요."

"음, 어머니. MRI를 찍어보는 게 좋겠어요. 의뢰서 써드릴 테니 바로 대학병원에 찾아가 보세요."

한 달 뒤, 진료를 받으러 온 다른 엄마에게서 다음과 같은 소식을 들었습니다.

"참, 선생님. 그때 민성이 기억나세요?"

"아, 그때 머리 아프다던…. 어떻게 아세요? MRI 결과 괜찮았대요?"

"제가 민성이 이모예요. 그다음 날 바로 MRI를 찍었는데 뇌종양이 있었어요. 다행히 초기라서 크기가 작아 수술만 하고 항암 치료도 안 해도 된대요. 민성이 엄마가 꼭 좀 고맙다고 전해달라고 했어요."

"바로 MRI 찍으러 가셔서 일찍 발견하셨네요. 정말 다행입니다."

소아 두통의 원인에는 여러 가지가 있습니다. 가장 흔한 것이 편두통이고, 긴장형 두통, 자율신경 두통 등도 원인일 수 있습니다. 또한, 머리 쪽에 외상을 입어 혈종이 생겼을 때나 뇌진탕 증세로 두통이 나타날 수 있고, 동정맥 기형, 뇌출혈 등의 뇌혈관 질환, 뇌종양이나 수두증 등의 뇌 질환도 두통의 원인이 될 수 있습니다. 간혹 독극물 중독이나 약물의 영향으로도 두통이 나타날 수 있고, 뇌수막염이나 뇌염 등의 감염성 질환으로도 두통이 유발될 수 있습니다. 또한, 부비동염이나 턱관절의 부정교합이 원인이 되기도 합니다.

이렇게 다양한 소아 두통의 원인 중 가장 무서운 것은 뇌출혈, 뇌종양, 수두증 등 뇌의 문제로 인한 두통입니다. 이런 질환들을 진단하기 위해서는 MRI나 CT 등의 영상의학적 검사가 필요합니다. 따라서 두통 외에 다른 신경학적인 증상이 있거나 국소 신경학적 징후가 발생할 때는 반드시 MRI나 CT를 찍어야 합니다. 신경학적인 증상이나 징후인지 판단이 안 될 때는 가까운 소아과에 방문하여 진찰을 받아보는 것이 좋습니다. 그리고 자다가 두통 때문에 깨어나거나 혹은 잠에서 깨자마자 두통을 호소할 경우, 기침이 나면서 두통이 유발되는 경우, 발작이 동반되는 경우에도 영상의학검사를 꼭 받아야 합니다. 만 6세 미만의 아동은 두통을 호소하면서도 증세를 상세히 묘사하지 못하므로 영상의학검사를 받아보는 것이 좋습니다.

07 목 뒤에 까만 때가 있어요

: 흑색가시세포증

간혹 청소년들을 청진하다 보면 목 부분이 까맣게 된 아이들이 있습니다. 보통 통통한 아이들에게서 많이 관찰되는 이 병변은 흑색가시세포증입니다. 대부분 덜 씻어서 때가 꼈다고 생각하고 그냥 넘어가는 경우가 많습니다만, 이 병변이 관찰되면 당뇨 등의 합병증을 꼭 확인해보아야 합니다.

"오늘 독감 접종하러 왔어요."

"어디 아픈 곳은 없어요?"

"네, 괜찮습니다."

"그래도 한번 진찰은 해보죠. 아, 목 뒤가 살짝 까만데 언제부터 이랬어요?"

"아, 그거요? 언제부터인가 있었는데 열심히 씻어도 안 없어지더라고요."

"흠, 혹시 최근에 살이 많이 쪘나요?"

"아무래도 코로나 때문에 못 나가니까 많이 찌기는 했어요."

"이건 흑색가시세포증이라는 병변인데 살이 많이 찌면 생기는 경우가 많아요. 그런데 이런 증세가 있으면 당뇨 가능성이 있으니까 혈액검사를 해봐야 해요."

흑색가시세포증은 목이나 겨드랑이, 사타구니 같은 접히는 부위에 주로 발생합니다. 양쪽으로 회색 또는 갈색의 색소 침착이 생기는 것으로, 사마귀 모양으로 피부가 두꺼워지면서 주름이 생기는 것이 특징적입니다.

아직 흑색가시세포증의 정확한 원인은 밝혀지지 않았지만 주로 비만인 사람들에게서 많이 나타납니다. 이 병변이 나타나는 데에는 인슐린 저항 상태가 중요한 역할을 하는 것으로 알려져 있습니다. 그 외에도 간혹 암 때문에 흑색가시세포증이 발생하기도 하고, 드물게 경구 피임약 등의 호르몬 제제 복용 후에 발생하기도 합니다.

비만이면서 흑색가시세포증이 나타나는 경우에는 당뇨 발생 여부를 주의 깊게 살펴봐야 하며, 비만이 아닌데 흑색가시세포증이 나타나면 암이 동반되었을 가능성을 염두에 두고 내시경 검사 등을 받아보아야 합니다.

08 자주 어지러워서 쓰러져요

: 미주신경성 실신

가끔 기절했다면서 진료실을 찾아오는 여학생들이 있습니다. 아이가 기절을 했다고 하니 부모도 무슨 큰 문제가 있는 것은 아닌지 몹시 걱정스러워합니다. 하지만 알고 보면 미주신경성 실신인 경우가 대부분입니다. 별다른 문제 없이 나이가 들면 좋아지는 질환입니다.

"선생님, 우리 딸아이가 오늘 조회 시간에 쓰러졌대요."
"이런 적이 처음인가요?"
"예전에 지하철을 타고 가다가 쓰러진 적이 한 번 있어요. 무슨 큰 병이 있는 건 아닐까요? 심장 쪽 문제일까요?"
(아이에게) "혹시 쓰러질 때 어떤 느낌이었어요? 눈앞이 깜깜해졌어요?"
"네, 갑자기 눈앞이 깜깜해지더니 기억이 안 나요."
"아이고, 그랬구나. 지하철에서는 앉아있었어요, 서 있었어요?"
"그때 자리가 없어서 서 있었어요. 한 40분 정도 서 있다가 그랬어요."
"오늘 조회 시간에도 서 있었나요?"
"네, 조회가 길어져서 한 30분 정도 서 있었어요."
"미주신경성 실신이군요. 너무 걱정하실 필요 없습니다."

미주신경성 실신은 가장 흔한 실신 유형으로 신경심장성 실신이라고도 합니다.

보통 10대나 20대 여성들에게서 흔히 관찰되는데 극심한 신체적 또는 정신적 긴장으로 미주신경이 일시적으로 과자극되어 혈관이 확장되고 심장 박동 수가 느려지면서 혈압이 낮아져 실신하게 됩니다. 제(양세령 저자)가 의대생일 때는 한 남학생이 실습 시간에 주사 맞는 것을 두려워하다가 결국 주사를 맞고 쓰러진 적도 있었습니다. 이 역시 정신적 긴장으로 인한 미주신경성 실신입니다.

미주신경성 실신을 유발하는 요인으로는 흔하게 장시간 서 있는 것, 고열에 노출되는 것, 피를 보는 것, 대소변을 과도하게 참는 것, 정맥 채혈이나 주사 등이 있습니다. 앞의 사례의 여학생은 장시간 서 있다 보니 신체적 긴장으로 미주신경성 실신이 유발된 것입니다.

미주신경성 실신은 실신이 발생하기 전에 전구증상*이 먼저 나타납니다. 대부분 실신하기 전에 어지럽고 속이 메슥거리고 아찔한 느낌을 받습니다. 그리고 시야가 깜깜해지는 증상도 자주 경험하며 식은땀을 과도하게 흘릴 수 있습니다.

미주신경성 실신은 대부분 저절로 회복되기 때문에 특별한 치료는 필요 없습니다. 다만 실신이 반복적으로 발생하면 간혹 심장 질환이나 뇌 질환이 있을 수도 있기 때문에 확실한 원인을 찾기 위해 검사를 해보는 것이 좋습니다. 미주신경성 실신은 기립경 검사만으로도 간단하게 진단할 수 있기 때문에 실신이 반복되는 경우 대학병원에서 검사를 받으면 됩니다.

기립경 검사는 크게 두 가지입니다. 단순히 환자를 기립경사 테이블에 세워서 일정 시간 관찰하는 단순 기립경사 검사 방법과 단순 기립경사 시간은 짧게 하고 이어서 실신 유발을 촉진시키기 위해 약물(이소프로테레놀: 교감 신경을 자극하여 기

---

* 전구증상: 어떤 병의 발병을 시사하는 증상이나 어떤 병이 발현하기 전에 나타나는 증상. 대표적인 전구증상으로 홍역에 나타나는 3C(기침: cough, 감기 증상: coryza, 결막염: conjunctivitis)가 있다.

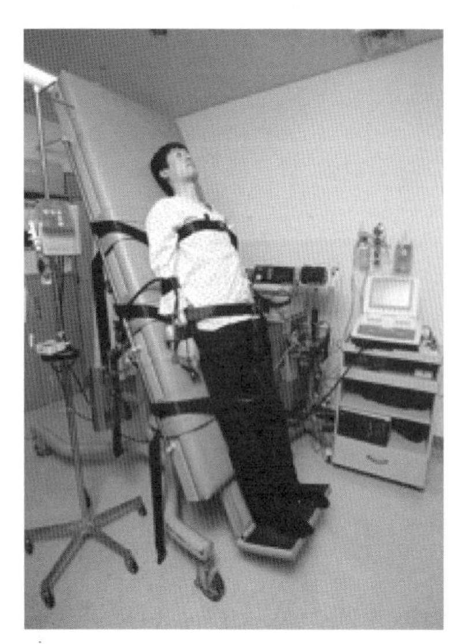
기립경 검사 과정

관지를 이완시키거나 심장 근육을 흥분시킴)을 환자에게 투입하는 병용 기립경사 검사 방법이 있습니다.

기립경사 검사는 기립경사 테이블을 70도 각도로 세운 상태에서 일정 시간(45~60분) 동안 혈압, 맥박, 심전도의 변화를 지속적으로 관찰합니다. 검사 동안 검사자는 환자가 경험한 실신이나 실신 전 단계 증상을 재현함으로써 자율신경계의 과도한 반응으로 인한 실신을 진단합니다. 검사 소요 시간은 1시간 30분 정도이며, 검사 중 발생하는 구토를 예방하기 위해 6시간 금식이 필요합니다. 이 검사는 대부분 입원하지 않고 외래에서 예약검사로 시행하고 있습니다.

09

자궁경부암 백신, 무엇을 선택해야 할까요?

자궁경부암 백신은 만 12세인 여자아이들을 대상으로 접종하는데, 2016년 6월부터 국가 무료 접종에 포함되었습니다. 자궁경부암 백신은 성 경험이 없을 때 맞는 것이 더욱 효과가 좋으며, 서바릭스와 가다실 두 가지 종류가 있습니다.

가다실은 인유두종바이러스(HPV) 6형, 11형, 16형, 18형을 예방할 수 있는 4가 백신입니다. 자궁경부암을 주로 발생시키는 HPV 16형과 18형도 예방하고, 생식기 사마귀를 발생시키는 HPV 6형과 11형도 예방 가능한 백신입니다. 유럽에서 시행한 연구 결과, 가다실을 접종하면 10년 동안 자궁경부암 예방 효과가 있다는 것이 입증되었습니다.

서바릭스는 HPV 16형과 18형만 예방할 수 있는 2가 백신으로 가다실보다는 예방 범위가 좁습니다. 하지만 서바릭스 접종 시 항체가 더 높게 유지되어 HPV 감염을 보다 효과적으로 예방할 수 있습니다. 서바릭스를 생산하는 백신 회사 GSK의 연구 결과, 접종 1년 뒤 가다실보다 항체가 4.96배 높았다고 합니다.

두 자궁경부암 백신 모두 나름의 장점이 있어 보호자가 선택하는 백신으로 접종하면 됩니다. 만 12세 여아는 6개월 간격으로 2회 접종하게 됩니다. 또한 남아가 접종할 경우에는 추후 상대 여성의 성병을 예방할 수 있습니다.

10 파상풍 예방접종은 몇 년마다 해야 하나요?

흔히 파상풍 예방 주사라고 알고 있는 접종은 파상풍, 백일해, 디프테리아 백신이 합쳐진 DTP 접종입니다. 생후 2개월, 4개월, 6개월에 기초 접종 3차를 시행하고, 생후 15~18개월 사이에 추가 4차 접종을 하며, 만 4~6세에 추가 5차 접종을 합니다. 마지막으로 만 11세에서 12세 사이에 추가 6차 접종을 하면 국가 무료 접종이 끝납니다.

하지만 디프테리아와 파상풍 항독소의 양은 시간이 지나면 감소합니다. 마지막 접종 후 10년 정도 경과하면 대부분의 사람들에게서 항독소의 양이 최소 방어 농도 미만으로 떨어지게 됩니다. 그러므로 10년마다 파상풍 예방접종을 하는 것이 좋습니다.

예전에는 만 7세 이후에는 백일해 백신을 맞지 않는 것이 좋다고 하여, 만 7세 이후에 파상풍 예방접종을 할 때는 파상풍 항독소와 디프테리아 항독소만 있는 Td 백신으로 진행하였습니다. 하지만 최근 허가된, 백일해 백신을 1/3로 줄여 출시된 Tdap 백신은 만 64세까지 사용 허가를 받았습니다. 그러므로 청소년기나 성인기에 Td 백신을 접종했는지 여부에 상관없이 Tdap 백신을 한 번 접종하는 것이 좋습니다.

특히 백일해에 취약한 12개월 미만의 영아와 함께 생활하는 사람의 경우 반드시 Tdap 백신을 1회 접종하는 것을 강력히 권고합니다. 이 경우 Tdap 백신 접종은 되도록이면 영아와 접촉하기 최소 2주 전에는 받는 것이 좋습니다.

대한민국의 소아청소년과는 언제나 모든 가족의 건강과 행복을 기원합니다

요즘 주말 소아과에서 자주 볼 수 있는 풍경 중 하나는 아빠가 아이를 데리고 오는 모습입니다. 혹은 아이가 한 손은 아빠 손, 한 손은 엄마 손을 잡고 병원에 오는 모습을 매우 흔하게 볼 수 있습니다. 주 5일제가 자리 잡히면서 주말 육아에서 아빠가 차지하는 몫이 매우 커지고 있는 걸 알 수 있습니다.

소아청소년과의 특징이 바로 온 가족을 살필 수 있다는 점입니다. 과거 아이들이 많이 태어나던 시절에는 소아과의 관심사는 아이들에 국한되어 있었습니다. 넘쳐나는 아이들을 진료하기도 벅찼으니까요. 하지만 지금 대한민국은 초저출산율의 시기를 겪고 있고 과거처럼 소아과에 아이들이 넘쳐나지 않습니다. 이러한 상황이 역설적이게도 아이들 한 명 한 명을 더 세심하고 폭넓게 진료하고 상담할 수 있는 배경을 만들었습니다. 아울러 주 5일제의 정착으로 아빠의 소아과 방문이 많아지면서 자연스럽게 소아청소년과는 한 가정의 상황을 전체적으로 파악할 수 있는 유일한 의료기관이 되어가고 있습니다. 소아청소년과는 더 이상 아이들의 질환만을 치료하는 곳이 아닙니다. 아이들의 배경이 되는 가족 전체의 상황을 가장 잘 파악하는 기관이 바로 소아청소년과인 것입니다.

가장 좋은 병원은 나에 대해, 내 가족의 상황에 대해 정확하게 파악하고 있는 병원입니다. 따라서 이름 있고 소문난 병원보다는 가까운 곳에 있으면서 우리 가족 전체에 대해 믿고 상담할 수 있는 병원을 찾는 것이 더 중요합니다. 아이뿐만 아니라 엄마, 아빠가 아플 때도 믿고 찾을 수 있는 병원이 소아청소년과임을 항상 기억해주시면 감사하겠습니다.

대한민국의 소아청소년과는 언제나 가족의 건강과 행복을 기원합니다.

- 은성훈

진료실에 있다 보면 내가 뭔가를 잘못하여 아이에게 해가 가지 않았을까 걱정하시는 부모님들을 많이 만납니다. 소아과 의사로서 10년 동안 아이들을 진료하면서 알게 된 점은, 아이들에게는 무한한 생명력이 있다는 것입니다. 아이들은 아직 작고 면역력이 약하기 때문에 자주 아프고 또 순식간에 상태가 나빠지기도 하지만, 무한한 생명력이 있어 빨리 좋아지고 후유증이 남는 경우도 거의 없습니다. 그러니 부모님들도 너무 걱정하지 않으셨으면 합니다. 이 보석 같은 아이들은 스스로 이겨낼 힘이 있으니 너무 노심초사하지 않으셔도 괜찮습니다. 만약 걱정되는 점이 있다면 언제든 소아과에 방문하여 도움을 받으시면 됩니다.

이 원고를 쓰는 동안 저는 둘째를 임신하고 출산하였습니다. 말 그대로 갓난아기인 둘째를 들여다보고 있으면 이렇게 예쁜 아이가 나에게서 태어난 것이 너무 감사합니다. 한편으로는 이렇게 작은 아이를 어른이 될 때까지 무사히 키워야 한다고 생각하면 덜컥 겁이 나기도 합니다.

아이를 키우면서 힘든 일은 여러 가지가 있지만, 그중 가장 힘든 것은 아이가 아플 때입니다. '내가 대신 아파주고 싶다'는 마음이 정말 절절하지요. 아이가 아플 때 어떻게 해야 조금이라도 빨리 낫게 할 수 있을까 고민하는 부모님들에게 도움이 될 수 있기를 바라면서 원고를 썼습니다. 또 아이가 성장하는 과정에서 혹시나 치료에 최적인 시기를 놓치지는 않을까 걱정하는 부모님들에게도 이 책이 도움이 되었으면 좋겠습니다.

정보의 홍수 시대를 살아가는 요즘, 무엇이 제대로 된 정보인지 가려내기 쉽지 않을 때가 많습니다. 아이가 아프면 일단 인터넷으로 검색해보지만 정말 전문적이고 올바른 정보를 얻기는 쉽지 않습니다. 이 책이 부모님들에게 제대로 된 정보를 제공하는 역할을 해주길 진심으로 바랍니다.

- 양세령

0세부터 6세까지
우리집 소아과

초판 1쇄발행 2022년 5월 18일

지은이 은성훈, 양세령
펴낸이 박영미
펴낸곳 포르체

편　집 임혜원, 이태은
마케팅 이광연, 김태희
표지·본문 디자인 프리즘씨 전다혜
일러스트 강경진

출판신고 2020년 7월 20일 제2020-000103호
전화 02-6083-0128 | **팩스** 02-6008-0126
이메일 porchetogo@gmail.com
포스트 https://m.post.naver.com/porche_book
인스타그램 www.instagram.com/porche_book

ISBN 979-11-91393-79-8 (13590)

• 이 책의 국립중앙도서관 출판시도서목록은 서지정보유통지원시스템 홈페이지 (http://seoji.nl.go.kr)와 국가자료공동목록시스템(http://www.nl.go.kr/kolisnet)에서 이용하실 수 있습니다.
• 잘못된 책은 구입하신 서점에서 바꿔드립니다.
• 책값은 뒤표지에 있습니다.

여러분의 소중한 원고를 보내주세요.
porchetogo@gmail.com